DMM.comを支える
データ駆動戦略

DMM.com
石垣 雅人 著

DMM.com CTO
松本 勇気 監修

マイナビ

注記

●本書に掲載された内容は、情報の提供のみを目的としております。本書の内容に関するいかなる運用については、すべてお客様自身の責任と判断において行ってください。

●本書の制作にあたっては正確な記述につとめましたが、著者や出版社のいずれも、本書の内容に関してなんらかの保証をするものではなく、内容に関するいかなる運用結果についてもいっさいの責任を負いません。あらかじめご了承ください。

●本書中の会社名や商品名は、該当する各社の商標または登録商標です。

本書中ではTMおよび®マークは省略させていただいております。

●書籍に関する訂正、追加情報は以下のWebサイトで更新させていただきます。

https://book.mynavi.jp/supportsite/detail/9784839970161.html

はじめに

プロダクト開発の「不確実性」とどのように戦うか

日々、自問自答しています。
「どうやったら多くのユーザーにプロダクトを利用してもらえるか」
「そもそも何を作るべきか」
「どのように作るべきか」

しかし、いくら自問自答しても、いっこうに正解は見当たらないし銀の弾丸も見つかりません。
すべて満足のいく結果にはならないし、日々変化していく環境の中で常に選択を迫られています。プロダクト開発は多くの「不確実性」に取り囲まれていて、これをやれば必ず成功するという銀の弾丸はありません。

では、どのように「不確実性」と戦っていけば良いでしょうか。
周りを見れば、技術やテクノロジーは日々進化し続け、数年前までは想像もできなかったことが今ではいとも簡単にできることへと変換されました。しかも、それが数年のスパンでやってきます。それと同時に廃れていくものも生まれ、プロダクト開発は変化に順応していくことが求められます。
何も進化せずに勝手にグロースしていくプロダクトなど存在しません。

また、環境の変化によってユーザーのニーズも複雑化しています。
プロダクトを開発している側も、ユーザー自身も現在の自分にどんなプロダクトが必要なのかわかりません。
つまり、私たちがプロダクトを提供するべきユーザー自身も答えを持っていないのです。

誰も正解を持っていない中、私たちはプロダクトを開発しなければなりません。
正解がないものを作るということは、すべてが「仮説」になってしまうということです。
このプロダクトが市場には必要で、このプロダクトにはこういった機能が備わっており、こんなユーザーインターフェースであったほうが、ユーザーにとって「きっと」便利であろうと考えます。
そんな「仮説」と「正解」の間で、私たちはどんな「武器」を持ってこれから戦っていくべきでしょうか。

私は数年に渡りプロダクト開発をする中で、組織に「アジャイル開発」を浸透させることを重要と考え、奮闘してきました。プロダクトを適切な粒度で、素早くつくり、ユーザーへ提供する。そして、ユーザーの反応を学びながら、仮説検証を繰り返していくことでより強く確実なプロダクトへと成長させていけると考えていました。
しかし、すべてのプロダクトが100％満足のいく機能を提供できておらず、苦労しなかったプロダクト開発はありません。すべて成功かといえば全く足りていません。

ではどうすればより良くできただろうか。
しかし、プロダクト開発を成功させることは当然簡単なことではありません。これは至難の技とも言えます。

一方、世の中には見渡してみると「不確実性」を下げるアプローチはいくつか存在します。アジャイル開発の

考え方もその1つです。

ウォーターフォール開発は、ある程度大きな工数をかけて要件定義から設計フェーズまでを各ステークホルダーと合意形成させていくことで完了させます。そして多くの機能開発を行い、大きくリリースします。ある種、一発勝負的な要素があります。リリース後にユーザーから全く使われなかった場合、とても大きな損失となります。市場調査をした上でプロダクト開発に入ったとしても、ユーザーに機能を提供するまでに時間がかかったり、その間に市場のニーズが変わったり、競合他社に先を越される可能性があります。

アジャイル開発の基本は「プロダクト開発において確実なものなど存在しない。失敗することが前提」という考えのもと、「小さく早く作ってリリースする」ことを大事にしています。「なぜその機能が必要なのか」を考えた上で、いかにプロダクトにおける最小限の機能を構築して、すばやく市場へ投入できるか。そこからユーザーの反応を見て学習し、再度最適化された機能を提供できるか、といった方法が主流となって広がり始めました。

私はこの考え方がとても好きです。実際に私が所属している合同会社DMM.comの組織の中でも当たり前のようにアジャイル開発をしているし、組織全体の浸透率を見ても良いソリューションであると言えます。
しかし、同時にこの「アジャイル開発」をさらに進化させられると感じていました。
ここに「ある要素」を加えることで、プロダクト開発における「不確実性」をより下げることができて、さらに組織内のさまざまな意思決定も高速化できます。それも、アジャイル開発をやめるのではなく融合させる形で。
その要素とは「データ駆動」という考え方です。

「データ駆動」から見える世界

「データ駆動」から見える世界は、私たちがプロダクトの中で見たことがない「優れた価値」を「データ」というフィルターを通して見せてくれる世界です。この世界では「優れた価値」をもとに組織がデータに基づく意思決定をしていて、「データ」を主軸に皆が同じ方向を向いています。そして、私たちは日々変化し続けるプロダクトの「生態」を優れた価値をもとに見ています。

では「優れた価値」を発掘するためにはどうすれば良いでしょうか。
1つの解としては、膨大なデータを特定のプロセスを通すことで「駆動」させ、より多くの価値があるデータへと変化させることにあります。
この価値のある「データ」をどれだけ多く発見できるかがプロダクトを成長させる鍵となってきます。

データが「駆動」するということは、「データ」を見ることで次の行動が見えてくることを意味します。
「駆動＝動力を与えて動かす」という意味のとおり、あるデータAの変化が、別のデータBにも変化を引き起こす。さらにデータCとも比例して変化している。
このデータ同士が駆動している関係性を正しくデータ分析することで次の行動が見えてきます。この相関関係・因果関係をより多く見つけることで、プロダクトの未来を予測可能にします。
その予測をもとに「戦略」を作り、仮説を立案することで施策のヒット率を上げていきます。
これが「データ駆動」の基本的な考え方です。今まで「直感」や「経験」でしか考えられなかった問題に対して「データ」という武器を持つことで、より多くの「解」が得られるようになります。

「データ駆動戦略」がプロダクトをグロースさせる

私たちが開発しているプロダクトが、より長く利益や効果を生むためには持続可能なプロダクトへと育て上げる必要があります。しかし、そこには時間的な制約と資金的な制約があります。

特にスタートアップ企業では、プロダクトをローンチし終えると、手元にある資金が尽きる前に利益を上げなければサービスを維持できません。プロダクトを維持しているだけでもサーバーコストなどの費用がかかります。もちろん、エンタープライズ企業でも同じことが言えますが、さまざまな制約がある中でどんなアイデアマンでも「直感」や「経験」をもとに次々ヒットする機能をリリースすることは難しいでしょう。

そこに、「データ駆動」の考え方を戦略の中心に置くことで、持続可能なビジネスへと育て上げていくことができます。

「データ」は、ユーザーの声が一番反映されているファクターです。

時には、ユーザーの感覚を超えた無意識な行動がログベースで集約されていきます。それを探索的にデータ分析することで、本当にユーザーが求めていることは何かが可視化されます。

また、直感的に立案した仮説も「データ」を加えることで、より仮説の妥当性を担保することができるでしょう。

一方で直感や経験による仮説立案や意思決定が悪いということではありません。世の中には、さまざまなイノベーションやプロダクトを自身のひらめきで実行できる人たちが存在します。

しかし、私を含めた多くの人は、普通の人だということを忘れてはいけません。

私個人でいえば、ごく普通のエンジニアが優れた経営者、優れたプロダクトマネージャー、優れたプロダクトオーナーと競合する中で少なくとも「データ」という武器を持ちプロダクト戦略を考えていくことが必要だと思うのです。

「データ駆動戦略」には強固な組織体制が必要

では「データ駆動」な戦略を立案して実現するには何が必要でしょうか。多くの要素がありますが、一番大事なのは強固な組織体制です。

組織の中で、データアナリストなどのデータに関わる人だけがデータ駆動することで、影響力が局所的な部分でとどまってしまいます。組織にいる全員が「データに基づく意思決定」の重要性を理解して、本書で述べていくプロセスを実践していかなければなりません。

この書籍は、データアナリスト、データサイエンティストだけを対象読者とした書籍ではありません。組織の中にいるプロダクトマネージャー、エンジニア、ディレクション、営業、カスタマーサポート、人事、総務などのバックオフィス、すべての人に読んでもらうために書いた書籍です。

本書を通じて「データ駆動戦略」に関する理解を深め、組織に導入する際に必要な考え方、実現方法を把握することで、より良いプロダクトを開発する手助けになれば幸いです。

石垣 雅人

Contents

Part 1　事業を科学的アプローチで捉え、定義する　　13

Part2　強固な組織体制がデータ駆動な戦略基盤を支える　189

Contents

本書の構成

本書の立ち位置

本書は、「DMM.comを支えるデータ駆動戦略」という題名からもわかる通り、合同会社DMM.comでのプロダクト開発や組織運営を題材にしています。

DMM.comには幅広い事業があり、それに伴って多様な組織体制があります。良い意味でもすべて統一された事業プロセスではなく、それぞれの組織が柔軟に変化に対応している組織です。

そのため、本書では合同会社DMM.com CTO（Chief Technology Officer）である松本 勇気を監修者として招き、そのベースとなる「考え方」についてご紹介していきます。
その考え方をもとに、私の中でブレークダウンし、実際の現場で実践している内容を本書で提供します。

本書の構成

本書の構成についても説明していきます。

本書は、3つの部で構成されています。
- Part 1：事業を科学的アプローチで捉え、定義する
- Part 2：強固な組織体制がデータ駆動な戦略基盤を支える
- Part 3：データを駆動させ、組織文化を作っていく

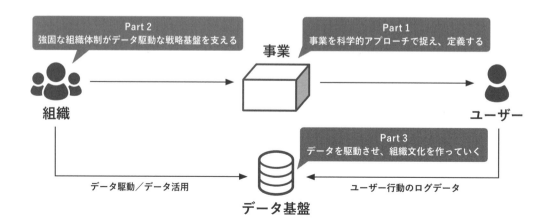

Part 1では、事業を科学的に改善していくことのメリットと事業改善のプロセスの「型」について見ていきます。科学的に捉えるというのは、つまるところ「データで事業を表現する」ことを指します。さらに事業をスケールさせるための改善プロセスにも、「データ」を使いながらアプローチをしていきます。事業を「データ」として捉えることで、逆に「データ」で事業を改善することも可能になります。

Part 2では、変化の激しい環境下の中での組織のあるべき姿を考えていきます。「データ」を使った継続的な事業改善を行うためには、それに耐えうる組織構造、メンタルモデルが必要です。ここでは、戦略的Unlearnという考え方をベースに学習する組織の作り方、アジャイル型の開発の「型」を中心にDMM.comの組織運営について事例をベースに述べていきます。

Part 3では、データの民主化をテーマにどうやってデータの扱い方について見ていきます。まずは、データを集めてくるかのデータパイプラインの構築方法から、DMM.comにおけるデータ民主化の事例などを見ていきます。

おすすめする本書の読み方

本書でおすすめする読み方について、ご紹介します。

とりあえず、全体的なトピックだけ抑えたい方向け

① Chapter1 : データ駆動戦略でのプロダクト開発の全容公開
② Chapter3 : 仮説検証を回しながら不確実性を下げていく
③ Chapter4 : なぜ、学習できる組織が必要なのか
④ Chapter8 : 商品レビューをデータ駆動でグロースさせてみよう！

データ駆動戦略は、組織・事業・ユーザー・データの4要素をもとに考えていきます。組織が事業をつくり、その事業をユーザーが利用し、ユーザーの行動がデータとして蓄積されています。Chapter1で事業とデータの関係性を理解し、Chapter3ではデータを使った事業の改善プロセスについて学べます。 Chapter4では、事業とデータに加えて、変化に対応できる「組織」について理解できます。最後にこれらを総合した演習としてChapter8を読んでいただければ全体的なトピックが抑えられるでしょう。

事業に責任を持ち、データ活用しながらグロースさせたいプロダクトマネージャー向け

① Chapter1 : データ駆動戦略でのプロダクト開発の全容公開
② Chapter2 : 事業を数値モデルで表現すると予測と自動化ができる
③ Chapter3 : 仮説検証を回しながら不確実性を下げていく
④ Chapter8 : 商品レビューをデータ駆動でグロースさせてみよう！

事業をグロースさせるのに特化したChapter群です。主に事業責任者といった事業の数値に責任を持っている方をイメージしています。事業をデータで捉えるところから、データで事業改善する考え方についてPart 1およびChapter8で学ぶことができます。

変化に対応した開発組織をつくりたいエンジニアリングマネージャー向け

① Chapter3 : 仮説検証を回しながら不確実性を下げていく
② Chapter4 : なぜ、学習できる組織が必要なのか
③ Chapter5 : 戦略的Unlearnによる組織モデルの構築
④ Chapter6 : 組織構造から発生する力学を操作する

少し事業といった部分から外れて、学習できる組織をつくり上げるChapter群です。エンジニア組織を束ねる立場の方や開発のリーダーなどが対象です。組織にアジャイル開発を中心とした「型」を馴染ませる方法やメンタルモデル、Unlearnといったキーワードをもとに、変化に対応できるチームのつくり方を学べます。

データに基づく意思決定を組織文化に根付かせたい方向け

① Chapter1 : データ駆動戦略でのプロダクト開発の全容公開
② Chapter6 : 組織構造から発生する力学を操作する
③ Chapter7 : データを集約して民主化する
④ Chapter8 : 商品レビューをデータ駆動でグロースさせてみよう！

組織が意思決定する際にデータを主軸にした行動指針になるためのChapter群です。データを観測する文化を組織に根付かせるためには、データを集約するだけでなく文化をつくることが大事になります。

Part 1

**事業を科学的アプローチで
捉え、定義する**

Part 2

強固な組織体制が
データ駆動な戦略基盤を支える

Part 3

データを駆動させ、
組織文化を作っていく

1

2

3

4

5

6

Chapter 1

Chapter 1

データ駆動戦略の
全体像を理解する

Part 1の概要

事業やプロダクトをつくるために一番大事なものは「情熱」です。
その事業を成功させたい、売上を上げたい、といった情熱です。情熱なくして、良い事業やプロダクトはつくり出すことは難しいでしょう。

Part 1で述べることは、その情熱を科学で支えることです。
データ駆動戦略とは、データを駆動させることで事業の優れた価値を見つけ、組織がデータを中心にした意思決定する世界です。

不確実性が高いプロダクト開発において、少し先の未来を予測しながら事業を作る時に我々の武器になるものが「データ」です。

データは、私たちがユーザーを理解するための指針となります。
ユーザーがどのような行動をとったか、これからどういった行動をとるか、データを通して観測して事業の状況を予測していきます。そのためには、事業をきちんと計測し、データを集め、膨大なデータ基盤を通して、仮説を立て、施策を回していきます。

Chapter1ではデータ駆動戦略の全体像を把握していきながら、後続に続くChapterで述べることの地図を作っていきます。

Chapter2では、事業における「データ」というものを、どのような指標で計測し、観測していくべきかを見ていきます。闇雲にデータを集めるのではなく、きちんとした指標をもとに、事業のあらゆる挙動を計測可能となるように記録します。その記録したデータをもとに事業構造を理解し、事業の予測やデータを活用する様子を見ていきます。
Chapter3では、事業改善をする上で必要な開発プロセスの「型」を見ていきいます。
変化が激しい事業環境の中、当然ながら、そのスピード感に組織も対応していかなければいけません。

そのためには、失敗を許容できる環境を用意し、効率的な学習を支える「型」を通じて土台をつくっていく必要があります。

また、Part 1で述べていく内容について、本書の監修者であり、DMM.com CTOである松本 勇気の考えをベースに見ていきます。本書と合わせて、こちらもご覧いただくと理解が深まるでしょう。

ソフトウェアと経営について｜Matsumoto Yuki｜note
https://note.com/y_matsuwitter/m/mdc584510ef76

はじめに、データ駆動戦略を用いた事業の捉え方とプロダクト開発の進め方について全体像を説明していきます。
プロセスとしては、以下の5つのプロセスを辿っていく必要がありますが、各項目の詳細な説明については、後述します。ここではまず全体像を理解することを目指します。
事業をスケールさせていくために正しく事業の構造を捉えて、課題を明確にしていきながら改善していきます。

1. 事業を数値モデルとして理解する
2. 事業構造をKPIで表現し、予測可能性をつくる
3. KPIから見えた課題に対して施策を当てていく
4. 仮説検証サイクルによって学習が生まれる
5. 仮説検証サイクルを高速に合理的に回す

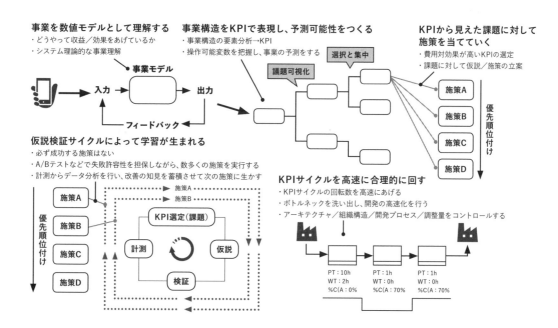

事業を数値モデルとして理解する
・どうやって収益／効果をあげているか
・システム理論的な事業理解

事業構造をKPIで表現し、予測可能性をつくる
・事業構造の要素分析→KPI
・操作可能変数を把握し、事業の予測をする

選択と集中

議題可視化

KPIから見えた課題に対して施策を当てていく
・費用対効果が高いKPIの選定
・課題に対して仮説／施策の立案

事業モデル
入力 → 出力
フィードバック

施策A
施策B
施策C
施策D

優先順位付け

仮説検証サイクルによって学習が生まれる
・必ず成功する施策はない
・A/Bテストなどで失敗許容性を担保しながら、数多くの施策を実行する
・計測からデータ分析を行い、改善の知見を蓄積させて次の施策に生かす

施策A
施策B
施策C
施策D

優先順位付け

KPI選定（課題）
計測 ⟳ 仮説
検証

施策A
施策B

KPIサイクルを高速に合理的に回す
・KPIサイクルの回転数を高速にあげる
・ボトルネックを洗い出し、開発の高速化を行う
・アーキテクチャ／組織構造／開発プロセス／調整量をコントロールする

PT：10h
WT：2h
%C(A：0%

PT：1h
WT：0h
%C(A：70%

PT：1h
WT：0h
%C(A：70%

事業の改善には、大きく分けて、2つの軸があります。

1つ目は、事業構造を正しく理解すること。さらに、そこから事業の可観測性を意識して、数値モデルとして観測可能にしていくことです。

2つ目は、事業を数値モデルとして観測可能にしたことで見えてきた事業の勝ち筋に対してスピード感を持ちながら仮説検証のサイクルを回すことです。

事業のあらゆる挙動を記録してデータとして保存していきながら、施策の優先順位の明確化、失敗の許容性、改善からの知見の蓄積による学習の効率化といったプロセスの最適化を行っていきます。

では、プロセスを1つずつ見ていきましょう。

1-1　事業を数値モデルとして理解する

事業を考える上で一番はじめにすることは事業構造の理解です。

基本的に以下の3つの要素で事業を捉えることができます。

- 何をインプットとするか
- インプットに対してどのような処理が行われているか
- 何をアウトプットしているか

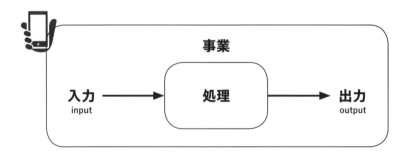

例えば、ECサイトであれば、資金、人、商品を「入力（Input）」として、それらを資源として商品の仕入れや、制作、インターネットという土台で販売していきます。それをユーザーが利用、購入するという「処理」が走り、売上という「出力（Output）」が得られます。そこから、人件費や商品の制作費、仕入額などのコストを引いたものを利益として受け取ります。

この3つの要素（入力→処理→出力）は、システム理論という概念の中で使われる考え方です。
システム理論という言葉は、世の中のあらゆる対象を「システム」として捉えていく考え方です。例えば、組織、国、生命、事業といったものをすべてシステムとして考えます。

そもそも「システム」とは何でしょうか。
一般的には多数の要素が集まったときに、それらが相互に影響を受けることで秩序や仕組みを生み出す全体的な構造のことを指します。世の中のあらゆる対象物には、必ず法則性や方向性が存在します。それを連動する一連の動作として表現可能にすることで、そのシステムが説明可能になります。

例えば「スマートフォン」を1つのシステムとして捉えたときに、それらを構成するために必要な「部品」という要素があるだけでは何も起こりません。
大事なことは、部品同士が相互作用することで「スマートフォン」という1つのシステムが稼働するという点です。つまり、システムを構成する要素自体が大事なのではなく、それをインタラクティブに繋ぐ関連性が大事ということです。

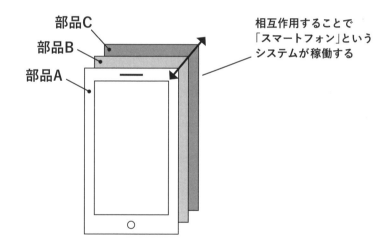

システムの特徴についてもう少し特徴を捉えていきましょう。
あらゆるシステムの構造は次図のとおり「入力→システム処理→出力」に加えてフィードバック→入力というループを辿っていると言われています。外部環境からの入力によって、内部システムの処理が走り、その結果を出力します。そして、出力によって生まれるフィードバックが入力値に影響を与えます。

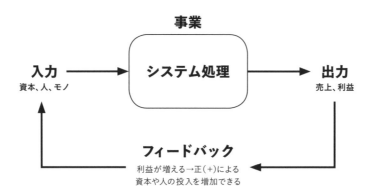

1つの例を見ていきましょう。

例えば、風呂をシステムとして捉え、スイッチを一度押すだけでお湯が自動ではれる機能があったとしましょう。

同じく、「入力→システム処理→出力→フィードバック→入力」の流れで見ていきましょう。

1. 入力値としてスイッチボタンを押す（入力）
2. スイッチが押されたことを検知して、お湯はりを開始する（システム処理）
3. 設定した温度で水位に達する（出力）
4. 水位に達したことを検知して、お湯はりを停止する（フィードバック→入力）

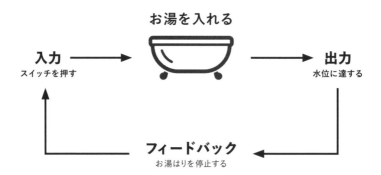

このように浴槽にお湯をはるという機能も、システムとして捉えていくと構造化（モデリング）することができ、説明可能性が高まります。

では、本題である「事業」をシステムとして捉えたときはどうなるでしょうか。

事業にも、あらゆる目的があり、それぞれ違う出力があります。

それを生むシステム処理の部分は、その事業におけるビジネスモデルの部分です。

ECサイトを想定したときに、最終的な出力が売上だとすると事業構造としてはユーザーに商品を提供して、その代わりに購入額を対価としてもらう、という処理になります。それが売上として出力されていくわけです。

売上や利益の状況によって、入力できる資本やリソースといったものが可変になっていきます（フィードバック）。

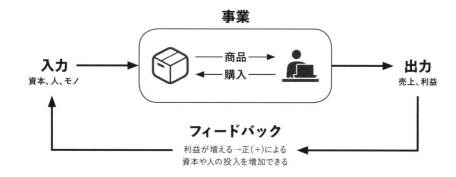

1-1-1　システムの特徴と可観測性

「システム」の特徴について、入出力の関係性以外に大切な概念がもう1つあります。システムの階層性とは、売上が1億円というマクロな捉え方と、1ユーザーの売上というミクロな捉え方をズームイン/ズームアウトしながら、階層として理解していくことをいいます。

例えば、「売上が1億円である」というマクロな事業の財務状況があったときに、それをズームインしていくと1ユーザーの収益の合計値がマクロな1億円となっているはずです。

そのマクロな売上が1億円という捉え方と、1ユーザーの収益性というミクロな視点をズームイン/ズームアウトして考えられるということが事業をシステム理論という点で理解する上で重要になります。

そうしたシステムの特徴を活かし、適用していくためには、事業の「可観測性」を高める必要があります。

可観測性は、文字通り「観測を可能にしていく」ということです。たとえば、ECサイトはプログラムのソースコードとして表現されています。事業の可観測性という観点では、単にECサイトをソースコードを書いて構築していくだけではダメで、ユーザーの一挙手一投足を細かくトラッキング（追跡）する必要があります。記録していくと言っても良いでしょう。

例えば、このページをクリックして、ここまでページスクロールした上で購入ボタンを押したこのユー

ザーは、30歳男性で東京都に住んでいるユーザーである、というデータまで取れてはじめて観測可能といえます。ソースコードで表現することで、その結果がログデータと呼ばれる形式で出力されていき、データとして保存されていきます。ログとは記録という意味で、ユーザーの行動を記録したものをログデータと呼びます。

そして、ユーザーの小さな行動データの積み重ねが観測可能になることで事業の解像度が上がり、構造が見えてきます。その事業がどのような工程を経てユーザーに価値を届けているか、どのような仕組みで収益をあげているか、という流れが数値的にプロットできるようになります。

プロットとはストーリーのようなもので、ユーザーがサービスの中を回遊するたびにログデータが「点」のような形で記録され、点と点をつなぎ合わせることでユーザーストーリーが追跡できるようになります。これによって、事業構造が明確に捉えられるようになるため、モデリングが可能になります。

モデリングとは構造化して形づくることを意味します。事業という対象物を数値的なモデルとして定義できることで反復可能性が生まれてきます。何度でも同じ動作を繰り返し、どのようなユーザーがサイトにアクセスしようともサービスとして同じ振る舞いを提供します。それはある種の事業が1つのソフトウェアとして稼働していることを意味しています。詳しくはChapter2で説明していきますが、反復可能性があることであらゆる科学的な事業改善へと持ち込むことができるのです。

1-2 事業構造をKPIで表現し、予測可能性をつくる

科学的な事業改善の1つの特徴として、KPIモデルから事業の予測ができるようになります。

そのためにはまず、事業構造の分解によるKPIツリーを作成します。

KPIとは、重要業績評価指標（Key Performance Indicator）の略で、事業におけるKGI（Key Goal Indicator）といった最終的に達成したいゴールに対して、どのような要因プロセスを経て目標を達成するかを数値で表したものです。

また、KPIを設定するにあたってはKGI（Key Goal Indicator）の理解やKGIの要因を分解したCSF（Critical Success Factor）に関する知識が必要となります。

構造としては次図のような形になります。

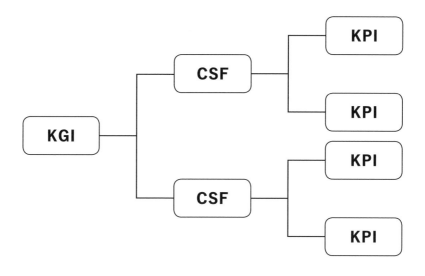

KGIが事業における中長期的な目標であるのに対して、CSFとはKGIを達成するために必要な要因です。例えば、売上を1億円にするといったKGIの目標があったときに、それを達成するためには1日のサイト訪問者数をどれだけ伸ばす必要があるのか、それとも1ユーザーあたりの平均購入額を上げる必要があるのか、などいくつかの要因が考えられます。このようなKGIに繋がる指標がCSFと呼ばれるものです。そして、KPIとはこのCSFを具体的な数値にした目標のことです。

例えば、売上を1億円以上にするためには、CSFである訪問者数が10万人必要だとしたら、その定量的な数値こそがKPIになります。平均購入額を1,000円にしたいといった目標があれば、それもKPIとなります。

ECサイトで考えていくと以下のようなKPIツリーになります。
1日の売上を主にCSF（Critical Success Factor）の構成要因をベースに記載していきます。
1日の売上は「1日に訪問したユーザー数」と「購買率」「1人あたりの購入額」の掛け算で考えられます。Chapter2ではもう少し詳しく見ていきますが、シンプルに考えればこの3つで説明ができます。

実際の現場では、事業の構造を詳細に明らかにするため、可能な限り要素分解していきます。
例えば、「1日に訪問したユーザー数」でも、その日に初めて利用したユーザー（新規ユーザー）もいれば、昨日も利用してくれた継続ユーザー、過去に使っていたユーザーが再度訪問したなら復帰ユーザーなど、訪問者数という指標1つとっても細かく分解できます。

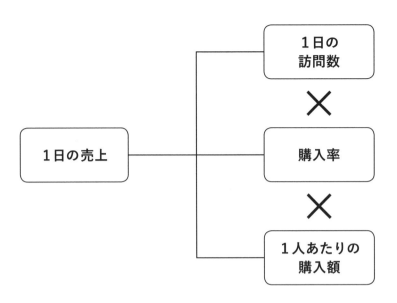

次に、このCSFをKPIとして数値化していくと課題が見えてきます。

1日あたりの売上が100万円だったとします。そこから枝分かれするCSFをKPIとして数値で表し、訪問者数が50,000人。購入率が10%、1人あたりの購入額が200円だったとします。

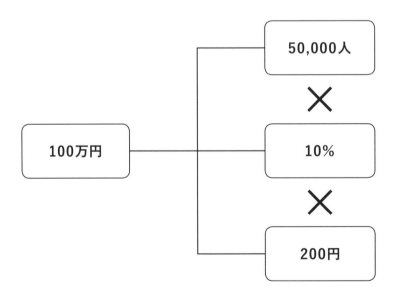

このときにKGIとして、100万円を200万円にしたいといった目標値があったときに訪問者数と購入率、1人あたりの購入額という3つのKPIの内、どこから改善すれば良いかを考えていきます。

1商品の平均単価が100円程度だとしたら、1人あたりの売上を200円から400円にアップさせるよりかは、訪問者数や購買率を増やした方が、施策の費用対効果が高く改善ができるのではないかという仮説が生まれてきます。

逆に、KPIの数値を可視化していないと「売上が100万円だった」という結果しかわかりません。その情報の中で仮説立案して、施策を実施しながら売上を向上させるのは、見えない敵と戦っているようなものです。不確実性が高すぎるとも言えます。

KPIツリーを正しく分解して、その事業がどのような構造で成り立っているかについて詳細に理解していくことで、事業の内部構造を把握できることと同時に、ある程度の予測が可能になります。

ある程度予測を可能にするには、自分たちが操作できるKPI＝操作可能変数を正しく理解していくことが大事になります。

操作可能変数の代表的なものでいえば予算ですが、対象KPIに対してどのぐらいの予算（入力値）をかけた場合、ある種の事業の入出力から得られる計算式に変数（予算）を代入することで、結果としてKGIにどれだけの変化（出力）があるかを予測することは可能です。

これをベースにして考えると、事業として達成するべき数値を目標値として、それを達成するために施策を並べ、その結果を予測した値と照らし合わせながら事業改善を繰り返していきます。この予測の精度は、施策をできるだけ繰り返し、ユーザーからのフィードバックをもとに改善のノウハウを蓄積、学習していくことで上がります。

1-3 KPIから見えた課題に対して施策を当てていく

こうして、KPIツリーをもとに事業の数値モデルを構造化できたら、あとは課題となるKPIを選定していきながら施策を実施することを考えます。

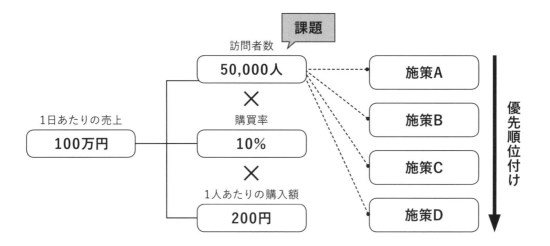

KPIツリーから見えた課題に対して、どのような施策が良いかをまずは考えていきましょう。
例えば、先ほどのKPIツリーの例で訪問者数が少ないのであれば、新規登録キャンペーンの実施や、友だち紹介キャンペーンでクーポンを配布するなど、施策を考えることができます。

実際の業務フローとしては、データ分析を行いながらユーザーのインサイト（潜在的な欲求）を発見し、仮説を考えていきます。
仮説から具体的な施策（キャンペーンや機能追加など）を列挙した後、施策に優先度を付けます。限られたリソースの中でどの施策から実施していくかを考えていきます。

変化が激しい事業環境の中、資本や人的リソース、時間的リソースは無限ではないので、その時間で考えられる最善の施策をプロダクトに当てていき、結果を観測していきます。

優先順位付けについては、データ分析によって得られる施策実施時の事業的なインパクトや、実施するまでにかかる開発コストなど、あらゆることを総合的に考慮して進める必要があります。

1-3-1 優先順位付けに時間をかけるのではなく、施策の実行スピードを重要視する

一方、優先順位付けは、改善サイクルで使われるPDCAサイクルでいうP（計画）にあたります。
もちろん、事前にできるだけ失敗する可能性を低くして施策を実行することも必要です。

一方、Chapter3で詳しく述べていきますが、A/Bテストを活用しながら失敗の許容性を担保することで、失敗による事業的な損失、失敗の恐怖をなくしていき、よりイテレーティブ（反復）で高速な改善サイクルを低いハードルで実施できるようにします。

A/Bテストについて簡単に説明していきます。
A/Bテストとは、元の機能に変更を加える場合にAパターンとBパターンを用意してテストする手法です。どちらのパターンがより意図した結果、良い結果になったかを分析していきます。

例えば、ある商品の購入を促進するキャンペーンのバナーを「Aパターン（既存）」と「Bパターン（新）」の2つを用意してテストします。
デザインの良し悪しは、特に判断が難しく直感や経験といった感覚的な部分も入ってきてしまいます。そのときにA/Bテストを通じて、どちらのコンバージョン率（最終的な成果）が高いかを定量的に見ていくことで有益な意思決定の判断材料とします。コンバージョン率とは、ここではバナーを経由して商品が購入された割合とします。
次図の例であれば、Aパターンはコンバージョン率が5%、Bパターンは20%なので、単純に考えてBパターンを採用したほうが良い、という判断材料になります。

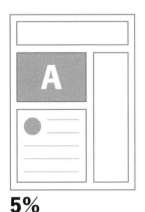

5%
コンバージョン率

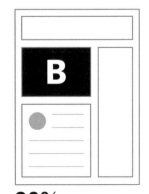

20%
コンバージョン率

また、デザインのパターンだけではなくA/Bテストの対象となるユーザーの選定もテストしていきます。例えばランダムに1,000人のユーザーに試行させるのか、ログインユーザーとゲストユーザーで分けるのか、ユーザー属性の年齢や性別で絞ってテストするのか、それとも行動パターン（通販サービスを使っているユーザーなど）で制御するのかといった、さまざまなセグメント、レイヤーでA/Bテストをすることで、本当にその機能が有効なのかを検証することができます。

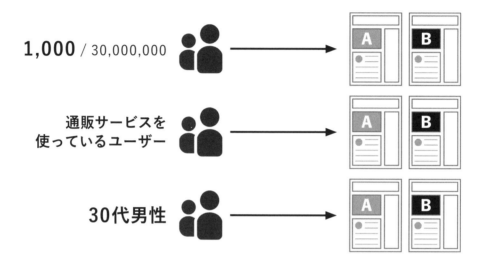

全体の20%のユーザーに施策を実施して、意図したKPIの向上が見られれば、次は比重を上げて50%のユーザーに試しても良いですし、全ユーザーに対して適応しても、同じような結果が得られるのではないかという予測ができます。

これによって、いきなりすべてのユーザーに対して施策を実行して、失敗した際の事業的な損失や心理的なダメージをある程度抑えることができます。仮に20%のユーザーにテストを行って失敗しても、その施策をその場で不採用にもできます。

挑戦するハードルを事業的にも心理的にも下げることで組織がアクティブになり、後続に続くイテレーティブな改善へと進むことができます。

このようなA/Bテストを柔軟に取り入れながら、実際の開発現場では、優先順位付けに時間をかけるのではなく、施策を素早く実施することを重要視しましょう。

なぜなら、施策の実施から見えてくるエンドユーザーのフィードバックから経験的プロセスを経て学習していき、不確実性を少しでも減らしながら、施策インパクトの予測値の精度を上げていくほうが良いからです。

一方、問題となり得るのは、組織上のレポートラインの問題による施策実施の遅延です。

事業環境によって基準はさまざまですが、組織の中で決済ライン、レポートラインが異なり、1つの

施策を実施するにもエスカレーションが必要となり承認フローが複雑化してスピード感をもった改善ができないケースも多いでしょう。

そうした場合には、一定の基準をもとにそれら満たしていれば、施策の実施にOKを出すほうが健全だと考えます。

例えば、事業モデルの分解によるKPIモデルはあるか、施策によって変動するべきKPIの選定はできているか、A/Bテストの比重は20%以下か、開発コストは2ヶ月以内かといった形で決めておけばわかりやすいでしょう。

1-4 仮説検証サイクルによって学習が生まれる

事業の数値モデルからKPIツリーの作成、課題の可視化による施策の優先度まで、データ駆動戦略の全体像を見ていきました。

ここでは施策を実施する流れについて見ていきます。

ベースの考え方としては次図にある「仮説検証サイクル」を回すこととなります。

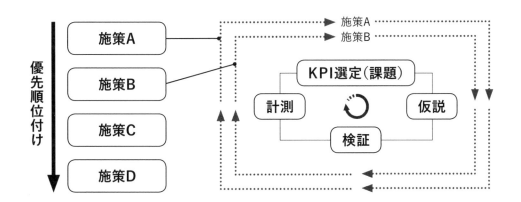

サイクルには、4つの項目があります。

1. KPI選定
2. 仮説
3. 検証
4. 計測

1つ目のKPI選定は、事業モデルの構造からKPIツリーを作成することで見えてくる操作可能変数や目標値、予測値から見えてくる課題から行いましょう。それに対して仮説を出すことが、2つ目の仮説フェーズです。

そして、続く「検証」で、仮説をもとに施策を適用するフェーズに入ります。

不確実性が高い事業環境の中で、実施した施策がすべて成功するとは限りません。成功する施策のほうが少ないでしょう。そこで考えるべきは、A/Bテストを中心とした失敗を許容する仕組みを用意することです。

仮に事業全体の会員登録者数が3,000万人だとしても、その全ユーザーにいきなり施策を適用するのではなく、「仮説が正しい」と検証するのに必要な数だけに絞るようにします。

10%のユーザーにだけ先行して適応すれば、影響範囲を最小化できます。仮に10%のユーザーで数値が良くないのであれば、その施策はその場でやめる判断もできます。逆に結果の差異がなかったり、良い結果だったりしたら50%や100%に増やしたりして実験しても良いでしょう。こうした柔軟な施策が実行できることは、イテレーティブな改善をする上で非常に大事になってきます。

一方、こうした基盤がない状態だと、1つの施策を実施するのに事業的な損失の観点で組織の意思決定も慎重になります。それこそ施策の妥当性を必要以上に時間をかけて分析しなければいけなくなることや、社内の調整に時間がかかることで施策実行までのリードタイムが大幅にかかってしまいます。

1-4-1 計測フェーズでは、局所的な判断をしない

検証の次は「計測」フェーズに入っていきます。

ここでは、実際のエンドユーザーからのフィードバックをもとに計測していきます。計測するにはもちろんデータを蓄積する必要があります。

例えば、Daily Active User（DAUと呼ばれる、1日あたりにどのくらいのユーザーがサービスを利用したのかを計測する指標）を向上させる施策として、会員登録のフローを簡略化する「SNS連携」を導入してより簡便に会員登録できるようにすることで新規登録率を上げようとする試みがあったとします。

- ● KPI選定：DAU向上
- ● 仮説：「SNS連携」機能を導入することでスムーズな会員連携を目指し、会員連携時の離脱率を下げる

上記のようなKPI選定を仮説としたとき、計測の部分では、DAUが上がっているかをまずは見ていきます。そして、最終的にKGIである売上がどうなっているかも見ていきましょう。

最終的な目標値であるKGIが上がっていないとなると事業の分解がうまくできていないか、それとも施策の実施方法が誤っているのかを疑っていきますが、よくあるケースとしてKPIツリー上で相関する別のKPIに影響が出ているケースがあります。

例えば、SNS連携機能を導入すると同時に、以前からシェア率が低く技術的負債も多かった既存機能の「空メールによる会員連携」機能をなくす対応をしていたとします。仮説としては、空メールといった手間がかかる認証をしているユーザーは、便利なSNS連携に乗り換えてくれるだろうと踏んでいました。強いてはもう1つの連携方法である、これまた既存機能のメールアドレスとパスワードで連携しているユーザーもSNS連携に切り替えてくれるだろうと予想していたとします。

計測の様子として、まず30%のユーザーに対してA/Bテストをしていくと、SNS連携をするユーザーのシェアは右肩あがりに伸びていました。

そこでDAUも上がっているかと思いきや、逆に数パーセント下がっていたとします。KPIツリーのほかの相関指標を見てみると空メールで認証していたユーザーの半数が乗り換えをせずに離脱していたという結果がわかりました。

このように施策を実施する際、局所的なKPIだけを見るのではなく、ほかのKPIの数値がどうなっているかを把握することが大事であるのと同時に、KPIの要素分解ができているとこのような相関関係にも気づけます。

こうしたところに注意しながら学習していき、次の仮説へ活かしていきます。

ユーザーのフィードバックから見えてきたデータをもとに、知見のノウハウを組織に蓄積させていきます。計測フェーズの目的は、結果の可視化だけではなく、学習の効率化も領域として入ってきます。

常に仮説立案からスピード感をもって検証フェーズへ移行し、最後に計測フェーズへ移行することで開発プロセスの最適化も同時に行っていく必要があります。施策実行の間隔を短くして改善の知見を素早く蓄積していきましょう。

計測からの学習によって、施策の優先順位が変わることもあれば、そもそも施策をやらない選択肢も生じてくるでしょう。そのため、あまり長期的な目標の策定や見積もりはせずにマイルストーンを作成していくのが良いでしょう。短期間で小さく挑戦して、その都度小さく軌道修正するプロダクト開発が望ましいでしょう。これには開発手法の最適化も重要になってきます。

1-5 仮説検証サイクルを高速で合理的に回す

仮説検証サイクルによって生まれた仮説をもとにA/Bテストを行い、その結果のデータから学習することで次の施策への不確実性を少しずつ下げていきます。

その中で、いかに高速に適切な粒度（セグメント）で仮説検証サイクルを回すか、ということも重要な要素となってきます。
一言で言えば、正しい方向性で開発スピードを上げるということ。その理由としてはユーザーに対して素早く機能を提供できるためです。しかし、ここでの意図としては不確実性を下げるために開発スピードを上げるということがいえます。本当の意味で、良い機能をユーザーに届けるためには、仮説に対する妥当性があるA/Bテストを通過したもののみを提供する必要があります。そのため、小さく失敗できる環境を用意して小さな失敗を繰り返し、少しずつ不確実性を排除することで本当にユーザーが求めている機能を提供します。

Chapter3では、開発プロセスを計測する手法について見ていきます。何事も見える化によって計測することで、改善範囲が見えてきます。さらに計測だけでなく、アジャイルやリーンと呼ばれる開発手法も取り入れ、仮説検証サイクル自体も最適化していきます。
そこから、データを活用しながら効率よく合理的に開発をするために、組織のあり方としてどうあるべきかをPart 2で説明していきます。

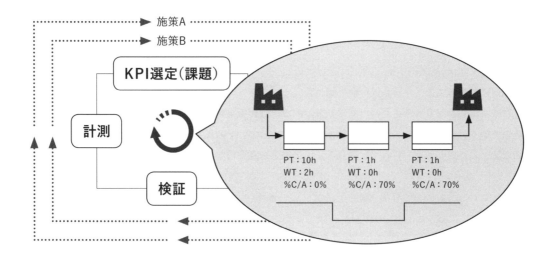

1-5-1 すべてのプロセスは整合性が取れていなければ成り立たない

データ駆動戦略は以下の5つのプロセスを踏んでいくことを説明してきました。

1. 事業を数値モデルとして理解する
2. 事業構造をKPIで表現し、予測可能性をつくる
3. KPIから見えた課題に対して施策を当てていく
4. 仮説検証サイクルによって学習する
5. 仮説検証サイクルを高速に合理的に回す

上記の各プロセスは2つに分類できます。

● 事業をどうつくるべきかを捉える

1. 事業を数値モデルとして理解する
2. 事業構造をKPIで表現し、予測可能性をつくる

● 何をどのようにつくるか

3. KPIから見えた課題に対して施策を当てていく
4. 仮説検証サイクルによって学習する
5. 仮説検証サイクルを高速に合理的に回す

事業をどうつくるべきかを捉える　　　**何をどのようにつくるか**

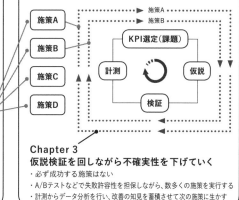

31

この2つの分類をうまく動かすことが、事業を改善していくために重要なことです。

事業モデルの理解から正しい事業構造をKPIツリーに落とし込み、やるべき施策が定義できていたとしても、開発スピードが遅く1年に1回しか施策をリリースできなければチャンスは限りなく少なくなります。

また、A/Bテストなどができる環境がなければ、失敗した際の事業的な損失も大きくなるでしょう。

一方、いくら開発スピードが早く、数多くの施策が実施できたとしても、正しく事業の構造を理解していなければ間違った方向で事業の数値が変動していき、局所的なKPIの数値変動がKGIの数値、例えば売上の増加などに影響を及ぼさなくなります。

そのため、正しく事業を理解して、何をどのタイミングでつくるべきかを理解し、それをどのように素早くユーザーに届けるべきか、ということを常に考えながらプロダクト開発していきましょう。

その両方に共通する武器となるのは「データ」です。

事業のKPIを定量的に数値化し、施策の結果を計測することでプロダクト開発の不確実性を下げていきます。また組織の意思決定プロセスでもデータを主軸とすることで主観のぶつかり合いではなく、客観的に見た指針が出てくるので、スピード感をもった意思決定ができる場面も多くなります。

では、Chapter2以降で、より具体的なデータ駆動戦略を見ていきましょう。

Chapter 1 まとめ

- まずは事業を正しく捉える
- 事業の入力と出力を理解することでモデル化（構造化）できる
- 事業モデルをKPIツリーとして表現して数値化することで課題が見えてくる
- 課題の可視化によって、事業のどこを伸ばせばよいかがわかる
- 仮説検証サイクルは、仮説→検証→計測の学習のサイクルを高速に正しく回す

参考文献

- ソフトウェアと経営について | Matsumoto Yuki | note（https://note.com/y_matsuwitter/m/mdc584510ef76）

Part 1

事業を科学的アプローチで
捉え、定義する

Part 2

強固な組織体制が
データ駆動な戦略基盤を支える

Part 3

データを駆動させ、
組織文化を作っていく

1
2
3
4
5
6
7
8

Chapter 2

事業を数値モデルで表現すると予測と自動化ができる

Chapter 2

事業を数値モデルで表現すると予測と自動化ができる

Chapter 2では、事業をどのような観点やアプローチで捉えていけば、データを主軸とした戦略がつくれるかを見ていきます。

Chapter 1でも述べたとおり、大事なことは事業を構造として捉えることです。
例えば、あなたが新規事業の立ち上げや既存事業の拡大を任されたとき、まずは事業を知るところから始めるでしょう。
その事業は、何をインプットとして、そのインプットを事業の中身がどのように消化し、どのようなアウトプットが出力されるのかを理論的に理解していくことが大事になります。

このChapterでは、まずはどのように事業を可視化するか、それによってどのようなことが実現できるかということを、2つの軸で説明していきます。この2つの軸は、事業の予測可能性と、スピード感をもって事業をスケールさせるための自動化です。

2-1 事業構造をシステム理論で捉える

事業というものをどのような形で理解するかを端的に表現すると、事業をシステムとして捉えることと言えます。事業の振る舞い、ビジネスモデルを「システム」として表現することであらゆる挙動が説明可能になります。

Chapte1で述べたものを少し復習していきましょう。
「システム」とは、複数の要素が集まったときに、お互いが影響を受けて相互作用する形で、秩序や仕組みを生み出す全体的な構造のことを言います。
システム理論とは世の中のあらゆるものを「システム」として捉えることで、その構造を言語化して説明可能にする理論です。

2-1-1　「システム」が形を成す過程

では、もう少し踏み込んで「システム」というものが、どういった過程を通じて形を成しているか見ていきましょう。

対象をシステムとして捉えるということは、この3つを成り立たせることが必要になります。

1. 入力 → システム処理 → 出力 → フィードバック（入力への影響）での表現
2. システムには階層があり、全体的なシステムの中に下位システムがある
3. どんな切り口でも捉えられ、ズームイン・ズームアウトしても俯瞰できる状態になっている

この3つの特徴は後述する、事業をシステムで捉えるアプローチの際に重要な考え方となってきます。1つずつ見ていきましょう。

2-1-2　入出力からシステムはつくられる

1つ目の特徴です。

システム理論の文脈でよく使われる「サイバネティクス」という理論をもとに述べていきます。

これはアメリカの数学者ノーバート・ウィーナーによって1940年代に提唱された概念で、生物と機械における制御と通信に関する理論を研究するものです。サイバネティクスとはギリシャ語で「舵取り」「舵手」を意味しており、例えば、生物の「走る」という動作を科学的に機械で再現するためには、機械に何を与えるべきかを考える学問といえます。

生き物も機械も、ある目的を達成するために構成された「システム」として捉えることができます。

何かしらの情報を外部から受けて、どのように内部処理するか、処理によって得られた結果を出力し、それをフィードバックして次の動作へ活かす、というのは生物でも機械でも変わらないという考え方です。

サイバネティクスを理解する上で「開放システム」「閉鎖システム」の2つが重要な要素となります。

「開放システム」とはシステムとして外部と通信（やりとり）をすることで体をなしている状態のことをいいます。例えば、私たち人間も空気や食べ物といった物質を外部から取り入れ、体の中で処理することで生きていけます。

一方、「閉鎖システム」とは入力や出力なしにシステムとしての秩序を生み出していくもののことです。

しかし、閉鎖システムのように外部からの情報がなくても存在できることは多くはないので、世の中のほとんどのものは開放システムとして成り立っています。

開放システムを構造化すると、入力（インプット）→システム処理→出力（アウトプット）、という構造で成り立ちます。出力結果からのフィードバックを経て、入力を制御することや調整することがあります。フィードバックには正（＋）と負（－）があり、それぞれ促進（＋）と抑制（－）を意味し、入力（インプット）を制御していきます。

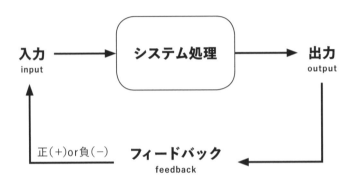

正のフィードバック（促進）とは、人間でいえば運動しているときにアドレナリンをずっと分泌され続け、疲れや痛みが感じにくくなる状態で、通常のシステムとしては破壊行為に等しいため、長続きはしません。
一方、負のフィードバック（抑制）とは、アドレナリンがずっと分泌され続けている体の限界を見定めて抑制することで、人間としてのシステムを維持できます。この正と負のフィードバックをうまく組み合わせて円滑にループさせていくことで、システムとしてのダイナミクス（動力学）が生まれます。

さらに開放システムのサイクルを回すことで、入出力パターンの積み重ねによって学習がはじまり、法則性を生み出すことができます。法則性が見つかれば、自然とシステムのモデリング（構造化）ができるようになります。生物も機械も、初めて遭遇する入力値には時間をかけて処理をしますが、2度目、3度目にはパターンを見出し、出力を自動化していきます。

2-1-3 システムの階層性

また、システムには階層性が存在します。
1つのシステムの中に「サブシステム（下位システム）」といわれる子要素が、複数ぶら下がっているイメージです。

例えば、日本という国を全体のシステムとすると、日本人でかつ日本に住んでいる私は、下位システムという階層性が生まれてきます。

切り口によっては、「私」と「日本」という階層の間には、家族というシステムの存在や、住んでいる都道府県というレイヤー（例えば、東京都に住んでいる家族）の存在と、階層は多岐に渡ります。

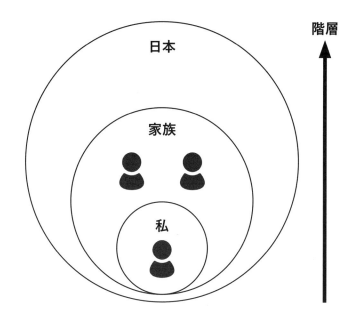

もう少し身近な例として、一般システム理論やサイバネティクス理論を基礎として生まれた「家族システム論」から例題を見ていきます。
家族システム論とはその名のとおり、家族を一つの「システム」として捉えようとする考え方です。
その中からシステムの階層性について見ていきます。

家族という構造を一つひとつの要素として分解していくと、家族構成がわかりやすいでしょう。
「私」という存在を中心に置いて考えていくと、その上位システムには「親」という要素があり、ほかには兄弟という要素があったとします。

ここで、システムについて再掲すると「相互に影響を受けることで秩序や仕組みを生み出す全体的な構造のこと」、「システムを構成する要素自体が大事なのではなく、それをインタラクティブに繋ぐ関連性が大事」と述べてきたとおりです。

家族というシステムを考えていくと、「父母」「私」「兄」という個だけが存在していてはシステムとは

呼べず、それをつなぐインタラクティブによって「親子である」「兄弟である」という関係性が生まれていきます。

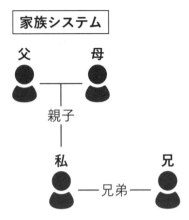

システム理論でいう階層性において大事なことは、どの階層から切り取っても観測可能になっている点です。家族システムの例では、「私」という起点から「親」「兄弟」という観点を見ていましたが、ここでいう「親」を起点に考えると「私」という存在は「子」という関係性になります。

2-1-4　ミクロからマクロへのズームイン・ズームアウト

私という個人の視点でも、「年齢」で括るのか、「性別」で括るのか、住んでいる「居住地」で括るのかで、階層性や関連性は変わってきます。切り口が変われば、その周辺にあるシステムとその階層性は変わります。

「システム」の3つ目の特徴として、どこを切り取っても、全体性を捉えられることが大事になります。例えば、家族という視点でも、東京都に住んでいる家族→関東圏に住んでいる家族→日本という国に住んでいる家族といった風に上位システム、下位システムといった階層レイヤーを行き来しながら（ズームイン・ズームアウト）全体を捉えられることが必要になります。

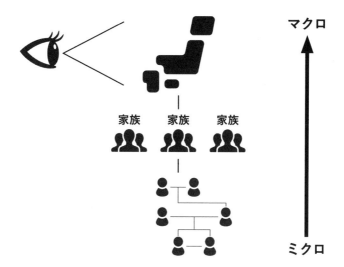

マクロ

家族　　家族　　家族

ミクロ

2-1-5　事業をシステムとして捉える

「入出力からシステムがつくられること」「システムの階層性」「ミクロからマクロへのズームイン・ズームアウト」といった3つの特徴が、システム理論でいう「システム」を捉える際に重要な特徴です。
では、本題である事業を「システム」として捉えたときにどのような見方ができるかを考えていきましょう。
同じく、システムの特徴である以下の3つの流れに沿って見ていきます。

1. 入力 → システム処理 → 出力 → フィードバック（入力への影響）での表現
2. システムには階層があり、全体的なシステムの中に下位システムがある
3. どんな切り口でも捉えられ、ズームイン・ズームアウトしても俯瞰できる状態になっている

1つ目の入出力に関して、事業に置き換えていきます。
システム処理の部分は、ビジネスモデルへの理解となります。そして、入力と出力について、そのビジネスモデルに依存していく形になります。

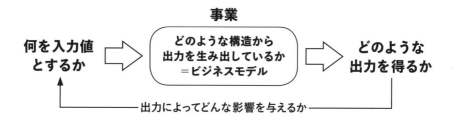

事業

何を入力値
とするか

どのような構造から
出力を生み出しているか
＝ビジネスモデル

どのような
出力を得るか

出力によってどんな影響を与えるか

例えば、ECサイトを想定すると、資本、人、商品を入力値とし、仕入れた商品や制作した商品をインターネット上でユーザーに提供し、それを購入・利用してもらうことで購入料や利用料として出力され、事業全体の収益が出てきます。

その出力（収益）が正（+）なのか負（-）なのかが入力値に影響を与えていきます。

例外はあるとしても、ずっと赤字（-）であれば資本を投入できないという影響があるでしょう。

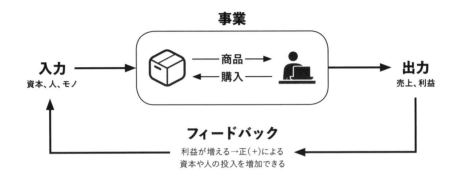

2つ目のシステムの階層性、3つ目のミクロからマクロへのズームイン・ズームアウトについては、いわゆる「売上」というマクロな出力値があったときに、それをどれだけ1人のユーザーの行動として階層をブレイクダウンすることができるか、またそれをどんな切り口で切り取っても、定量的に説明可能であるかが大事になってきます。

これは、そのユーザーは、いつ・どこで（どんなサービスで）・どのように（どのページを経由して）・何を（商品）・いくらで購入したか、といった情報が行動ログから探索可能になっており、かつどんな切り口で見てもそれが分析可能になってるかということです。

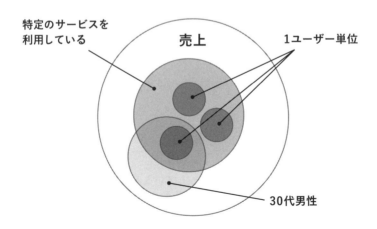

2-2 事業の可観測性（Observability）を高める

事業をシステムとして捉える際に重要なこととして、「可観測性（Observability）を高める」ことが挙げられます。
可観測性とは文字通り「観測を可能にしていく」ということです。

事業をシステムとして捉えていく過程で、システムの階層性やミクロからマクロがつながる様子を実際にどのようなフローで計測し、観測可能にしていくかを見ていきます。
では、事業を対象にしたときの可観測性を高めるポイントを次の2つの軸で見ていきましょう。

- 対象をどのように科学的に捉えるか
- どのように観測していくか

2-2-1 科学的手法で観測する

まず、対象 = 事業をどのように科学的に捉えていくかについては「科学的手法」で見ていきます。諸説ありますが以下の5つで定義されます。

1. 測定可能性
2. 定量性
3. 再現性
4. 統計的有意性
5. 論理的整合性

1. 測定可能性

測定可能性とは「計測できないものは科学ではない」ということです。対象、ここでいう事業においては測定できるかどうかとなります。ユーザーがどのような経路でサイトを訪問してきたか、サイト内を回遊したかをトラッキング（追跡）して測定可能な状態になっていることをいいます。

2. 定量性

そして、対象を測定したものが定量的でなければなりません。

3. 再現性

対象が測定可能で定量的に論ずることができたとして、次は再現できるかどうかを見ていく必要があります。同じ指標を同じ環境で、何度実行しようと同じ結果を得られることが再現性です。逆に実行するたびに違う結果が返ってくるということは科学的ではないということです。

4. 統計的有意性

統計的有意性とは、例えば、事業における仮説を検証して良い結果または悪い結果が数値として現れたときに、それが偶然ではなく、きちんと統計的に実施した仮説検証による影響だったのか有意性が担保できているかということです。有意とは偶然起こったとは確率的に考えにくいという意味です。

5. 論理的整合性

論理的整合性とは、例えば仮説と事実の組み合わせが破綻なく整合性が維持されている状態で、あらゆる検証や計測がなされているか、という意味です。

こうした科学的手法を意識して対象物を見ていくことで、事業のあらゆる挙動を「データ」として落とし込んだときに整合性の取れた、有用性の高いデータが生まれてきます。

2-2-2 　一連の動作をログデータでプロットする

では、次に事業の可観測性を意識した「観測」のイメージをつけていきましょう。
観測とは、ユーザーの行動をログデータとして出力し、「データ」で表現していっことです。

これを実現するには、単に事業をつくるだけでは難しく、事業を意図的に記録していく必要があります。ECサイトであれば、ユーザーがECサイト内を回遊するたびに記録していきます。

例えば、どこからサイトに訪問して来て、どのようなワードをサイト内で検索をして、どのページを開き、どこまでページをスクロールしたかといった行動を点として捉え、追跡可能にしていきます。

そうしたミクロな行動を「点」とし、点と点をつなぎ合わせることで、ユーザーのサイト内の行動が
ミクロからマクロまでを繋げていきます。

記録のアプローチの1つとして、ソフトウェア・エンジニアリングという観点では、サービスのあら
ゆる挙動をソースコードで表現していく方法があります。
ソースコードとは、プログラミング言語に従ってコンピュータに対する一連の指示をしていくこと
です。
具体的にはトラッキングという仕組みで記録していくわけですが、サービスの中でユーザーがどのよ
うな行動をしたか追跡していくイメージです。その結果が「ログデータ」と呼ばれるデータとして出
力され保存されていきます。

可視化したい指標をもとにトラッキングしていくことで、ログデータが蓄積され、ユーザーがサービ
スの中でどのように回遊し、購入に至ったかを一連の動作としてプロットできます。

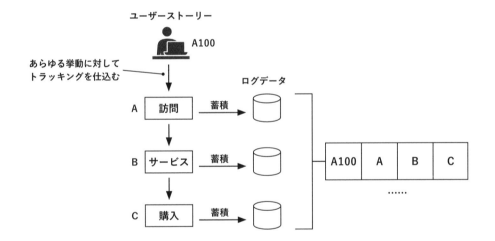

図はそのイメージです。
例えば、前述のECサイト内でいう以下の部分が見えてきます。

- **どんなユーザーが、**
- **どんなデバイスで、どこから訪問してきて、どういったサービスを使って、**
- **どういった商品をいつ購入したのか**

このデータはあくまでも「どんなユーザーがどんな商品を購入したか」という指標をもとに整形され
たレコード（一行分のデータ）です。これを見れば、ECサイトの中で動画サービスを使って1,000円

の商品Aを200円分のクーポンを利用して購入した「ID：A100」のユーザーは28歳の女性で、PC経由で自然検索からサイトに来たユーザーである、といった形でユーザー一人ひとりの行動を物語のように追うことができます。

ID	年齢	性別	流入元	デバイス	サービス	購入商品	金額	購入時間	クーポン
A100	28歳	女性	自然検索	PC	動画	商品A	1000円	5/3 15:34	200円利用
A101	25歳	男性	広告	スマホ	電子書籍	商品B	500円	1/1 02:01	——
A102	32歳	女性	直接流入	タブレット	ゲーム	商品C	700円	3/7 21:10	500円利用
⋮	⋮	⋮	⋮	⋮	⋮	⋮	⋮	⋮	⋮

属性　　　訪問　　　回遊　　　購入

観点を変えると「Aというページにはどんなユーザーがアクセスしているのか」といった指標であれば、どのようなユーザー属性（性別や年齢）をもった人が、どの時間帯にこのページに訪れるか、どの経路からの訪問が多いのか、またそれらのユーザーはページのどこをクリックしてどこまでスクロールしたのか、結果としてページに訪れた全体の5%のユーザーは対象コンテンツの購入に至った、などが可視化できます。

さらに、購入したユーザーの8割は30代の男性だった、ということなど、細かくトラッキングしていけば柔軟な分析が可能になるため、無数の切り口で追跡可能になります。

このように人間では不可能なレベルにまで細分化された状態で可視化できることで、事業の「可観測性」は格段に上がっていきます。

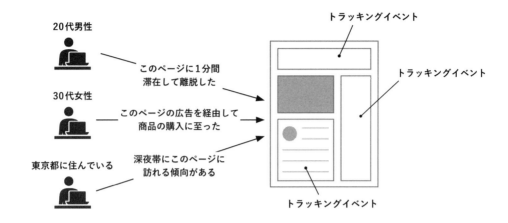

微分的なミクロのユーザーの動きが、結果的にシステム理論でいう階層性のマクロな事業全体の収益へと繋がっていることが大事です。

結果的に「売上が1億円に到達した」といった事業のマクロな視点から徐々にズームインしていくと、ユーザー一人ひとりの購入を合計したら売上1億円になった、という工程をユーザー単位で可視化することで、マクロからミクロまたは、ミクロからマクロが自由自在にデータを通して行き来できるようになります。

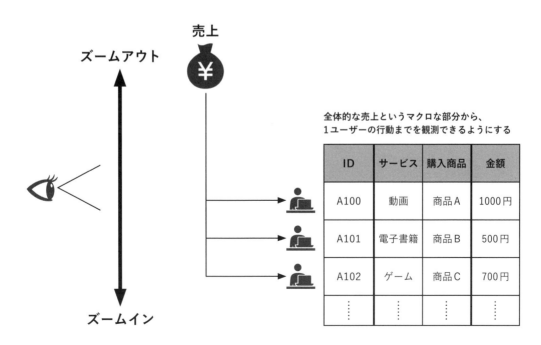

2-2-3 事業を数値モデルで表現する

事業を可観測性のあるシステムとして見ていくと、数値モデルとして事業を表現することが可能になります。

ユーザーの一連の動作をログデータで表現できると、次に事業のモデル化ができるようになります。サービスにおけるあらゆるユーザーの挙動をソースコードによって表現することで、ログデータとして出力できるようになります。

それが「データ」という形で可視化できるようになると、サービスを形作るためには、どんな工程を経てユーザーにコンテンツを届けているか、事業がどういった仕組みで収益を上げているかといった流れが、数値的に表現できます。

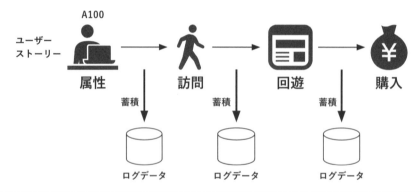

ID	年齢	性別	流入元	デバイス	サービス	購入商品	金額	購入時間	クーポン
A100	28歳	女性	自然検索	PC	動画	商品A	1000円	5/3 15:34	200円利用

こうしたサービスの中を動くユーザーの行動をログデータで追える状態 ＝ 数値的にユーザーストーリーが表現できる様子を「数値モデル」と呼ぶとしましょう。

一方、プロセスの中で上手にトラッキングできない箇所が多いと、一連の動作を追跡できなくなり、全体のプロセスを通じて数値的モデルが構築できなくなってしまいます。

例えば、下図にあるような一部だけログデータが蓄積されていない（トラッキングできていない）だけで、そのユーザーがどういったワークフローで購入に至ったのかがわからなくなってしまいます。

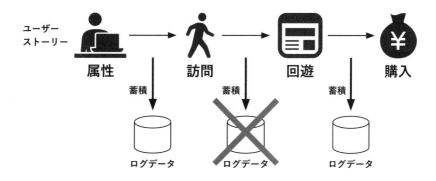

ユーザー
ストーリー

属性 → 訪問 → 回遊 → 購入

蓄積 ↓　　蓄積 ↓　　蓄積 ↓

ログデータ　　ログデータ　　ログデータ

一連のユーザー行動が追跡できなくなる

数値的なモデルの振る舞いができない理由として多いものは、プロセスの中に「人」が属人的に介入しているケースが挙げられます。人が介入していると、そこだけが数値的に表現できなくなるため、数値モデルとしても表現できなくなり、かつ自動化の文脈でもコントロールができなくなります。

また、もう一方の観点で事業を数値モデルで表現できると、反復可能性をもったパターンをつくることができます。これは、事業のモデリングができるようになるともいえます。

例えば、料理を想像してみましょう。
オムレツという料理をつくる作業を考えてみると、人の手によってつくられたオムレツは、レシピが展開されていたとしても料理人によって微妙に味の変化はあるでしょう。
つまり、まったく「同じ味」を再現するという観点で反復可能性が担保できていない状態と言えます。

しかし、この作業をすべて機械で自動化していれば、ある程度狂いなく「同じ味」が再現できる可能性が上がります。
これを「オムレツをつくるソフトウェア」として捉てみましょう。同じ材料を代入してあげれば、システム処理として同じ振る舞いで調理工程を踏むため、結果として同じ味のオムレツができると考えられます。

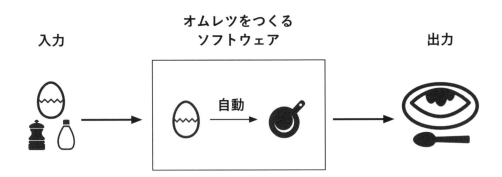

また、振る舞いをシステムで構築することで、つくり方のチューニングをしたときに、それがシステムであれば反復性をもってブレずに同じ変更が加えられます。

これが、「人が介入している」といったケースがあると、オムレツのつくり方を変えたときに人によっては変更が浸透しないことや、スキルの差からアウトプットにおける反復可能性が薄れることがあります。

2-3 事業の数値モデル構築による2つのインパクト

あらゆる対象をシステムとして捉え可観測性を大事にしながら、すべての過程を記録可能とすることで反復可能性を生み出し、事業を数値モデルとして定義できるようになります。

実際にこうした事業の捉え方は、あらゆる事業の局面で劇的な変化を与えてくれます。ここでは主に2つのインパクトについて見ていきましょう。

1. 事業の計算式が見えることで予測ができる
2. 機械学習による自動化・個別最適化ができる

2-3-1 事業の計算式が見えることで予測ができる

事業を数値モデルとして表現することで、事業の入出力に対するシステム処理パターン＝計算式が見えてくるようになります。

システム理論的な入力によって生まれる出力は、事業の数値モデルを通過したシステム処理によって生まれるものです。

これがシステムとして捉えられ、反復可能性が担保できるようになってくると、「どんな入力に対してどんな出力が行われるか」が予測値として見えてくるため、変数に対して、入力値をコントロールして代入していけば、出力が予測できるようになります。

詳細は後述しますが、これをわかりやすく理解するためには、KPIモデルによる事業構造の把握が必要となります。

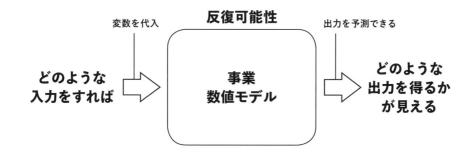

2-3-2 機械学習による自動化・個別最適化ができる

機械学習による自動化・個別最適化とは、事業の挙動をログデータとして保存できるようになったことで、膨大なログデータから、事業のあらゆる挙動が自動化できることです。

代表的なものは商品のレコメンドです。
誰もが経験したことがあるかと思いますが、ネットショッピングをしていると「あなたにおすすめの商品はこちら」といった形で商品を推奨された経験はあるでしょう。

もちろん、これはユーザーの行動によって変化するため、おすすめされる商品はユーザーごとに変わってきます。

これは膨大なログデータから、ユーザーの趣味嗜好にあった商品を表示するために、裏側では機械学習のレコメンドシステムが動いています。パーソナライズともいいますが、大量のログデータをもとに特定の目的に沿った機械学習における学習モデルを作成しています。

こちらも後述しますが、このようなことができるようになった背景には、大量のデータを処理できる分散処理システムの登場が背景にあります。

2-4　事業構造をKPIで表現する

では、1つ目のインパクトをもう少し詳細に見ていきましょう。

プロダクトにおける一連の動作を数値モデルとして表現しただけでは事業の現状を可視化しただけに過ぎず、事業改善は生まれません。

事業改善を行うためには指標を決め、それに向かって改善を進めていく必要があります。事業成果をより拡大させるためには数値モデル（事業構造）の分解が必要です。KPIツリーがこの役割を担っていきます。

今回は以下の2つを例題に、事業構造の考え方とKPIツリーを見ていきましょう。

- ● ECサイト
- ● コールセンターシステム

2-4-1　ECサイトのワークフローを抽出して数値モデルをつくる

まずは、ECサイトについてです。

ECサイトにはユーザーを獲得するフェーズがあります。広告経由や検索エンジン経由で流入してきて、ECサイトであれば会員登録ステップを踏みます（実際には欲しい商品を探すなど、ある程度回遊した後）。

その後はサイト内の回遊を行い、サービスを利用する中で、商品コンテンツの利用や購入に至ります。これを一連の流れとするならば、その過程でユーザー数は段々と減っていきます。いわゆるチャーンレート（Churn Rate）という指標で表しますが、離脱や解約したユーザーの割合のことです。

例えば、毎日10,000人のユーザーがサイトへ訪問してきたとします。そのうち、会員登録するのは全体の2割で2,000人だとします。そこから実際のコンテンツを利用するユーザーは1割の200人といったように徐々に減っていきます。

ここで大事なことは、その離脱する過程を細かく計測可能にすることで、事業改善という面でどこがボトルネックになっているかを明確にすることです。

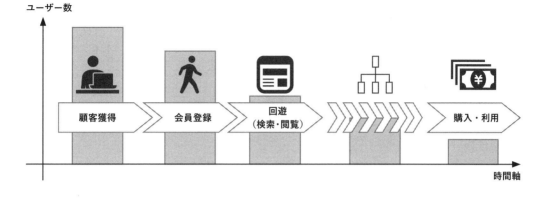

こういったユーザーのライフサイクルをより正確にトラッキングするためには闇雲にデータを取るのではなく指標が必要です。その1つとして「AARRR」という考え方を紹介します。

AARRRとは、ユーザーの行動を5つのステップに分けて理解する分解モデルです。これを使いながらどのような観点でユーザー行動を分解していくべきかを見ていきましょう。

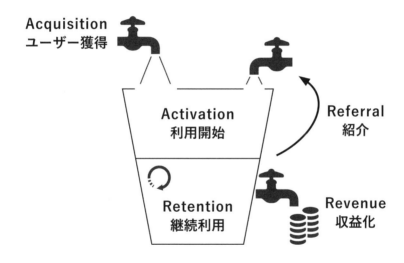

Acquisition（ユーザー獲得）

すべては、ユーザーを獲得するところから始まります。サイトに関する初回訪問をトラッキングしていきます。ウェブサイトやランディングページなど沢山の流入元があるため、どこからの訪問が多いかを見ていきます。

スマホアプリであれば、ダウンロード先はストア経由が一番多いのか、それとも広告経由なのか、ほかの自社サービスからの導線経由なのかを可視化することで費用対効果が見えてきます。

Activation（利用開始）

次に、初回訪問後にユーザーがどのような行動を取ったかを見ていきます。ECサイトであれば、何を検索したのか、会員登録をしたのか、購入のために必要なクレジットカードの登録をしたか、サイト内にどのくらい滞在したかというように、訪問したユーザーがサイトの中で何をしたかを見ていきます。

Retention（継続利用）

事業を大きく成長するためには継続利用という観点がとても大事になってきます。初回訪問したユーザーを一度限りの訪問で終わらせるのではなく、いかに継続してサービスを利用してもらえるかを考えていきましょう。その日訪問したユーザーが、翌日も訪問してサービスを利用し定着してくれることで継続的な収益が生まれてきます。どのくらいのユーザーが継続的に利用してくれているかは、Retention Rate（継続利用率）という数値を見ていきます。合わせてRetention Rate（継続利用率）を上げる施策でよく使われるメールマガジンやプッシュ通知を導入しているのであれば、ユーザーがどのくらい見てくれているかを開封率などで見ていくと良いでしょう。

Referral（紹介）

継続利用する中で、既存ユーザーがコンテンツを気に入ってくれれば、新しいユーザーを紹介することもあるでしょう。それがReferral（紹介）という観点で、メディアに紹介された数やSNS経由での訪問数などを見ることで把握できます。

Revenue（収益化）

Activation（利用開始）やRetention（継続利用）のサイクルを繰り返す中で、収益が生まれてきます。Revenue（収益化）のところで重要なことは、1ユーザー単位にして、どのくらいのコストをかけてどのくらいの割合で収益を生んだかを検証することです。これにより、収益がどういった行動から生まれているかが可視化されていきます。

これに関しては、後述するユニットエコノミクスという考え方を取り入れて詳細に見ていきます。ユニットエコノミクスというのは、ユニット（ユーザー）を単位にして収益が黒字になっていれば、その事業は拡大すればするほど黒字になるということを表します。1ユーザーあたりの売上が黒字であれば、それを1日に訪問したユーザー数（DAU：デイリーアクティブユーザー）でかけ算することで、一日の売上がわかります。

先ほどのユーザー行動にAARRRの分解モデルを当てはめると次図のようになります。

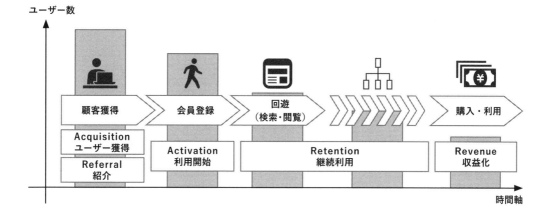

1
2
3
4
5
6
7
8

2-4-2 ECサイトのKPIモデル

では、本題のKPIを見ていきましょう。

主にCSF（Critical Success Factor）の構成要因をベースに記載していきます。

ECサイトの1日の売上を例に、どのような指標をもとに組み立てていくかを考えていきましょう。

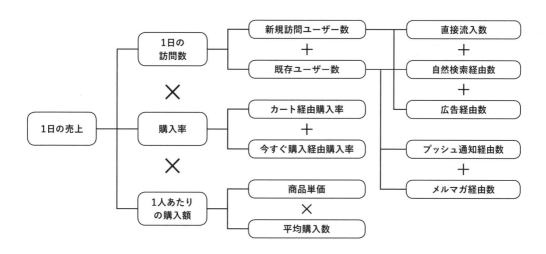

1日の売上を分解していくと以下の要素が必要なことがわかります。

- 1日の訪問数
- 購入率
- 1人あたりの購入額

1日の訪問者数

まずは、訪問者数の部分です。

ECサイトにおいて、1日にどれだけのユーザーが訪問したかが、1日の売上の母数となります。

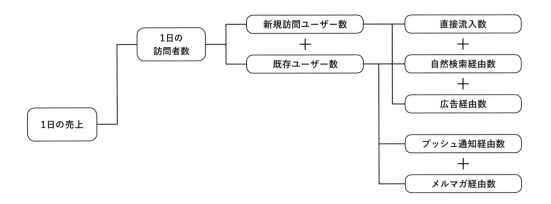

さらに分解していくと、サイトに初めて来訪したユーザー（新規訪問ユーザー数）もいれば、以前から利用しているユーザー（既存ユーザー数）もいます。これを掛け算することで1日の訪問者数を表すこともできます。

それぞれ定義しなければいけませんが、ここでは既存ユーザーを既に会員登録済みのユーザーとし、それ以外を新規訪問ユーザーとしています。

KPIの数値から改善を繰り返すにはもう少し分解する必要があります。

- **新規訪問ユーザー数**
  - 自然流入数……ブラウザのお気に入りやブックマークなどを経由して直接訪問したユーザー数
  - 自然検索経由数……検索エンジンから訪問したユーザー数
  - 広告経由数……インターネット広告をクリックして訪問したユーザー数
- **既存ユーザー数**
  - メールマガジン経由数……メルマガのリンクを経由して訪問したユーザー数
  - プッシュ通知経由数……プッシュ通知経由で訪問したユーザー数
  - 自然流入数……ブラウザのお気に入りやブックマークなどを経由して直接訪問したユーザー数
  - 自然検索経由数……検索エンジンを使って訪問したユーザー数
  - 広告経由数……インターネット広告をクリックして訪問したユーザー数

上記のように、ECサイトで導入しているチャネル単位（流入経路）によって分解できます。
細かく分解すればするほど、KPIを数値に落とし込んだときにダイレクトに施策を当てていくことができます。

購入率

購入率は、いわゆるコンバージョン率（CVR）と呼ばれるものです。
訪問者数を母数として、購入率を掛け算することで「どのぐらいのユーザーが購入に至ったか」を計算していきます。

その経路も、ECサイトによっては複数あります。
今回は、ほしい商品が見つかった際に「カートに追加 → 購入」というケースと、カートに入れずに直接購入できる「今すぐ購入」という2つの経路があったとします。

- **購入率**
    - カート追加経由の購入率
    - カートに入れずに「今すぐ購入」経路での購入率

この2つを足し算することで購入率が算出できます。
例えば、1日の訪問者数が1,000人で、購入率が5.0%だった場合には、1日で購入したユーザー数は50人となります。

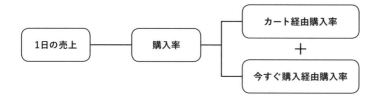

1人あたりの購入額

ここまでで1日あたりの訪問者数とそれに対する購入率から、1日の購入ユーザー数がわかりました。

最後にその商品を購入してくれたユーザーに対して、「どのぐらいの金額を使ったか」を掛け算することで、1日の売上が算出できます。

- 1人あたりの購入額
  - 商品単価
  - 平均購入数

要素の分解としては、シンプルにECサイトで販売している商品の平均単価と1ユーザーあたりの購入点数を掛け算します。例えば、商品単価が500円で、平均して2点購入するとなると500 × 2 = 1,000円となります。

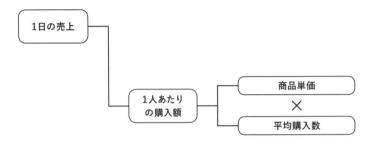

ほかにもクーポンやポイントによるディスカウント（割引）を実施していればもう少し要素分解ができきます。

さて、1日の売り上げのイメージをKPIツリーという形で見ていきました。
このように事業構造をツリー状に分解したら、必ず全KPIを計測可能にしていき、数値として表現していきます。
次は、とある1日の売上をベースに数値を当てはめてみてイメージをつけていきましょう。

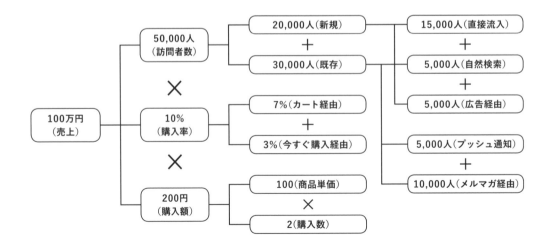

まずは、全体的な売上です。

- **100万円（売上）**
    - 50,000人（訪問者数）× 10%（購入率）× 200円（購入額）
    - 50,000人（訪問者数）
        - 30,000人（新規訪問ユーザー数）
        - 20,000人（既存ユーザー数）
    - 10%（購入率）
        - 7%（カート追加経由での購入率）
        - 3%（今すぐ購入経由での購入率）
    - 200円（購入額）
        - 100円（商品単価）
        - 2個（購入数）

上記のように要素分解できます。

KPIの数値を可視化するのは、いわば事業の健康診断のようなものです。
KPIの数値がリアルタイムまたは、1日に1回のペースで更新され観測可能になることで、事業が「良い状態なのか」「悪い状態なのか」が細かく見えてきます。
訪問者数でいえば、新規ユーザー数が多かったり、既存ユーザー数が少なかったりという数値、1日の売上を構成する要素であれば、どこが良くて、どこが悪いかという数値がわかれば、施策をどこに向かって実施すれば良いのか意思決定する際の大きな武器となります。

同じECサイトというビジネスモデルでも、その都度商品を購入するタイプがあれば、「サブスクリプション」という月額料金を払うことで、用意された商品を無制限に利用することができるサービス形態もあります。 DMM.comの中でいえば、電子書籍サービスの「月額〇〇円で読み放題！」や動画配信サービスの「月額〇〇円で見放題！」といったサービスがありますが、同じECサイトでも課金体系が違えば事業モデルも変わります。
この場合でも、同じように要素を分解しながらKPIツリーをつくりましょう。今回は、月額モデルのため「月の売上」を考えてみましょう。要素としては、次の2つになります。

- **課金ユーザー数**
- **月額単価**

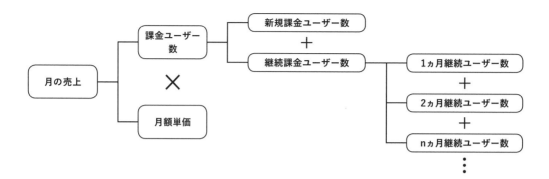

課金ユーザー数

課金ユーザー数とは、月額モデルに申し込んだユーザー数です。そこから、月の課金ユーザー数をさらに分解していくと、その月に初めて課金したユーザー（新規課金ユーザー）と継続して課金しているユーザー（継続課金ユーザー）の2軸が考えられます。この2軸の数をかけ算すれば、課金ユーザー数の総和が算出できます。また、継続課金ユーザー数に関しても「どのぐらい継続しているか」といった観点で見ていくことも可能ですし、解約率などを見ていっても良いでしょう。

- **課金ユーザー数**
    - 新規課金ユーザー数
    - 継続課金ユーザー数
        - 1ヵ月継続ユーザー数
        - 2ヵ月継続ユーザー数
        - nヵ月継続ユーザー数（n = 3,4...）

※ 実際には指標として追うべき部分（1ヵ月、2ヵ月など）のみを細かく見ていき、それ以外は合算しても良いですし、解約率という観点で見ても良いでしょう。

月額単価

ここは、シンプルに月のプラン単価です。この数値は、後述する操作可能変数といって、私たちで操作できる変数です。特に月額モデルの場合には、単価を調整することで最終的な売上、利益を操作する重要な要素になります。

実際の数値に当てはめると図のようになります。

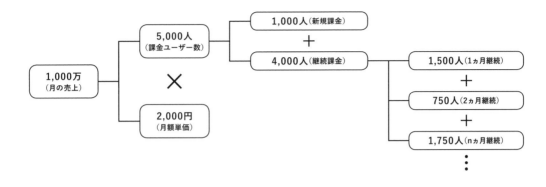

- **1,000万円（月の売上）**
  - 5,000人（課金ユーザー数）x 2,000円（月額単価）
  - 5,000人（課金ユーザー数）
    - 1,000人（新規課金ユーザー数）
    - 4,000人（継続課金ユーザー数）
      - 1,500人（1ヵ月継続課金ユーザー数）
      - 750人（2ヵ月継続課金ユーザー数）
      - 1,750人（nヵ月後継続ユーザー数）※ 1、2ヵ月以降の継続ユーザーの合計値

このように分解できます。同じECサイトでも、単品購入とサブスクリプションなどビジネスモデルが異なってくることもしばしばあります。その場合でも、同じように事業構造を理解しながらKPIツリーを作成していくことで事業の中身を明らかにできます。

2-4-3 コールセンターシステムのワークフローを抽出して数値モデルをつくる

次に、ECサイトよりももう少し小さな単位のプロダクト例を見ていきましょう。ユーザーからのお問い合わせ処理を行うコールセンターシステムを考えてみます。もちろん、DMM.comにもコールセンターシステムは存在します。

コールセンターは、ユーザーがサイトの問い合わせフォームから聞きたいことを送信し、カスタマーサポートの人たちが随時返信を行い、解決していくところです。これにより、ユーザーのエンゲージメント（愛着）を向上させることにつながるため、非常に重要な役割になります。

問い合わせの種類はサービスの中で発生するあらゆる疑問点や要望など多岐に渡ります。

また、問い合わせ前にユーザーが自ら疑問を解決できるように、FAQといった頻繁に尋ねられる質問集を用意します。

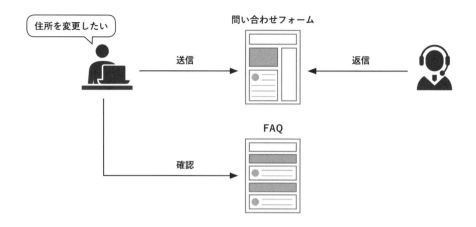

これを観測可能なモデルへと落とし込んでいけます。

ここでは、ユーザーが問い合わせて解決するまでの一連の処理の流れを見ていきましょう。

1. ユーザーは、住所を変更したいと思ったが、方法がわからなかったためヘルプページへ訪れた。
2. ユーザーは、すぐに問い合わせフォームから送信するか、FAQを確認後に問い合わせフォームから送信する。
3. コールセンターのサポートは、ユーザーからの問い合わせ内容を確認して顧客管理システムを通して返信する。

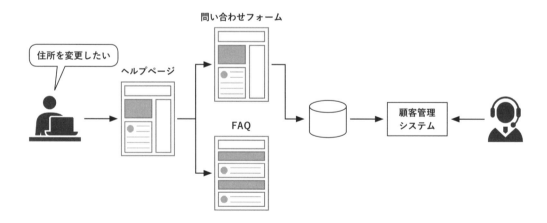

この一連のユーザーストーリーをシステムワークフローとして落とし込むには、ユーザーの行動をトラッキングして計測可能にする必要があります。

取るべき数値については多くの項目がありますが、イメージとしてユーザーがヘルプページというサービスの中をどんなストーリーで回遊するかを考えていき、それぞれを点として捉えていきます。

それらの点と点を繋げればヘルプサービスというモデルが可視化できてきます。

- ● ヘルプページに訪問した、ユーザーはどのような人か
- ● ヘルプページに訪問して、実際に問い合わせをしたか
- ● ヘルプページに訪問して、FAQページへアクセスしたか
- ● コールセンターのサポートから、ユーザーへどのぐらいのリードタイムでどんな返信をしたか

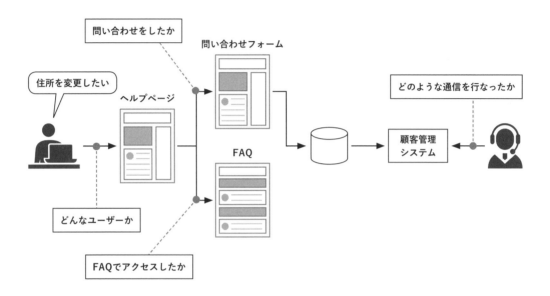

ヘルプページに訪問したユーザーはどのような人か

まずは、ヘルプページに来るユーザーがどういったユーザーなのかを把握する必要があります。ユーザーの性別、年齢や、今までどんな行動をサービス内で取ってきたか、そしてヘルプページにはどのような疑問点をもって訪れたかなど、取得できそうな点は多岐に渡ります。

ヘルプページに訪問して、実際に問い合わせをしたか

ヘルプページにアクセスした後のアクションの1つである、問い合わせフォームからの送信を計測していきます。

結果として問い合わせの有無ではなく、問い合わせたい内容を入力している最中に離脱したユーザーも可視化したいので問い合わせフォームのページを細かく追跡可能にすると良いでしょう。

ヘルプページに訪問して、FAQページへアクセスしたか

ヘルプページからのもう1つの導線として、ユーザーがFAQページへアクセスをして問題を解決できたかどうかということも計測対象となります。

FAQはよくある問い合わせの集合であるため、ここで問題が解決できたかどうかを見ていきます。

カスタマーサポートからのユーザーへの返信したか

ユーザーからの問い合わせに対して、どのぐらいの時間で返信に至ったかという計測も重要なものとなります。なぜなら、質問から返信までに時間がかかると、ユーザーに大きなストレスを与えるためです。

最低限ですがこの4つが計測できていれば、一通りコールセンターシステムの動作がトラッキングできている状態と言えます。

どんなユーザーがヘルプページを訪れて、どのぐらいの割合でFAQへアクセスしたか、もしくは問い合わせフォームから問い合わせをしたかは簡単な四則演算で計算が可能になります。そして最終的にカスタマーサポートがどのぐらいの速度で返信を行ったかもわかるため、ある程度可観測性が担保された状態になります。

このようにして、コールセンターというシステムを1つの数値的なモデルとして捉えられるようにしましょう。

2-4-4　コールセンターシステムのKPIモデル

ここではコールセンターシステムのKPIモデルを考えましょう。ECサイトのKPIと同じく、まずは指標を決めていきます。

コールセンターシステムの例として、ユーザーが問い合わせをしたいことがあった際、ユーザー心理を考慮すると問い合わせフォームから問い合わせをせずに、FAQを使って自己解決した方がユーザーの負担も、カスタマーサポートの負荷状況も良くなるだろう、という仮説があったとします。

その場合、指標となるのは「自己解決率の向上」と「ヘルプページからFAQを介さずに問い合わせをする比率を低下」の2つでしょう。

問い合わせフォームを使わずに、FAQのみでユーザーの問題が解消することで自己解決率は向上するでしょう。問い合わせをするにしても必ずFAQを見てから行ってもらうことで、カスタマーサポートの負荷も軽減できるため、問い合わせフォームからの問い合わせ件数の比率が下がることも指標となります。

では、この指標をもとにKPIツリーを作成していきます。

きちんとトラッキングを行い計測できていれば、どれだけ要素分解をしていても各KPIの観測が可能になるはずです。

今回の例でいえば、自己解決率の向上を目標においた際にどういった要素分解になるか考えていきましょう。

まず考えるべきは、重要指標は「自己解決率」というものをどのような計算式で定義していくかということです。今回はシンプルにFAQのページの最後に「この内容は役に立ちましたか？ はい／いいえ」という設問を用意して、FAQを閲覧したユーザーの内、「はい」が押された割合を見ていくことにしましょう。

実際には、FAQを閲覧したユーザーがその後どのような行動をとったかということまで計測可能にしていく必要がありますが、まずは有益なFAQの提供ができていて、それに対して役に立ったかをヒヤリングすることで自己解決できたかという計測を行います。

上記でトラッキングしたものに追加して計測すべきユーザーの行動は、ユーザーがページ末端までスクロールしたか（こういった設問はページの最後に用意されているため）と、実際に設問を押下したかどうかの2つになります。

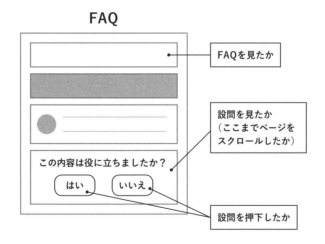

では、自己解決率を計測するために要素分解を行い、KPIツリーを作成していきましょう。全体像はこちらです。通常、KPIツリーは要素を分解していることから、足し算か掛け算で表現することが多いですが、今回は少し特殊な例となります。

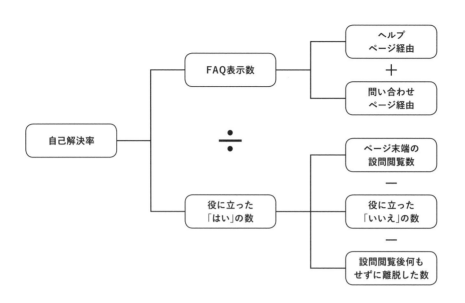

自己解決率

ツリーのトップには自己解決率が来ます。そして、この自己解決率を要素分解してきます。まずは、母数としてFAQを表示した数がきます。そこからどのぐらい役に立ったかの設問である「はい」が押下された数で割ることで割合を算出していきます。

例えば、計測対象のFAQに対して100回表示したとします。その中で「はい」が20回押下された場合の計算式は以下です。

自己解決率（%）= 20（「はい」の割合）÷ 100（FAQ表示数）×100 = 0.2 × 100 = 20%（自己解決率）

そこから、さらにFAQ表示数と設問部分を分解していきましょう。

FAQ表示数

FAQ表示数を分解していきます。今回の指標は「ヘルプページからFAQを介さずに問い合わせをする比率を低下」としたので、ここを計測することを考慮してFAQへのアクセス経路を計測していきます。計測内容は以下の2つになります。

● ヘルプページ経由
● 問い合わせページ経由

ヘルプページからFAQを表示した場合と、問い合わせページからFAQの導線がある場合を想定すると、そこからきた経路も見る必要があります。

指標と照らし合わせると、できるだけ後者の問い合わせページからFAQへのアクセスをなくし、理想の経由としてヘルプページからFAQへ行き、それでもわからなかった部分については問い合わせフォームから送信するという割合を増やすのが良いでしょう。次図でいえば、①→②の経路を増やすことが大事になってきます。

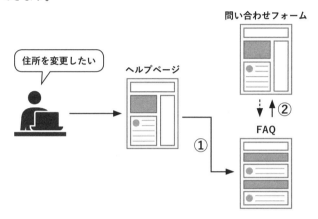

役に立った「はい」の部分

さらに設問の部分についても分解していきます。

ポイントとしては、設問の部分をユーザーがどのぐらい閲覧したのかを可視化することです。ページ末端に設問があるとして、それを見ずにページから離脱してしまった場合はそのFAQが良かったのか悪かったのかが評価できません。そのため、きちんとページを設問部分までスクロールしたかをトラッキングし、計測していきます。

あとは、「はい」のほかに「いいえ」の数や設問を閲覧したのに回答せずに離脱した数を計測すると良いでしょう。

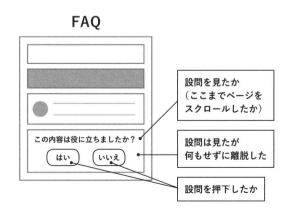

計算式は以下のようになります。

> 役に立った「はい」の数 ＝ 100（ページ末端の設問閲覧数）- 10（「いいえ」と答えた数）- 30（設問閲覧数何もせずに離脱した数）＝ 60

このような計算でKPIを分解できます。各KPIの数値は、計測して観測可能になっている必要があります。

コールセンターシステムといった、事業というよりも少し小さい粒度のプロダクトでも一連の流れをソフトウェアとして定義し、数値モデルとして可視化することができるとプロダクト全体を見たときに弱い部分と既に十分数値が上がっている強い部分がそれぞれ見えてきます。

2-5　操作可能な変数を把握して、事業の予測をする

ECサイトとコールセンターシステムという2つのKPIモデルの事例を見てきました。次に事業改善へと応用するにあたって、予測可能性における「操作可能変数」の理解が非常に大事になってきます。
操作可能変数とは、KPIの中でこちら側から操作できる変数になります。

例えば、ECサイトのKPIツリーの中で「商品単価」は、操作可能変数です。
単価を調整しながら、KGIの数値を変動させることができます。逆に「訪問者数」や「購入率」は操作ができません。
「商品単価」の相関指標として、クーポンが利用できるECサイトを例に考えてみましょう。操作可能変数としてクーポンのばら撒き予算が追加されるとしましょう。
ECサイトとして、クーポンの利用を促すことで普段は手が届かないような商品の購買をユーザーに促す効果があるため、クーポン利用率を上げることで、1人あたりの購入額を上昇させる戦略です。

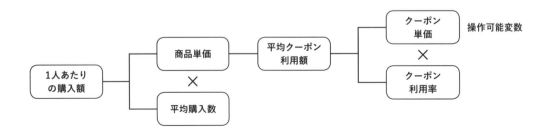

この例ではクーポン単価が操作可能変数になります。

あまりにもクーポン単価を高額にしすぎると商品が売れたとしても、利益が出にくくなります。

商品の限界利益（売上高から原価などのコストを引いた利益が出る限界値）を超えた単価のクーポンをばら撒いても、利益という観点では意味がありません。

もちろん、事業フェーズや施策によっては商品の購入数を上げた方が良い場合もあるため一概に意味がないとは言えません。

例えば、1,000円の商品Aがあったとします。限界利益が50%だとすると損益分岐点（利益がでる分岐点）は、500円です。つまり、クーポンによる購入促進をするにしても500円以上のクーポンを配ってしまうと赤字になってしまいます。

そのため、クーポン単価の数値を操作していきながら、KPIである商品単価および、KGIである売上を最大化するに、事業予算から見えてくる操作可能変数であるクーポン平均単価や母数であるクーポン配布数を調整し代入していくことで、事業利益の最大化を目指します。

このようなKPIツリーが作成できたら、次は施策の適用となりますが、基本的に施策はKPIとして弱い部分や数値の変動インパクトが高そうな部分に対して投資対効果が高い順に実施していきます。

そのためには現状のKPIの数値が非常に大事なヒントになってきます。KPIが可視化されていないと既に伸びにくいKPIに対する施策実施になってしまうだけでなく、施策とKPI、KGIの関係性を予測しづらくなってしまいます。

こうした事業モデルを理解するためにもKPIツリー作成は非常に重要になってきます。

2-6 事業のキードライバーをどこに置くか

そして、KPIモデル関連でもう1つ、「キードライバー」がどこにあるかを理解することも大事です。

キードライバーとは、事業目的を達成するために強い影響力を発揮する変数のことです。これは事業モデルによってもさまざまですが、例えば、ECサイトの事業でよく使われる指標として「ユーザー1人あたりの収益性」があります。

これは、ユニットエコノミクス（Unit Economics）という言い方をしますが、ユーザーを最小単位（ユニット）として1ユーザーあたりの経済性（エコノミクス）を見ることをいいます。

つまり、1人あたりの単位で見たときに収益として黒字になっているかどうかを見る指標です。これ

がマイナスであれば、ユーザーを獲得すればするほど、事業が赤字になっていきます。

ユニットエコノミクスはECサイトのキードライバーとして事業の撤退ラインにも使われることが多く、キードライバーの数値が望ましくない状態では事業としての長期的な継続は難しいでしょう。

はじめは資本を投じて赤字でもシェアを拡大させることがありますが、事業を安定させるには1ユーザー単位でのユニットエコノミクスが成り立たないと長期的にはもちません。

2-6-1 ユニットエコノミクス

ここではユニットエコノミクスについて詳しく見ていきましょう。

時系列で事業を見ていきます。縦軸を収益軸、横軸を時間軸とすると、一番はじめにユーザーを獲得する際に広告費をかける場合にはコスト面がマイナスのところから始まります。そして、その広告を見てサイトへ訪問してくれたユーザーが会員登録を行ってくれたとすると、その広告費がユーザーの獲得コストとなります。図でいえば1ユーザーあたり平均2,500円です。

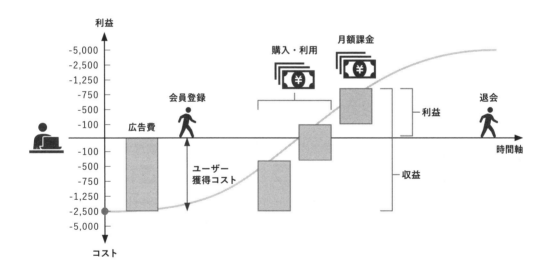

ユーザーは、そこからさまざまな回遊を経てコンテンツを購入・利用します。ユーザー層は退会するまでにコンテンツ単価2,000円のものを2回購入してくれたとし、そのあと月額課金をするという分析結果があるとすると、2回目の購入の際にコスト面の回収を終え、利益が生まれるという計算になります。そしてユーザーは最終的に退会していきます。

この一連の流れを見ると、1ユーザーを獲得すると平均して750円の利益が出るという計算になるた

め、ユーザーを獲得すればするほど黒字化する事業だといえます。

逆に広告費をかけ過ぎていたり、ビジネスモデルとして収益が少なかったりするとコンテンツの購入回数が大きくても利益としてマイナスになります。つまり、ユーザーを獲得すればするほど、その事業は赤字になります。これは事業のビジネスモデルやコンテンツの性質などを考慮しながら考えていかなければいけません。

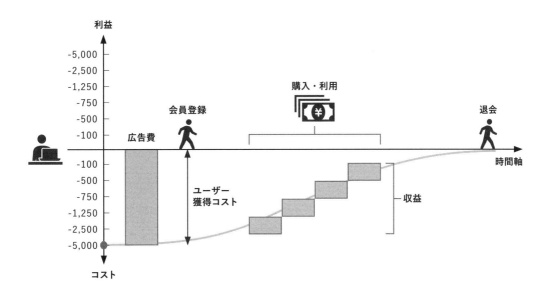

ユニットエコノミクスは「LTV（Life Time Value）」と「CAC（Customer Acquisition Cost）」の2つを指標を見ていきます。

LTV（Life Time Value）

LTVとは、1人のユーザーが生涯で事業に与えてくれる利益です。ECサイトでいえばサイトに流入（獲得）してから退会するまでにどのくらいの利益を出してくれたのか見ていけば良いでしょう。

計算方法としては、いくつかありますが以下がシンプルなものです。

LTV ＝ ARPA（Average Revenue per Account）/ Churn Rate

ARPAとは、1ユーザーではなく1アカウントあたりの売上です。売上÷アカウントで求められます。Churn Rateとは離脱率の意味で、対象期間中に退会した割合です。計算式としては、対象期間中の

離脱率（退会率）/ 対象期間中のアカウントで求められます。

CAC（Customer Acquisition Cost）

一方、CACとは、ユーザーを1人獲得するために必要な平均獲得コストです。計算式としては、新規獲得数に対してかかったコストを分子として計算していきます。

CAC ＝ 新規獲得コスト / 新規獲得数

広告費をかけてユーザーが会員登録するまでがCACで、利用開始してから退会するまでがLTVの対象期間です。ユニットエコノミクスの指標として健全かどうかは、以下の式で計算することができ、これが「1以上」であれば黒字です。

ユニットエコノミクス ＝ LTV / CAC

諸説ありますが「LTV ÷ CAC > 3（LTVがCACの3倍より大きい）」であり、かつコストに対して利益が出るまでの「回収期間が6〜12ヵ月」であれば健全な事業であるという指標があります。ここは事業のビジネスモデルやフェーズにもよるので、適宜定義していきましょう。

さまざまな考察はありますが、獲得コスト以外にも開発コストなどが別途かかっているため、ユーザーが事業にもたらしてくれる収益の3分の1程度に獲得コストが収まっていないといけないというのは、感覚的にもわかるでしょう。

一般的にCAC（新規獲得コスト）にかかったコストの回収期間は、Payback Periodといわれます。1ユーザーにかけたコストが何ヵ月で回収されるかは以下の式で計算できます。

Payback Period ＝ CAC ÷ ARPA

LTVとCACの指標を先ほどの図に当てはめると次のようになることがわかります。広告費をかけてユーザーが会員登録するまでがCACとなり、1ユーザーの獲得に必要となった獲得コストとなります。

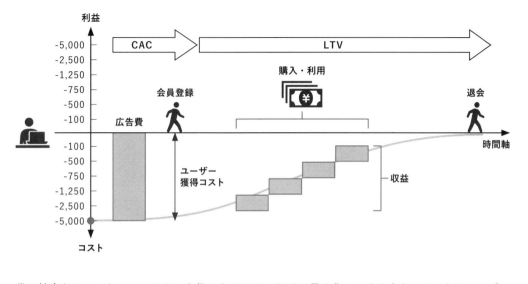

常に健全なユニットエコノミクスを保つためには、CACの最小化、つまり少ないコストでユーザーをどれだけ獲得するか。そして、LTVを高くするために単価を高くするのか、それとも購入回数や頻度を高めていくかを考えていかなければいけません。

ここが健全であれば、予算をかけてスケールさせていける可能性が見えてきます。逆にここがマイナスな状態では予算をかけてユーザーを獲得し続けて売上をあげたとしても利益がでてきません。
もちろん、事業フェーズや市場環境によっては、まずはユーザーを獲得したいフェーズがあるため、いきなりユニットエコノミクスを意識することが適さないケースもありますが、こうした1人あたりの収益性は事業を継続的に拡大させるためのキードライバーとして働くケースが多いでしょう。

KPIで1日の売上の全体感を確かめながら、ユニットエコノミクスでユーザー1人あたりの収益をCACとLTVに分けて評価していくことが必要になります。

2-6-2 事業の可観測性が財務諸表から ユニットエコノミクスまでつなげる

ユニットエコノミクスまでがきちんと計測可能になると、1人あたりの収益を合計したものは、事業のマクロなP/L（損益計算書）になることが意識できます。
P/L（損益計算書）とは、Profit & Loss statementの略で、企業の経営状況を定量的に分析・評価するために会社の財務状況を表す「財務諸表」の1つです。
企業のある一定期間の収益と費用の損益計算をまとめた財務諸表の1つで、収益・費用・利益の3つ

の要素から成り立っています。ほかにもB/S（貸借対照表）やC/S（キャッシュ・フロー計算書）があります。

P/L（損益計算書）について簡単に説明すると次の3つの指標が見られるものをいいます。

- どれだけ売上を上げて（収益）
- その中で、どれくらいのコストがかかり（費用）
- どのぐらいの利益が出たか（利益）

勘定科目		概要
1　売上高	100	基本は販売量×単価
2　売上原価	30	売上に掛かる費用
3　売上総利益 ＝ 粗利益	70	売上から原価を引いたもの
4　販売管理費	50	人件費や広告宣伝費が入る
5　営業利益	20	売上総利益から販売費を引いた**儲け部分**
6　営業外収益	5	本業以外で出た収益
7　営業外費用	5	本業以外で掛かった費用
8　経常利益	20	会社の実力はこれで測る

こうしたP/L（損益計算書）を代表とする財務諸表は、サービス全体の収益性の結果です。きちんとシステム理論的な要素をどこまで分解していっても可視化状態になっていることが非常に大事です。

こうして見ると全く知らない事業に遭遇したとしても、事業の可観測性を意識することで徐々にブラックボックスを解きほぐしていき、その中を動くユーザーの行動を観測できるイメージがついてきたでしょう。

こうした科学的な事業改善は、このKPIツリーの数値的な可視化から始まるといっても過言ではありません。さらにそこから伸ばしたい指標を決定して、実際に仮説からの施策を並べ、A/Bテストなどの検証フェーズを通過してリリースしていくことで実際に事業を伸ばしていきます。

また事業のキードライバーの明確化とKPIツリーの操作可能変数をうまく使いながら、いかにKGIやキードライバーをスケールさせていくかが大事になってきます。

2-6-3 予測値と目標値による事業改善の流れ

事業のKPIモデルから、現状のKPIの実績値やキードライバーが把握できたら、あとは事業改善を行うフェーズに入ります。

そこで大事になることは、操作可能変数を理解することで事業の予測ができるようになることです。

予測値

基本的に各KPIは事業の最終的な重要指標であるKGIを分解したものになっています。そのため、KGIとKPIには少なくとも相関関係や因果関係があるはずなので、数値変動がリンクしているはずです。

この際、現状のKPIの実績値と操作可能変数のKPIがわかっていれば、そのKPIに対して、例えば予算をコントロールして代入すれば、あとは現状のKPIモデルの実績値から、予算の追加に対してKGIの数値がどれだけ上がりそうか予測ができるようになります。

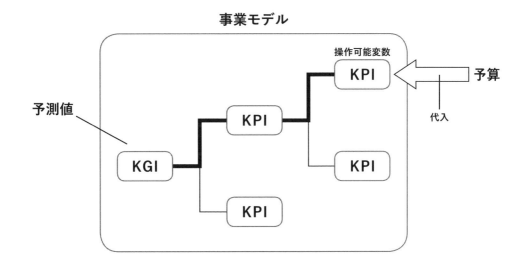

ここで大事なことは、ほかの数値が下がっていないかを見ることです。

例えば、クーポンの利用率を上げようとクーポン配布数とクーポン平均単価を追加予算で上げすぎた場合、局所的なクーポン利用率のKPIは上がったかもしれませんが、ほかの1人あたりの購入額が減る可能性を考え、そのバランスをみていく必要があります。

目標値

この予測値ができれば、あとは目標値を設定してその差分を埋めていく作業に入ります。

この目標値というのは例えば、事業としてまずは撤退ラインに入らないようにキードライバーである

ユニットエコノミクス（1人あたりの収益性）をきちんと黒字になるようにしていくという目標の場

合、果たしてKGIである売上をどのぐらいにすれば良いのか、あと何%の改善が必要なのかが目標値

となるケースもあります。

予測値と実測値のズレを検知する

あとは、実際の仮説をもとに施策を実行していくフェーズに入っていきます。課題があるKPIや伸ば

していきたいKPIを選定して施策を並べていきます。基本的には、改善幅が大きそうな施策（予測値

が高い）や開発コストなどを総合的に判断して優先順位をつけていきます。

そうして、実施された施策に対するユーザーの反応から、実際の改善幅である実測値が出てきます。

きっと、そこには差分があるはずです。事業改善とはこの差分がなぜなのかを考え、学習する行為と

も言えます。

そもそもの事業モデルの捉え方が違うのか、KPIの分解方法が悪いのか、それとも施策のクオリティー

が低いのかなどを複合的に議論していきます。

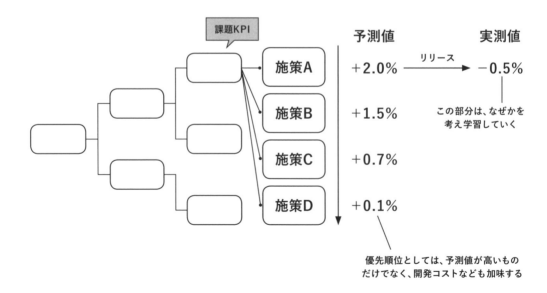

この予測値と実測値の差分を改善していきながらA/Bテストなどを通じて、KPIサイクルを高速に回していきます。

以上が、事業の数値モデルから見えてくるインパクトの1つ目である、操作可能変数を把握して事業の予測を立てるといった内容でした。
次に、2つ目のインパクトである事業の自動化の部分です。

2-7 事業をソフトウェアで捉えると自動化ができる

事業の数値的モデル化する過程で、一連の動作をログデータとして落とし込むことで大量のユーザーの行動データを収集できるようになります。
性別や年齢、興味といったユーザー情報から、そのユーザーがどういった経路でサイトにやってきて、その中で何をしたのかを、ページの閲覧単位、クリック単位で見ていきます。その組み合わせは、人間には到底理解できません。
こうした大量にあるデータの使い道の1つとしてパーソナライゼーションがあります。

ここでは、先ほどのコールセンターシステムの1つであるFAQの運用を考えてみます。
FAQには頻繁に尋ねられる質問があるわけですが、ここにFAQを1つ追加するフローを考えてみます。
パターンを考えると、コールセンターの方が、FAQを選定して顧客管理システムなどを経由してFAQを追加しているケースが多いのではないかと思います。
もう少し細分化すると、「FAQを選定する部分」と「実際にFAQを追加する部分」の2つをどのように行っているかを考えていきます。前者はユーザーがどんな問題を解決したいのかを汲み取る作業、後者は実際にFAQサイトに追加する作業になります。
ここが人力になっているとFAQを追加する作業コストや、FAQを感覚的に選定してしまいます。例えば、最近は住所に関する問い合わせが多いからFAQに追加しようといったような運用になりがちです。

ここについても、一連の動作をソフトウェアのコードとして落とし込み、ログデータとして蓄積していくことでシステムワークフローとして定義できます。そして、できるだけ人の手を加えない形にすることで自動化もできてきます。

まずはFAQの運用の理想像を考えていきます。

理想として、「FAQを選定する部分」と「実際にFAQを追加する部分」の2つを完全に自動化すると以下のことが実現できます。

● ユーザーが本当に困っていることを自動で判定して、そのユーザーに特化したおすすめのFAQが提供できる。

項目とマッピングをすると次のようになります。

● ユーザーが本当に困っていることを自動で判定 ＝ FAQを選定する部分
● そのユーザーに特化したおすすめのFAQを提供 ＝ 実際にFAQを追加する部分

つまり、全員に同じFAQを見せるのではなく、住所変更のやり方がわからないユーザーに対しては自動で住所関連のFAQを提供し、クレジットカードの登録方法がわからないユーザーにはクレジットカード関連のFAQを自動的に提供できれば、指標としていた自己解決率の向上も見込まれるでしょう。

では、これを実現するとして、どのような方法があるでしょうか？

1つの方法として機械学習（マシーンラーニング）の概念を使っていきます。

機械学習とは、大量のデータから学習を行うことで傾向や法則性を見出し、推論することができるシステムのことをいいます。

ユーザー行動をトラッキングし、そこから生まれたデータを有効活用して、反復的に学習させることで予測モデルというものをつくっていきます。この予測モデルができ上がることで、個別のユーザーに特化した情報を提供できるパーナソライゼーションが生まれてきます。

FAQで考えると、「FAQを選定する部分」についてユーザーが、ヘルプページに来る前後にどんな行動をしていたのかをあらゆる観点で分析していきながら、ログデータとして保存し、それを学習させることで予測モデルを作成します。

そして、予測モデルに対してユーザーをinputとして渡してあげることで「このユーザーには、このFAQをおすすめするべき」といった出力が得られます。また、それを自動的にFAQページに掲載することで「実際にFAQを追加する部分」も自動化してしまいます。

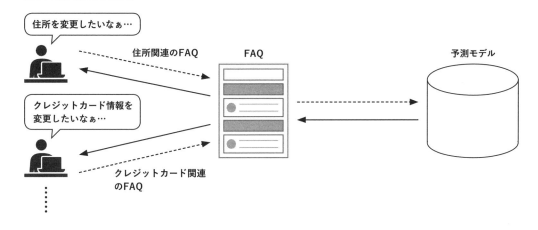

潜在的な要求

2-7-1 機械学習とは何か

機械学習について簡単に理解していきましょう。大きく2つの特徴があります。

1. 膨大なデータをもとに反復学習させることで法則を見出してモデル化する。
2. さらにその法則を自動化することで再現性をつくることができる。

この特徴は、FAQの部分で述べた「FAQを選定する部分」「実際にFAQを追加する部分」をうまく解決してくれます。

特徴1は、いわゆる目的に沿って整形されたデータを使って予測モデルをつくる作業です。今回でいえば、ユーザーが困っていることをヘルプページに来る前後の行動データから予測モデルを作成することでFAQを選定していきます。

そして、特徴2はその予測モデルを使って一連の動作を自動化することです。予測モデルをつくり、それを活用するオペレーションを自動化していきます。ユーザーがヘルプページからFAQへアクセスしてきたと同時に予測モデルを使い実際におすすめするFAQを提供して、サイトに表示するまでを自動化します。

もう1つの利点として、自動化によって再現性も生まれます。

今回の例でいえば、さまざまなユーザーがFAQへ訪れても、同じ動作（予測モデルを適応しながらユーザー特化したおすすめのFAQを提供する）を繰り返します。一方これを人力でやることを考えると、FAQをユーザーに沿って選定する作業は、人の感性やスキルによって提供するものとなり品質や時間などが大幅に変わってしまいます。もちろん、人でしかできないことはありますがシステムとして提供したほうが良いものもあります。それらをきちんと見定めながら考えていかなければなりません。

1つ目の特徴 / 予測モデルの構築

事業の多岐に渡るデータ（購入履歴やクリック履歴、ユーザーの属性、性別、年代、アクセスしているデバイスなど）を保存して学習させることで、データに潜むパターンや特性を発見し、予測していきます。

機械学習の学習方法は大きく分類して「教師あり学習」「教師なし学習」「強化学習」の3つがあり、これをもとにどのようにユーザー行動を予測していくのか見ていきましょう。

教師あり学習（Supervised Learning）

まずは、教師あり学習です。

これはモデルにデータを学習させる際、正解ラベルを付けて学習させる方法です。

データを学習させる側が教師のような形となり、入力データと出力データをセットで渡すことで学習させていきます。つまり、設問に対する正解を教える形でデータと正解ラベルがセットになっているデータセットを用意して学習させるイメージです。

例えば、犬の名前を教えてくれる学習モデルをつくるのであれば、入力する画像データに対して、これは「パグ」、これは「ゴールデンレトリバー」というように正解を教えながら学習させます。

学習させたモデルに未知のデータが入力された際に「正解ラベル」と近い値がでるかを見ていきます。

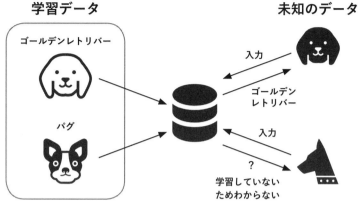

教師あり学習のアプローチは、求められる答えによって、「回帰」と「分類」という2つの統計的手法を使い分けます。

回帰は、数値で予測したいとき、つまり過去の経験（データ）から同じようなことが未来に発生する「予測」がしたいときに用いられます。

例えば、未来の売上予測や会員登録者数の予測、キャンペーン実施による効果予測などが該当します。今月の売上予測であれば、前月の売上、対前年同月比を基本として売上に関係する相関指標を学習させることである程度予測できてきます。

一方、「回帰」が数値の予測だったのに対して、「分類」とは「所属するラベル」の予測になります。
上図の犬の名前を判定するモデルの例は、この「分類」というアプローチが適応されます。

教師あり学習の「回帰」と「分類」は、機械学習のフローとして目的関数を何にするかで使い分けていきます。

目的関数とは何を予測したいかといった指針的なものです。数値の予測であれば「回帰」、所属するものを予測したいのであれば「分類」になります。

教師なし学習(Unsupervised Learning)

教師なし学習は、教師あり学習とは反対に学習データに正解のラベルを付けないで学習させる方法です。つまり、機械学習モデル自身が自己学習をして自力でデータの法則性、特徴を見つけます。

背景として実際の開発現場では、学習させたいデータに正解ラベルが付けられないケースや正解ラベルの付け方に精度が依存してしまうため、良くも悪くも属人的な精度になるという問題がありました。

そこで、機械学習のモデル自身にデータのクラスター(分布)、構造を自力で見つけ出してもらい、自己学習から最適化させる方法を見出しました。
例えば、次図を私たち人間が見れば、沢山の丸が3つの集合体に別れていることが視覚的にわかると思います。これを機械学習モデルが学習する際に「クラスタリング」という手法を使います。

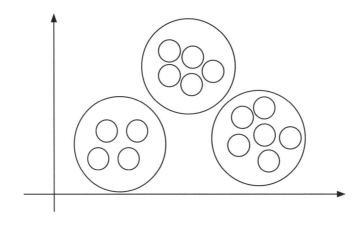

クラスタリングとは、似たようなもの同士を集めてグループ化することで法則性を見出していく手法です。活用事例としては、ECサービスによくある「あなたにおすすめの商品はこちら」といったユーザーにあった商品コンテンツでおすすめするレコメンド機能やターゲットマーケティングといった似たような属性、行動データのユーザーを「クラスタリング」を使ってグループ化することで、メールマガジンやプッシュ通知を送ることなどに活用されます。
例えば、下図のように「30代の男性は午後21時にECサイトに一番多く訪れて、生活雑貨を購買する傾向がある」といった法則を見出すことができたとしたら、同じ30代の男性には午後21時にプッシュ通知で時間限定のクーポンを配布してみて、実際に効果が高いかどうか、といった仮説検証のサイクルを回すことができます。この例は、ユーザーの属性という観点でのクラスタリングですが、購買履歴などのクラスタリングでも良いでしょう。

クラスタリングは、教師あり学習でいうところの「分類」と似ています。異なる点は目的変数の有無です。

分類の場合は、目的変数があるので、正解ラベルとともに学習させるため、ラベル付与していない未知のデータが来たときに正解が出力されませんが、クラスタリングは正解かどうかの精度の部分は考慮しなくても、正解のような答えを出すことができます。

強化学習（Reinforcement Learning）

強化学習とは「報酬を最大化するにはどういう行動をすれば良いか」を行動パターンと報酬をもとに学習させていきます。

これは「教師あり学習」のような正解を学習させるのではなく、「報酬」を最大化するにはどうしたら良いかということを学習させていきます。

活用事例でいうと、囲碁のAIがプロ棋士に勝ったというニュースがありましたが、これは強化学習を使った事例です。ほかには、ゲームを自動的に操作させる機械学習モデルをつくる際にも多く活用されます。共通しているところとしては、ゲームクリアを報酬として「ミスをせずにゲームクリアするにはどのような行動をするべきか」を過程でも機械学習モデル自身が学習して最適化していくようにします。

ゲームを例とするならば「ここでは剣を使って攻撃したほうが良い」「自転車に乗って移動したほうが良い」といった行動の選択をその都度学習して探索と活用をしていきます。

どういう行動をすれば、ゴールができるかを最適化していく

スタート   ゴール

強化学習の学習方法をもう少し見ていきます。

強化学習のサイクルのイメージを捉えていくと「エージェント」「環境」の2つの概念ができます。この2つが相互作用する形で、「観測」「行動」「報酬」が関連してきます。

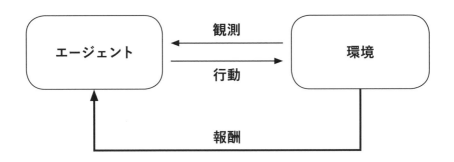

サイクルの初めは、環境がエージェントを観測し、行動を起こすところから始まります。これによって得られる報酬を学習していきますが、ポイントとしては与えられた環境における報酬を最大化するようにエージェントを学習させます。

ECサービスでいえば、エージェントがECサイトで環境がユーザーです。

最初は観測するものがないので、とりあえずユーザーに何か行動を起こします。例えば新しい広告を見せます。そしてユーザーがその広告をクリックしてくれたかを報酬として受け取ります。仮に広告をクリックしてくれたらその要因を学習していきます。クリックしてくれたユーザーは、どのような属性か、いつ、どういった行動をしたときにクリックしたかなどを学習していきます。この強化学習のサイクルを回すことで「報酬が最大化するにはどういった行動が最適か」を考えていきます。

強化学習を使った手法として代表的なものが、バンディットアルゴリズムです。

バンディットアルゴリズムを理解する上で「探索(exploration)」と「活用(exploitation)」の2つの概念理解が大事になってくるので見ていきましょう。

- 探索とは、既に正解がわかっていたとしてもさまざまな選択肢を試して学習しつづけることです。
- 活用とは、学習したものを正解として適応することです。

例えば、相手とじゃんけんをするゲームがあったときに今回はわかりやすいように相手はグーだけを出すとします。こちらが出す手を「行動」として相手がどんな手を出すかを「観測」としたとすると、まずは探索としてすべての手を出しながら、報酬として「勝ちになるパターン」を学習していきます。そして、探索が完了したら「パーを出せれば勝てる」ことを学習したため、活用のフェーズに移るとずっとパーを出し続けます。

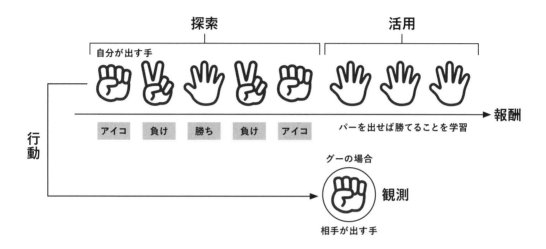

探索と活用のトレードオフ

今回の探索と活用のケースはわかりやすいものですが、これが実際のプロダクトに適応すると複雑になってきます。ここで難しいのが、探索を続けすぎると正解の選択肢がわかっているのに選択しないケースがあり、活用が多いと良い選択肢を取りこぼすことになります。

つまり、トレードオフが成立しなくなってきた際に、これを最適化するのがバンディットアルゴリズムです。バンディットアルゴリズムは、探索をしながらも適度に活用をしていくという作業を最適化していくアルゴリズムです。主にユーザーに合わせた広告配信アルゴリズムやレコメンドといったパーソナライゼーションの分野での効果が見込まれます。

2つ目の特徴 / 自動化と再現性

では、機械学習の2つ目の特徴を見ていきましょう。

膨大なデータから目的関数に沿って選定されたデータによって学習させることで目的に特化した予測モデルをつくっていきます。これによって未知の入力に対しても予測モデルを適応し、こちらの目的に沿った出力を得れるようになりますが、一連の動作をソフトウェアとして定義したのであれば自動化もできます。さらに、前述したとおり自動化することで再現性も適応可能になります。

商品レコメンド

機械学習における自動化の文脈でいえば、ECサイトでの購入や、閲覧後に「あなたへのおすすめ商品」や「この商品を買った人はこんな商品も買っています」といったレコメンドの例がわかりやすいでしょう。

レコメンドとは、推薦システムとも言われ、あらゆるデータをもとに推薦するアイテムを決定してユーザーの興味・関心がありそうな情報を提示する仕組みです。レコメンデーションともいいます。

レコメンドについても見ていきましょう。アプローチとしては大きく分けて2つの種類があります。

1. **アイテムベースでアイテムをレコメンドする（item to item）**
2. **ユーザーベースでアイテムをレコメンドする（user to item）**

この2つは、協調フィルタリングという代表的なレコメンドアルゴリズムの方式で使われる概念です。協調フィルタリングは、ユーザーの行動履歴を利用します。訪問者と似た行動履歴をもつユーザーの購入パターンからアイテム間の相関関係によりレコメンドするか（アイテムベース）、ユーザーの類似度による相関関係でレコメンド（ユーザーベース）するかという違いです。

アイテムベース（item to item）のレコメンド

アイテムベースのレコメンドとは、ユーザーの行動履歴からアイテム間の相関を計算していきます。例えば「この商品と一緒に購入されている商品」といった表示で商品をレコメンドしていきます。机を購入する人は椅子も同時に購入しているというアイテム間の相関がわかったとすると、机の商品ページを閲覧しているユーザー、既に購入したユーザーに対して椅子も同時にレコメンドするといったことが自動でできます。

この商品を買った人はこんな商品も買っています

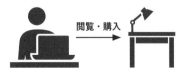
閲覧・購入

タイトル
★★★☆☆（10）
1000円
★★☆☆☆（2）
500円

タイトル
★★★★☆（32）
3400円

タイトル
★★★★★（45）
1100円

ユーザーベース（user to item）のレコメンド

ユーザーベースのレコメンドは、ユーザーの行動履歴からユーザー同士の類似度を計算してレコメンドしていきます。つまり、ユーザーAと似ている属性や行動が類似しているユーザーが机と一緒にカレンダーやライトを購入している場合「あなたへのおすすめ商品はこちら」といったレコメンドが表示されます。

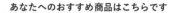

あなたへのおすすめ商品はこちらです

閲覧・購入

タイトル
★★★★☆（10）
300円

タイトル
★★★☆☆（2）
2400円

タイトル
★★★★☆（32）
5200円

タイトル
★★★★☆（45）
3400円

このアイテムベースとユーザーベースといった協調フィルタリングのレコメンドを使うことで、よりパーソナライズされた情報をユーザー単位に最適化された形で自動的におすすめすることができます。ECサイトにおいて、まだユーザーが魅力に気づいてない商品コンテンツに出会ってもらうためにはレコメンデーションは非常に価値がある機能です。

そして自動化ができるようになると再現性が可能になることは述べてきましたが、再現性によって生まれる効果として、人の感性やスキルによって提供するものの品質や提供時間が変わらないというものとプラスして、人的リソースも最小化できます。
レコメンド機能がない状態では、人がおすすめしたい商品を設定して、場合によってはユーザーの行動パターンを手動で抽出し、レコメンドしたい商品を振り分ける必要があるかもしれません。

機械学習と統計の違いは、自動化による再現性

少し観点を変えて、機械学習と統計によるデータ分析の違いを考えてみます。
1つ目の特徴であった反復学習による入力から意図した出力を得るといった特徴は、統計に基づいたデータ分析でも同じことができます。ユーザー行動に基づいたあらゆるデータをもとにした予測モデル出力の可視化は、統計に基づいたデータ分析でもできるためです。
機械学習が統計と違うのは、学習させたモデルが見出した法則性を自動化させることでソフトウェアとして再現性をもたせられるかどうかという点です。例えば、新しいユーザーがサイトを訪れたとして、学習させたモデルがユーザー属性（性別、年代、地域等）や行動傾向をもとに自動判定することで、最適な情報をニアタイムやリアルタイムで提供することができます。

統計と機械学習の違いは、人がデータを使って法則性を見出し意思決定するか、システムが学習して法則を見出し、その意思決定（判定）を自動化するかの違いです。両者とも「データを使って課題解決を行う」という目的は一緒です。統計の知識は、データに基づいた意思決定を行う際に大きな効果を発揮します。

データ分析による組織の意思決定を支援する方法については、Part 3で詳細に述べていきます。

2-7-2　ユーザー人ひとりにあったサービス提供へ

さて、大規模なデータを扱う機械学習でもデータ分析でも事業のあらゆる挙動をソフトウェアとして捉えることでの事業改善の効用として、個別最適化が可能になったことがとても大きいです。

前述しているとおり、ユーザーのあらゆる属性データを計測し観測可能にすることと機械学習などによる自動化と再現性を組み合わせることで、ユーザー一人ひとりにコンシェルジュが付いているかのようにパーソナライズが可能になります。

ユーザー属性として、例えば、性別や年齢、住んでいる場所といったデータから、サービスの中で、どのページにいつに訪れて何を見て、クリックしたかなどのデータを目的によって選定しながら予測モデルをつくることが可能になります。その組み合わせはデータによっては億から兆といった単位にまで到達することもあります。

個別最適化として、上記のような商品レコメンドといったものが代表的です。ユーザーごとに欲している商品が違う中で、あらゆる行動ログからおすすめの商品を推奨していきます。その他だとリソースの最適化を実現する個別最適化などもあります。例えば、タクシーの需要予測です。

需要予測の個別最適化

乗客とドライバーの関係性の最適化を行います。

「いつ、どこのエリアで、どのくらいの需要があり、実際にどのくらいの利用があったのか」といったデータを蓄積させることで、乗客がより素早くタクシーに乗ることができ、ドライバーを雇用する企業は、ドライバーの割り当てといった稼働の最適化も期待できます。

タクシードライバーが、実際に乗客を乗せられる時間（稼働時間）を経験的スキルに頼るのではなく、ソフトウェアとして捉えることで一連の動作（いつ、どこで、どのぐらいの需要があるか）をきちんと計測し、観測可能にすることであらゆる面で最適化がなされます。

乗客はより早くタクシーに乗ることができ、タクシードライバーは乗車率を上げることができます。

さらに道路の渋滞情報や気象情報、地域のイベントデータといった相関しそうなデータを取り入れて

分析をすることで高精度の需要予測が立てられます。

このマッチングの精度が、よりリアルタイムに近づけられれば需要と供給のバランスが非常に良くなり、ユーザーそれぞれに個別最適化された乗車体験を提供することが可能になります。

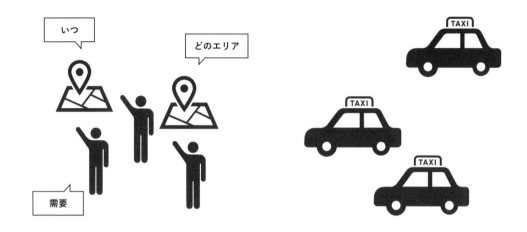

2-7-3 DMM.comにおける機械学習事例

ここで、DMMグループにおける機械学習の事例を紹介します。DMM.comのデータ戦略もまだ改善の最中であり、日々変化しています。事業プロダクトへの機械学習モデルの導入も徐々にではありますが、導入ケースが増えてきました。当然導入したは良いが成果がでないものについては撤廃したりするため、あくまでも、一例として参考になれば幸いです。

サービス	概要
商品レコメンド	ECサービスを中心にユーザーに沿って商品を推奨することで高倍率を向上させる
検索エンジン	サイト内検索機能。キーワード検索によるサジェスト機能などによってユーザーの目的に沿った送客を実現する
広告配信サーバ（アドサーバ）	サイト内の広告枠に対してユーザーに沿った広告、キャンペーンなどを推奨する
商品レビューの承認	商品へのレビュー投稿において不適切な投稿を文脈解析によって自動検知し、公開/非公開を判定
不正購買の検知	不正購買を行うユーザーを自動で検知する
ゲームバランス	ゲームバランス調整においての意思決定をデータによってサポートする

機械学習は、主に事業貢献というアプローチで利用されますが、観点としては2軸あります。

- 売上貢献への活用
- 不正被害の削減

売上貢献への活用

売上貢献の向上という側面から見ていきましょう。商品レコメンドは前述したとおりですが、一番使われているアプローチでしょう。また、商品だけではなく、DMMのように多数のサービスが存在する場合には、サービス自体のレコメンドなどにも有効です。

その他、ECサイト内の広告枠へユーザーごとに適した広告やキャンペーンなどを推薦する個別最適化のアプローチや検索エンジンによるワードサジェストなどもECサイトにおいては代表的です。サジェストとは、予測変換という意味で、特定のキーワードやフレーズを入力するとそれに関連する単語を推奨することで、ユーザーが目指した商品やサービスへ送り届けることに有効です。

不正被害の削減

一方、売上貢献といった側面ではなく、売上を守るというアプローチでも機械学習が使われます。例えば、不正な購買や不正ログインなどを防ぐことで被害額を下げることができ、既存の利益を守ることができます。これは、不正ユーザーの特徴などを特定の指標やルールベースで学習させることで、被害が出る前に検知できるようにします。

また、少し経路が違うアプローチだと、商品レビューの承認作業にも機械学習が導入されています。通常、ユーザーが商品に対してレビューを投稿すると、運営メンバーを中心とした「人」によって「レビューの公開可否」を判断しています。承認ルールを定めていたとしても、属人的な判断が加わるため、再現性が生まれないことが課題として挙げられます。また、人的リソースに頼るため、承認時間もかかるでしょう。
そこで、自然言語処理による文脈解析の学習モデルをつくることによって、ユーザーがレビュー投稿をしたタイミングで、自動でNGワードや言い回しを自動で分析し、即座に公開/非公開を判定しています。人的リソースの削減やすぐに公開されることによってユーザー体験も向上します。

売上貢献や不正被害といった観点とは別に、主に強化学習を利用してゲームバランス調整に機械学習が使われるシーンがあります。ゲームバランスとは、ゲームの難易度や操作性のバランスのことを言います。例えば、敵を倒すゲームにおいては敵が強すぎてもクリアできず駄目ですし、弱すぎても簡

単すぎるため楽しむ要素が減ってしまいます。

このバランス感覚は、ユーザー体験にも大きく影響しているため、非常に複雑に計測しています。特にこのゲームバランスの崩れは人が事前に予測することは困難なため、モデルによって自動検知する仕組みを作るためによく使われるアプローチの1つです。

2-7-4 大規模データを扱える時代へ

一方、こうした機械学習を活用した事業改善ができるようになったのは、計算リソースの発展によるものです。

世の中全体を見てみると、1つの企業がこういった大量のデータを生かした事業改善ができるようになった要因として、大規模なデータを処理できる基盤が出てきたこととクラウド化の進展の2つの要因が大きく絡み合ってきます。

大規模データの並列処理基盤の進化

大規模なデータを分析して知見を得ることや、機械学習への処理へ流し込んで自動化をするためには、大量のデータを扱う必要があります。

具体的には、あらゆる大量のデータを集計することができ、それをきちんと保管できる必要があります。これは2000年初頭までは技術的にも難しいことであり、コストもかなり高価でした。

技術的な課題としては、大量のデータを集計して保管するにはある種の「箱」が必要であり、さらに効率よく集計してその「箱」に保管する技術が必要でした。

それが、ある程度可能になった背景は、「Apache Hadoop」と呼ばれる大規模データが扱える基盤システムの登場があります。当時は1台あたりのコンピュータで処理できるデータ量に限界があったため、大規模なデータを扱いたいときには数十台のコンピュータを並列に接続してデータを処理する必要がありました。

並列に接続するためには多くのマシン(ノード)が必要であるため、その分コストもかかってきます。通常、コスト面から見ても本当に重要な一部のデータだけを活用することが常識でした。

しかし、Googleが2004年にリリースした2つの論文によって開発された「Apache Hadoop」の登場によって、今までは取り扱いが難しかった大規模データの並列処理基盤が扱えるようになっていきます。歴史的な背景を辿れば、Apacheは2002年頃、オープンソースのWeb検索エンジンである「Apache Nutch」を開発していました。当時、Apache Nutchは、処理できるデータ量の限界に直面していました。4〜5台のマシン上(ノード)で並列してのデータ処理はうまく機能しましたが、それ以上は難しく処理できるデータ量が限られていました。

しかし、同時期の2003年、2004年ごろにGoogleが2つの論文を出します。

- **GFS（Google File System）= Googleの分散ファイルシステムについて**
- **Google MapReduce = Googleでの分散処理技術**

これらの論文に書かれていることは、Apache Nutchが抱えていた並列分散処理のスケール問題を解決してくれるものでした。

それを受けて、2004年からApacheのDoug Cuttingの主導で、Javaという言語を使ってGoogleの発表した論文で取り上げられているプログラムをもとに実装を開始しました。これは「Apache Hadoop」と呼ばれる独自のプロジェクトになり、そこで以下のコンポーネントがつくられています。

- **HDFS（Hadoop Distributed File System）= 分散ファイルシステム**
- **Hadoop MapReduce Framework = 大規模分散処理フレームワーク**

これらの基本的な考え方は、1台のマシン性能には限界があるため、いかに並列に接続して分散処理を行うかというものです。活用したい大量のデータがあったとして、それを読み込む際に並列に接続したマシンに分散して格納するといった仕組みです。この仕組みを支えているのがHDFSとHadoop MapReduce Frameworkです。

このApache Hadoopの技術的進化によって、それまで数ノードから数十ノードでの並列分散処理が現実的だったことに対して、数百ノード構成での並列分散処理が可能となりました。これにより、TB単位以上のデータを扱える時代へと突入していきます。

Yahoo！が2006年にこのApache Hadoopを使用して検索システムを置き換えてから、このプロジェクトは急速に加速しました。その後、FacebookやTwitterなども採用し、Apache Hadoopはすぐにウェブスケールのデータを扱う事実上の標準システムになりました。

クラウド化の進展

一方、Apache Hadoopによって技術的には並列分散処理が可能になり大規模なデータを扱えるようになりました。しかし、並列にマシンを並べる必要があるため、それらのマシンの維持コストなどのさまざまなコストがかかるため高価なものでした。

これがクラウド化の進展によって比較的安価に簡単に手に入るようになりました。

クラウドの代表的なサービスとして、AWS（アマゾン ウェブ サービス）というものがあります。クラウドについて引用します。

「クラウド（クラウドサービス、クラウドコンピューティング）」とは、クラウドサービスプラットフォームからインターネット経由でコンピューティング、データベース、ストレージ、アプリケーシさまざまな IT リソースをオンデマンドで利用することができるサービスの総称です。

クラウドサービスでは、必要なときに必要な量のリソースへ簡単にアクセスすることができ、ご利用料金は 実際に使った分のお支払いのみといった従量課金が一般的です。

クラウドサービスを利用することで、ハードウェア導入に伴う初期の多額の投資や、リソースの調達、メンテナンス、容量の使用計画といったわずらわしい作業に 多大な人的リソースを費やす必要がなくなり、インフラの調達期間、拡張・縮小の迅速さ、セキュリティ、既存のデータセンター環境との連携の利便性など、自社サーバーでは難しかった多くのケースもクラウドサービスで解決することができます。

引用：https://aws.amazon.com/jp/cloud/

つまり、大規模な並列分散処理を実現する際には、高スペックなマシンの確保や柔軟に並列にマシンをスケールさせ計算リソースの確保が必要になります。

これをクラウドサービスの利用なく実装しようとすると、高度なエンジニアリングの能力が必要となります。一方で、AWSを代表とするクラウドサービスを利用すればマネージドされた状態で比較的簡便に実現が可能になります。

そして、並列のマシンをスケールさせることでの計算リソースの確保もインターネット経由で簡単にできるようになりました。

また、コスト面でもクラウドサービスは、オンプレミスのような自社でマシンを調達するよりも、比較的安価に確保できるようになります。

2-7-5 人がよりクリエイティブな仕事ができるように

こうした、大規模なデータを扱える基盤が手に入り、データ基盤の箱に対して事業のあらゆるデータを投入し、システム理論的な事業モデルの理解や機械学習による自動化や事業改善にもっていくことで、本当に人がするべきことは何かを考えていきます。

考え方の1つとして、人がしていた作業をどのような方法でソフトウェアに置き換えられるかといったアプローチで語られがちですが、そもそも基本的に事業を構成するすべての要素をソフトウェアのシステムとして定義する必要があります。ここで大事なのは、事業をつくり出す人も事業を構成するシステム要素の1つということです。人ファーストではなくソフトウェアファーストで考えていきま

しょう。

事業のあらゆる挙動は、ソフトウェアで捉えることで、より多くの領域を数値的に語ることができ、データ駆動による事業改善が当たり前の世界へ持ち込んでいけます。特に事務的な単純な作業、同じことの繰り返しは自動化の対象となるため、そういった作業は機械へ任せてしまいましょう。
さらに技術力次第では、ほとんどの挙動をトラッキングしてログデータとして出力できればソフトウェアとして定義できるため、複雑度の高い振る舞いであっても再現性が生まれ自動化が可能となります。

そうして事業をソフトウェアで定義していく中で、どうしても人でなければできない領域に関しては、人を置いていきましょう。もちろん、それは事業モデルによって変わってきます。収益を上げるためには、コンテンツを沢山仕入れてくることが必要となります。そのためには対面営業の方が効率の良い市場構造であれば、人にお願いする必要があるでしょう。
それこそが、本当に人の行う領域であり、真にクリエイティブを発揮するところです。
人の仕事がAIによって奪われると語られがちですが、本当の意味で人が「行わなくても良い部分」がソフトウェアに置き換わり、本当に「人がやるべきところ」に正しく合理的な人的リソースを投入できるようになるのです。
極端な話、こうした世界において、人が行わなければいけないのは事業の方向性を見立てて、組織を動かし、仮説を立てて実行するといった意思決定になるでしょう。あとの工程の多くは、ソフトウェアに任せれば良いのです。

Chapter 2 まとめ

- 事業価値の入出力をシステム理論で理解する
- 可観測性を意識して一連の流れをログデータとして表現する
- 事業を数値モデルとして捉えると事業の予測と自動化が可能になる
- 事業の予測をするためにKPIツリーを作成することで予測値と目標値が立てられる。大量のログデータをもとに機械学習モデルが作成できる
- その背景には大規模なデータを扱える並列分散処理システムとクラウド化の進展がある

参考文献

● 事業をモデル化する｜Matsumoto Yuki｜note（https://note.com/y_matsuwitter/n/n5fb8f93bc78b?magazine_key=mdc584510ef76）

● 事業モデルを考える① ワークフローからイベントを抽出する｜Matsumoto Yuki｜note（https://note.com/y_matsuwitter/n/n2ba065590cff?magazine_key=mdc584510ef76）

● 事業モデルを考える② KPIモデル #ソフトウェアと経営｜Matsumoto Yuki｜note（https://note.com/y_matsuwitter/n/n8779f8fa2776?magazine_key=mdc584510ef76）

● 事業モデルを考える③ユニットエコノミクスとスケールポイント #ソフトウェアと経営｜Matsumoto Yuki｜note（https://note.com/y_matsuwitter/n/n7dc26a4cba89?magazine_key=mdc584510ef76）

● KPIモデルから予測する① 確度の高い事実を集める #ソフトウェアと経営｜Matsumoto Yuki｜note（https://note.com/y_matsuwitter/n/n82283fe3b8b6?magazine_key=mdc584510ef76）

● 事業モデルから予測する② 操作可能変数と予測値 #ソフトウェアと経営｜Matsumoto Yuki｜note（https://note.com/y_matsuwitter/n/n483c0f2d0e93?magazine_key=mdc584510ef76）

● Management And Software Engineering｜y_matsuwitter（https://speakerdeck.com/ymatsuwitter/management-and-software-engineering）

● スタートアップのお金と指標入門講座：ユニットエコノミクス（Unit Economics）— CAC & LTV｜Taka Umada（https://medium.com/@tumada/53112185fbcd）

Part 1
**事業を科学的アプローチで
捉え、定義する**

Part 2
強固な組織体制が
データ駆動な戦略基盤を支える

Part 3
データを駆動させ、
組織文化を作っていく

1
2
3
4
5
6
7
8

Chapter 3

仮説検証を繰り返す
ことで不確実性を
下げていく

Chapter 3

仮説検証を繰り返すことで
不確実性を下げていく

本章では、Chapter 2の後半で述べてきたKPIモデルから見えてくる事業課題に対して、実際にどのようなアプローチでプロダクトをつくっていくべきかを見ていきます。

不確実性が高いプロダクト開発の現場では、どんな施策がユーザーに受け入れられるかはとても難しい問題です。

事業をスケールさせるときには、あらゆる改善活動をとおしてユーザーへアプローチしていくわけですが、ここで考えるべきは、事業の寿命は無限にあるわけではないということで、常に時間的なタイムリミットを意識する必要があるということです。事業の寿命には市場やユーザーニーズの変化、予算的な部分が大きく関係してきます。

このような背景を考慮すると、一つひとつの事業改善の質を上げるだけでなく、スピード感を損なわない改善プロセスを考えていかなければいけません。

そのためには、Chapter 2で見たように事業の構造を明らかにして、KPIモデルを作成することからはじめましょう。そして、その土台をもとに日々のイテレーティブ（反復）な改善をユーザーに対して繰り返し行い、フィードバックをもとに事業モデルの解像度を高めて、事業の予測値や期待値などをコントロール可能にしていきましょう。ユーザーが何を求めているかを私たちが知るためには、ユーザーと事業モデルの間にあるブラックボックスをトライアンドエラーによって明らかにしていく活動が大事な作業となります。

ひとえに事業を改善する活動というのは、事業の不確実性を下げていくことに他なりません。何が正解かわからない状況の中、「この事業をスケールさせるための力点（注力するべきところ）はどこか」ということをいち早く明確にすることで、合理的かつ効率的に組織のリソースを集中させるべき場所を見つける必要があります。

事業をスケールさせる力点を探すには、仮説→実験→学習→意思決定のサイクルをどれだけ繰り返すことができるかが大事な要素となってきます。

仮説 ⟶ 実験 ⟶ 学習 ⟶ 意思決定

「ユーザーはどんな課題をもっているだろうか」「このプロダクトにはこういった機能が必要なのではないか」という仮説の中でリソースを調整しながら実験を繰り返します。

この"実験"であるということが重要な要素となります。実験とは言葉のとおり「実際の経験」という意味です。自身がもっている仮説や予想を、実際の経験として学んでいくことが対象を理解するために一番良質なアプローチとなります。

実験を多く繰り返す中でも、正しい方向性で正しく実験することをどう担保するかは考えなければいけません。絶対的な正解はありませんが、1つの考え方として私たちが対話するべきは常にユーザーであることは間違いないでしょう。

ユーザーという指針を頼りにしながら、実験を繰り返し、そこから得られる結果をデータという大きなファクターをもとに学習して意思決定をしていくことが大事になってきます。

これは、エリック・リースのリーン・スタートアップという考え方に通じるものがあります。2011年に出版されたリーン・スタートアップの中では「地図を捨て、コンパスを頼りにして進めよ」という概念があります。

これは、事業が成功する地図を用意しても「この通りに進めばゴールへ到着する」といったことはなく、不確実性が高い状況の中、地図どおりに進んでも目的地にはたどり着かないことを意図しています。また、それならばユーザーというコンパスを指針として、仮説をもとに一歩ずつ進みながらゴールまで向かおうという考え方です。

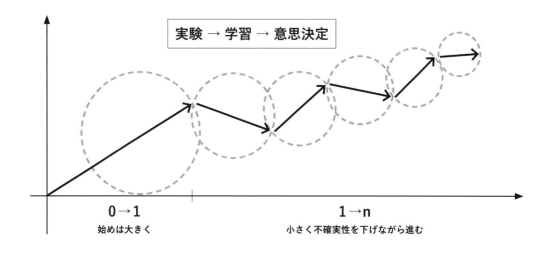

比較的0→1の部分は、新しいプロダクトを0からつくるにしても、既存プロダクトに新しい機能を追加するにしても不確実性が高いことが多いため大きなリスクが発生します。

しかし、そのあとの拡大フェーズは、手元のコンパスを確かめながら実験を繰り返し小さく進んでいくことを意識します。事業がローンチしてから拡大するまで、大きなインパクトがある施策だけを考えるのではなく、数％の改善施策を数多く行うことも大事になってきます。

また、こうした実験を多く行うには、その前後にある仮説立案や計画、意思決定に多くの時間を割くのではなく、実験を数多く実施できる環境づくりが必須になります。

しかし、実際の開発現場を見てみると、仮説を出す部分が慎重になり時間が多くかかるケースが多いのも確かでしょう。

組織が大きくなるにつれて、1つの施策や機能追加の実施にあたっての関係者が多くなります。そうなると、実施するための計画書や効果予測などに時間がかかるだけでなく、社内へのプレゼン資料も作成し、承認が降りてからやっと開発に入れるといったことが多くあります。大きな組織ではよくあることです。

しかし、計画に多くの時間をかけていても何の価値提供もできません。

大事なことは、いかに多くの実験を正しい方向で、どれだけ実行できるかということです。実験から得られる結果（データ）を収集していくことで、事業のブラックボックスを明らかにすることを重視しましょう。

また、意思決定の部分でも実際のデータに基づいた議論をする方が意思決定にかかるスピード感が格段に上がります。

こうしたプロセスを実現するためのアプローチを紹介していきます。

1. 失敗できる環境をつくり出すことで組織は加速する
2. ムダを排除して効率的な実験を行う
3. イテレーティブな改善の流れをアジャイルでつくり出す
4. 仮説検証プロセスで型をつくり、ノウハウを蓄積させる
5. 「流れ」を思考する

3-1 型を学び、組織を方向付ける

このChapterでは、前述した5つのアプローチを1つずつ深掘りしていきますが、これらの手法は決して"成功"を保証するものではないことを念頭に置いてください。ある種の「型」であり、このプロセスや方法論さえ守っていれば事業が必ず成長する、といった銀の弾丸ではありません。

プロセスや方法論は、手段であり目的ではありません。
「型」を何も考えずに組織へ導入すると思考停止になり導入自体が目的となりがちです。
例えば、開発手法1つ取っても「アジャイル開発を導入したからうまくいくはずだ」「アジャイル開発ではこうなっているから組織もこうなるべきだ」というように混同しがちです。

「走る」という動作1つ取っても、型があります。型というのは、作用でありフォームであり基礎です。左右の足を交互に前に出し地面を蹴るという型が「走る」という目的を達成するために必要な手段と捉えられます。その中でもっと早く走りたいという部分をどのように達成するかについては各々が考えた流儀や手法といった型があるわけです。筋肉の使い方を改善した方が良い、足をもっと高くあげた方が良いなどの方法論は多岐に渡りますが、そういった方法論を何も考えずに一般的に良いとされている型だけを適用するのではなく、自分の体や骨格にあった「早く走れる方法の型」を取り入れていかなければいけません。そのためには、背景を知る必要がありますし、「なぜそのやり方で早く走れるのか」という本質的な部分を理解していかなければ目的を達成できません。

実際にはあらゆる型を組織に適用して、組織文化とマージ（併合）すると必ず差分が出てきます。型に当てはまらない例外ともいえます。その差分を組織としてどう馴染ませていくかが肝心なわけですが、例外が出てくると「この方法論ではダメだ」「私たちの組織には合わなかった」という結論に陥ります。

一方、「型」というものは提唱者の思想を肉付けする形で、世の中にわかりやすく適用できるようにパッケージ化されたものです。そのパッケージ化された部分（いわゆる方法論を満たす手段やツール）のみを理解していると、時代の変化や組織の変化とともに必ずどこかでズレが生じます。
しかし、つくられた背景や思想の部分を理解していれば、提唱者の肉付け部分（パッケージの部分）を独自にアップデートしていく形で、組織に順応されて、新たな組織文化を更新していけるのではないかと考えています。

「型」を手法として捉えるのではなく、それがつくられた思想や本質から理解することが大事なことです。

目の前にある不確実性に順応しながら進んでいくためには、闇雲に手当たり次第進むのではなく、こうした先人たちが提唱した「型」を学び、それを私たちは組織へと落とし込んでいく必要があります。そして、そこから出た差分を組織に溶け込ませていきながら、組織文化をアップデートしていきます。ここについては、Part 2で詳しく説明していきます。

このことを念頭に置いた上で、まずは「型」を見ていきましょう。
仮説検証を回しながら不確実性を下げ、事業をスケールさせるヒントとなる「型」があるでしょう。

3-2　失敗できる環境をつくり出すことで組織は加速する

事業を改善する活動については、多くの実験からの学びを得ることが必要と述べてきましたが、ただ闇雲に実験しては良い学習ができないだけでなく、失敗した際に事業へ与える影響度も大きくなります。
多くの実験は、失敗する過程で事業的な収益に影響がでます。それは、ユーザーに施策や機能を受け入れてもらえなかったという売上的な側面もありますが、1年かけて開発したものが全く使われないとしたらそこにかかった人件費などもムダになってしまいます。

そのため、実験が大事とはいっても、できるだけ影響範囲を小さくしていきながら施策を実施できる環境が必要となります。
これはつまり、失敗をコントロールできる環境を意味します。
失敗が許容できる基盤がなければ、組織的な意思決定も施策実施も慎重になり、時間のかかる傾向があります。施策によって事業影響が大きい場合には、一つひとつの施策に慎重になり少しでも成功率が高そうな施策を当てていきたいという心情が働きます。

しかし、そこで事業的な損失を抑えた状態で、失敗できる環境があるとすれば話は変わってきます。
例えば、A/Bテストの導入です。
サイトの中にあるバナーデザインを変更するとしましょう。
デザイナーが出してきた新案があり、どちらが既存のバナーよりユーザーに受け入れられるかをデザイン面だけで考慮するのは難しいでしょう。定量的な部分と定性的な部分の両方で判断をしなければいけないため、少しでも判断材料が多くないと意思決定に時間がかかり、最終的には経営陣の経験や感覚的なものになるかもしれません。

そこでA/Bテストから得られる、定量的な数値は意思決定の大きな判断材料となるでしょう。

まず、全ユーザーの20％に新しいバナーを表示して、その結果をデータとして見られた場合、これほど有益な意思決定の材料となるものはありません。また、全ユーザーにいきなり切り替えるわけではないため、事業への影響も限りなく少ない状態でユーザーからの実際のデータを収集できることになります。20％のユーザーで既存のバナーより明らかに結果が悪い場合、その場で全ユーザーへの施策実施をやめるという判断もできるわけです。

また、もう少し大きい機能であればMVPという形で仮説がユーザーに一致するかを試します。例えば、「このプロダクトには検索機能が必要だ！」という仮説があった際に、初めから高機能な検索エンジンをつくるのではなく、「検索できる簡単な機能」があればユーザーのニーズは試せる可能性があるため、MVPという必要最低限で最小な機能をつくり、まずは機能をリリースしてユーザーの反応を見ていきます。そこがユーザーに受け入れられたのであれば、検索できるジャンルの増加や、検索体験の向上を目指す施策を追加していくことが可能になります。つまり、時間をかけて大きくつくって提供するのではなく、小さくつくってユーザーにいち早く使ってもらうことで不確実性を下げることが可能になります。これらの詳しい方法については後述していきます。

事業の改善にあたっては、ユーザーの声を素早く聞くにはどうしたら良いかを第一に考えましょう。特に組織が大きくなればなるほど、関係するステークホルダーが増え、エスカレーションする量が増えるため意思決定の透明性は失われていきます。また、きちんとしたデータがなければ各々の経験や直感などから意思決定が行われるため、うまく集約できず時間もかかってしまう傾向があります。こうした事態を防ぐためにも、柔軟にスピード感をもって施策を実施でき、失敗できる環境が必要になります。

こうした世界を実現するために、失敗への恐怖を仕組みで解説していく必要があります。

3-2-1 失敗の恐怖　PDCAのPを重視しない

よく利用される改善プロセスとしてPDCAがあります。

Planで計画を立て、Doで実行し、その結果をCheckし、次の改善（Action）へとつなげていきます。このP→D→C→Aのサイクルを回すことで、継続的な改善を可能にするための手法です。

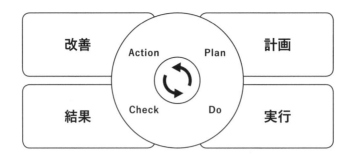

PDCAサイクルはよく利用される改善の考え方ですが、前述したとおり、多くの組織ではPlan（計画）に時間をかけているケースが存在します。事業をスケールさせるには、改善施策を合理的に正しい方向でどれだけ数多く実行できるかが鍵になってきますが、そのためには組織が自律的に多くの意思決定をしながら推進していくことが必須となります。トップダウンで指示を待つのではなく、チームや個人の単位でアジリティーを高めて自ら動き出せる環境をつくることが必要となります。

そのイテレーティブのハードルとなっているのが、失敗への恐怖心です。誰もが思う「失敗したくない」という壁が、あらゆる改善の実施に歯止めをかけます。
「この施策が失敗して損失が大きくなったらどうしよう」「この機能を実装するには開発コストが大きすぎる上に、ユーザーに受け入れられるか不安」といった失敗への懸念です。

このような恐怖の伴う実験では、前段階にある計画の部分に時間をかけるようになりがちです。いかに成功する確率が高い施策を選べるか予測することに時間をかけるようになります。もちろん、効果予測は大事です。しかし、プロダクト開発の目的はユーザーとの対話です。社内との対話ではありません。組織全体が失敗する恐怖に陥っていると意思決定が慎重になりスピード感は失われます。できるだけ納得感を得たいと誰もが思うのです。
施策を1つ実施するためにも、ステークホルダー全員を説得するための資料をつくってプレゼンを行う必要があると、本質的ではないプロセスに時間が取られ、あらゆる改善の実施速度が下がっていきます。

そのため、「どこまで計画性を担保するべきか」の粒度について、組織として考えていく必要があります。例えば、実際にDMM.comの中で私が管轄している部署で運用されている事例としては後述する用語も含めると次のようになります。

1. 問いたい仮説は何か
2. 指標は何か（改善したいKPI）
3. そこから何を学習したいか
4. 失敗がコントロールできているか（A/Bテストの比重が20%以下）

主にこの4つが決まっていれば、チームに裁量をもらいながらプロダクト改善が実施できます。詳しい説明については後述していきますが、計画をするにしても、組織として時間をかけるのではなく基準をつくって担保しながらスピードを上げていくのが良いでしょう。

3-2-2　失敗をコントロールする

失敗への恐怖を防ぐためには、あらゆる挑戦を阻害する壁をなくしていく必要があります。重要なのは失敗をコントロールすることです。

失敗をなくすのではなく、事業構造を理解した上で失敗できる範囲（予算など）を明確にし、その影響範囲の中で適切に失敗をさせることが大事です。

失敗できる範囲、特に予算については失敗を重ね過ぎれば事業として収益は減っていくため明確に線引きしていきます。そして、一つひとつの失敗については透明性をもった意味のある経験にさせていきます。ただ、失敗するのではなく「なぜ失敗したのか」「改善すべき箇所はどこか」を学習できなければ無駄な失敗に終わります。私たちは、改善施策を通してユーザーへ問いかけ、仮説があっていたのか、間違っていたならどこが違うのかを1つの失敗から学ばなければいけません。
つまり、失敗による学習効率を高めていかなければ、適切な影響範囲で失敗をコントロールしたとしても意味がありません。

次図はイメージですが、失敗による学習がない場合には、施策がそれぞれに独立したものになります。例え大きく成功した施策があったとしても再現性が生まれず、後続の改善がうまくいかなくなることがあります。

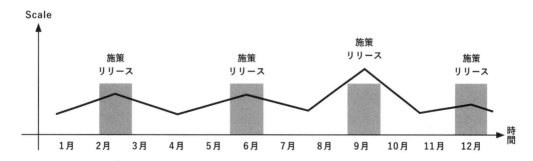

**失敗からの学習ができない状態だと
次の施策へ活かせず、再現性が生まれない**

一方、施策が失敗したとしても組織としてきちんと振り返りを行い、「なぜ受け入れられなかったのか」をあらゆる観点で分析して、次の施策へ活かす活動にすることで組織に改善のノウハウを貯めていくことが大事です。

そうすることで改善施策の再現性が徐々にですが現れてきます。こうした改善ノウハウによって、私たちは大きなインサイトを発見して大きく施策を当てるのではなく、数%の改善を多く続けることで事業全体をスケールさせることが可能になります。

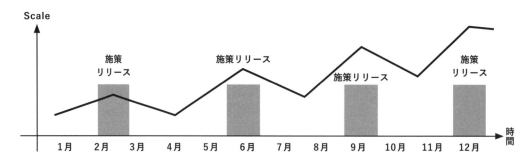

**失敗からの学習を続けることで改善ノウハウを蓄積していき再現性が生まれる。
数%ずつスケールしていくことで長期的に大きな改善へ**

では、失敗からの学習を組織単位で行うにはどうしたら良いでしょうか。

ここでの考え方としては、プロセスと組織学習の2つがあります。

適切に失敗させていきながらも、無駄な失敗をどれだけ減らせるかを考えていきます。

そのために、アジャイル型の開発やリーン・スタートアップで用いられている考え方をベースに、A/BテストやMVPの概念、後述するバリューストリームの設計などを使いながら、仮説検証サイクルを回すプロセスの整備が必要です。

あわせて、最適化されたプロセスの中を動く「組織」も考えていきます。

組織の最適化についてはPart 2で述べていきますが、単に失敗をコントロールするプロセスや仮説検証サイクルを高速で回すプロセスがあるだけでは意味がなく、その中でより良く正しい方向で学習していく自己組織化された組織が必要となります。

では、具体的に前半のプロセスの整備をあらゆる観点から考えていきます。

まずは、より適切な影響範囲で失敗をコントロールするためのアプローチであるA/Bテストの重要性と、プロダクト開発のムダをなくすという観点で重要になるMVP（Minimum Viable Product）の考え方について見ていきましょう。

3-2-3 A/Bテストによる実験

まずはA/Bテストについて見ていきましょう。A/Bテストとは、元の機能に変更を加える際にAパターンとBパターンを用意してテストする手法です。失敗許容性という観点では、事業への影響を適切な範囲で抑えながら実験できます。

例えば、1つのページがあったとして、そこには商品の購入ページへと遷移するAというバナー広告があったとします。
そして、1日あたりのセッション数が100だとします。セッションとはセッション持続時間内で一連の訪問から離脱への動きを1セッションとして集計します。
セッションの持続時間が30分だとして1ユーザーの行動が以下のとおりだとします。

- **09:00 〜 09:01に1回訪問→離脱**
- **10:00 〜 10:30の間に5回訪問（持続時間内）**

この場合のセッション数は、2回です。
話を戻すとAページは1日に100のセッション数があり、そのバナー広告を踏んで商品を購入したユーザーが全体の5%だとします。これをCVRとします。CVRとは、Conversion Rate（コンバージョンレート）の略で、最終的な成果（ここでは購入）へ至った割合のことを指します。そして、収益的な価値への変換をするとバナー広告経由での売上は10万とします。これがこのA/Bテスト実施前の前提条件とします。

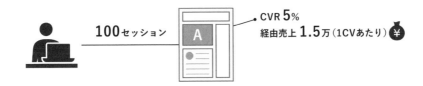

このバナー広告Aの効果をもっと高めるという目的で、新しいバナーへの置き換えを検討していきます。既存のAのバナー広告とは、別のBのパターンを用意します。
A/Bテストには、さまざまなセグメントの切り方がありますが、今回はシンプルにセッションの比重でコントロールしていきます。

いきなり100%のユーザーに対してバナー広告Bを適応して、もしCVRが1/10になってしまったら損失は大きくなります。そのため、5%→10%→20%...などと柔軟に調整してテストしていきます。

ここは母数のセッション数にもよりますが、あまりにも少ない比重だと結果にばらつきがでてくるため、この比率の調整は必要です。

そして、約1週間程度A/Bテストをした結果、Bパターンの方はCVRが1%と、既存のAパターンと比較して-4%となることが結果としてわかり、施策は失敗に終わりました。しかし、比重をコントロールすることで、こちらが意図した影響範囲内で失敗させることができます。

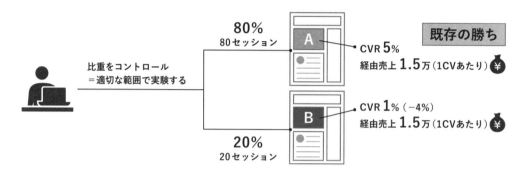

既存のバナー広告よりも良い結果が続けば、比率を20%→50%と徐々に上げていき、最終的には100%にして既存のバナー広告と入れ替えます。

A/Bテストの比重と期間の考え方

A/Bテストの比重については、統計学的な分析でサンプル数を満たす割合を見極める必要があります。10%でも十分なデータ量が集まる場合もありますし、トラフィックによっては集まらないケースもあるでしょう。その場合には、比重を上げるか時間をかけてサンプル数を集めるかが主な選択肢になります。
比重を上げすぎると結果が出るまでのスパンが短くなるため意思決定も早くなりますが、その分テストの時間を考えないと失敗したときの損失が大きくなります。きちんと事業モデルやそこに流れているデータ量などから許容できる予算なのかどうかを把握した上で比重とテスト時間のバランスを考える必要があります。

一方、比重の考え方やA/Bテストの統計的有意性については、統計学の知識が必要になります。
どのぐらいのデータが集まれば統計的有意性があるといえるのか、といった部分は100%確固たる正解はありません。
統計的有意性とは、仮にAとBのパターンでBパターンが数値的に勝ったとしても、その差が本当なのか、単に偶然によるのものなのかといったことを判断するものです。
実際に運用してみると計算上は10%の比重で2日間は有意性が担保できるとしても、例えばそれを7

日間続けたときに異なる結果になることもしばしばあります。

また、後述する仮説検証プロセスの部分でも言及しますが、あまりに大きな施策についてはA/Bテストで担保できない部分があります。
それは、AとBの比較対象が噛み合っていないケースが該当します。AとBの乖離がそもそも大きいことや、AとBの変更度合いが高いことが理由として挙げられます。

例えばECサイトのトップページにおいて、UIのフルリニューアルをしたとします。どちらのUIが良いかをA/Bテストしたいとしても変わった要素が多すぎるため、テストとは言えなくなってしまう部分があります。確かにトップページというプロダクトに対して、AパターンとBパターンの2つを用意してどちらが良いかを見る上ではA/Bテストが最適なのですが、まったく別のページのように見える比較対象ではこのテストには適した題材にはなりません。
まずは小さくコンポーネント単位に分けて徐々にA/Bテストをするか、デザインのフルリニューアルのようなブランディング要素が強い場合には、そもそもA/Bテストのように統計的有意性を担保するアプローチを使わないという判断もできます。
たしかにデータ戦略は大事ですが、定量的な部分と定性的な部分については注意して分けていきましょう。定量的に判断したい仮説というのは、複数要素に変更を加えた状態ではなく、1つだけ仮説を立ててA/Bテストにかけていくのが無難でしょう。

また、私たちがA/Bテストの前に必ず行うべきことがあります。それはAAテストです。
これは正しいデータが取れていることを確かめるためのテストで、Aパターン ＝ 既存を2つ用意して実験的に実施します。
求める結果として、AとAなので同じ結果になるはずです。ここにブレがある場合にはそもそもA/Bテストをしても、例えBパターンが勝っていたとしてもデータの正確性として統計的有意性を担保できません。

一方、AAテストをしていても実際には統計的誤差は発生します。すべての誤差が0%になることはほぼありません。
ここで大事なことはその誤差の把握です。これは統計的誤差ともいいます。
どこまでの誤差を許容するか決めることは難しい部分ではありますが、少なくともランダムに選定したユーザー母数に対して、日時で数十％の誤差がある場合には正確性を疑ったほうが良いでしょう。数%の誤差であれば、月平均で見たときに統計的誤差がなくなっていることもあります。

例えば、ツールの使い方やデータの取得方法が合っていることが確認できたとしても、AAテストでは5%の誤差があったとします。

1つの考え方として、この基準値がわかっていればA/Bテストの結果における数値のボーダーラインの判断ができます。仮にAAテストの誤差がある日時で平均5%だったとして、A/Bテストの結果ではBが2%の差異で負けた際には、統計的誤差から勝っていたかもしれないという判断もできます。そうすれば継続してテストを続けることや、アプローチを変えながらテストを継続するという判断ができます。

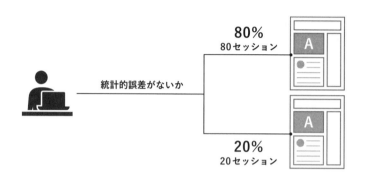

A/Bテストは、失敗のハードルを下げることができるプラクティスです。これをうまく使えば組織全体の意思決定のスピードを上げることもできます。

試したい施策があったとして、A/Bテストを適用しながら「10%のユーザーにだけ試させてください」「試したいページは1日で100セッション程度、CVR5%で経由する売上が10万円ですが、比重的には10%なのでCVRが半分でも損失は数万円程度です」という提案と「結果はどうなるかわかりませんが、やらせてください！」という提案だと前者の方が、組織として意思決定がしやすくなります。

3-3 ムダを排除して効率的な実験を行う

リーン・スタートアップでいう「リーン」とは、"ムダがない"という意味です。

私たちがつくる機能というのは、ほとんどが失敗に終わるケースが多いです。実際に計画をしっかり立てて、長い月日をかけて開発を行い、満を辞してリリースした機能や施策がユーザーにまったく受け入れられずに終わるというリスクを常に抱えています。

事業をスケールさせるために残された時間で、施策や機能を適用していく中で「何がユーザーに受け入れられるかわからない」という不確実性に常に立ち向かっているわけです。

そこで考えるべきは、できるだけムダな機能を増やさずに、つくるべき機能だけで勝負することです。

しかし、それは理想であり現実としては非常に難しい作業です。

機能を10個つくるべきものがあったとして、初めから10個の機能を綺麗につくり、正しく動くプロダクトとしてユーザーに届けたとしても、例えば7個の機能がほとんど利用されずに無駄になっていることは実際の現場ではよくあることです。

そうではなく、まずは必須機能として見込んだ3個の機能を構築し、実際にユーザーに使ってもらうことを目指します。もしくは、10個の機能のうち、一つひとつの機能を深く多機能に構築するのではなく、当たり前の品質をカバーした状態で広く浅く仮説が検証できる程度のレベルでプロダクトを提供します。

そこから、A/Bテストと同様に実際のユーザーから得られたフィードバックをもとに機能を拡張、縮小していきます。

3-3-1 MVPによる実験

MVPとは市場に対して仮説を問う際、はじめからさまざまな要素を盛り込んでリリースするのではなく、狙った仮説が検証できる程度の必要最低限の機能を盛り込んだ形でスピーディーに構築し、その状態でユーザーに提供します。

そこから得られるユーザーのフィードバックをもとに、仮説の正当性を確認していき、徐々に学習しながら機能を充実させていくことがMVPのアプローチです。MVPを利用することで予算やリソースを節約できるだけでなく、スピード感をもった市場へのアプローチが可能になります。

MVPはスタートアップの現場でよく言及されるアプローチです。

予算的なリソースの関係からスピード感が求められることが多いため、競争優位を得るためにも最小のリードタイムでユーザーにフィットする製品 = MVP（Minimum Viable Product）をつくり、ユーザーに問いを立ててテストしていきます。"Product"とありますが、アイディアをすぐに試せることが大事になってくるため、実体は製品でなくても良いのです。

MVPはどういったプロセスでつくるべきか、そのMVPの単位については後述するアジャイル開発やユーザーストーリーマッピングで紹介していきますが、ここでは、MVPの種類に関するアプローチ方法を例として見ていきましょう。

1. カスタマーリサーチ型（顧客調査）

アイディアが固まっていない段階でよく使われるMVPとして、カスタマーリサーチ型（顧客調査）があります。仮説を検証する手法としては、これが一番手っ取り早いでしょう。

実際に動くプロダクトをつくるわけではないため、コードを1行も書かずに実現できます。最小単位は紙一枚で実践できるのが最大の魅力です。

例えば、事業の概要を記載したワイヤーフレームやスケッチなどを用意して、ユーザーに対して見せていきます。そこでニーズを探っては更新し続け、商品の機能に関する詳細を詰めていきます。アイディアの可能性がどこまであるのかといったニーズを明確にするMVPといえるでしょう。

カスタマーリサーチ型

―アイディアをすぐに試せる

―目に見える形で共有理解が生まれる

―一方、情報の幅が限定的になるため
　複雑な仮説の検証は難しい

このフェーズにおいて、現場ではよく使われるものは「プロトタイピングツール」です。

プロトタイピングツールとは、一般的にプロダクト開発に入る前にUIデザインをつくるためのツールです。

例えば、モバイルアプリをつくろうとした際にツールを使いながら、まずはアプリのワイヤーフレームを簡単につくり、紙芝居形式で動きをつけていきます。その段階でデモをしながら全員のイメージを統一させていきます。また、そこからユーザーニーズを確認しても良いでしょう。

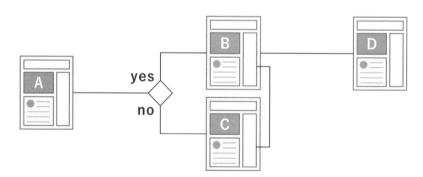

2. スモークテスト型（プレオーダー、サービス紹介ビデオ）

カスタマーリサーチがアイディア自体を固めるMVPだとすれば、そこで高まったアイディアを実際のユーザーで検証するためのMVPとしてスモークテスト型があります。代表的なものとして、サービス紹介ビデオとプレオーダーがあります。

サービス紹介ビデオ

サービス紹介ビデオのMVPは、ファイル共有ツールの「Dropbox」がローンチ前に実践して成功したのは有名な話でしょう。

Dropboxは、プロダクトのリリース前に3分程度のサービス紹介ビデオを公開しました。それが大きな反響を呼び、β版公開による予約リストの希望者はビデオが公表されてからの一晩だけで5,000人から75,000人に増加したといわれています。

プレオーダー

一方、プレオーダーは、ローンチ前に事前に登録や購入を募る方法です。有名なのはクラウドファンディングサービスでしょう。サービス紹介ビデオと組み合わせて使われるケースが多く事前登録者数などで検証すると同時にビジネスモデルによってはここだけで契約成立とすることでコストを抑えた状態で収益の見込みが出てきます。

重要なことは、実際にプロダクトを開発せずに仮説検証ができるため市場への検証コストがほとんどかからないことです。クラウドファンディングサービス上で、ニーズがなければアイディア自体をやめても良いですし、ブラッシュアップをすることも可能です。

スモークテスト型

―動くプロダクトがなくとも市場への問いが可能へ

―事前登録によって、リアルなユーザーのニーズが把握できる

―収益の目処が立ちやすい

ここからは、実際のプロダクトを少しでもつくるMVPを見ていきましょう。

3. オズの魔法使い型（一部手作業）

映画「オズの魔法使い」から来ており、魔法使いとされた人物が実際は中年のおじさんだったことから名付けられました。

サービスとして、ユーザーが見るとちゃんとしたプロダクトに見えますが、裏では人間が手動で操作をしているケースです。つまり、ソフトウェアや自動化プロセスによって処理されるべき作業を裏で人間が実行する形ですがユーザーはそれを認識していません。

これは、どこまで開発コストを節約するかの問題になってきますが、上で述べたカスタマーリサーチ型やスモークテスト型と違い、少なくともユーザーには実際に動くソフトウェアとして見えています。

そうすることで、実際のユーザーから生のフィードバックを得られます。

例えば、Uber Eatsのような飲食店の宅配サービスを考えてみると、ユーザーがWebサイトに訪れて注文から購入するまでの処理はシステム化されています。通常であれば、そのあとの工程はシステム化して飲食店に自動で注文が入りアルバイトを雇って配達してもらうといった工程ですが、それをマニュアル化してスタッフがお店にいき、注文を受け付けた料理を購入→配達を行っているといったイメージでしょう。

一方、裏側がシステム化されていないため、このまま事業を拡大すると人では捌けないのでスケールは限定的になるのと、データの集計を工夫しないと詳細なデータ分析ができずに断片的で表面的なデータ（一連の数値モデルとしては分析できない）となってしまうため、データ駆動との相性はそこまで良くはないですが、「仮説を検証する」という観点では有効な手段でしょう。

オズの魔法使い型

―ユーザー目線で見れば、実際のプロダクトと変わりがない

―そのため、解像度が高い状態で仮説が検証できる

―ただし、このまま事業拡大は難しいため適用範囲は限定的になる

4. コンシェルジュ型（全手作業）

オズの魔法使い型と近いですが、プロダクトのすべてがシステム化されておらず、人間の作業で成り立っているMVPです。
ホテルのコンシェルジュから来ていますが、当初からウェブサービスの立ち上げを構想している状態で、実際に立ち上げる前にコンシェルジュを行い、ユーザーの真のニーズを探った結果として成功したことで知られています。

民泊仲介事業を行うAirbnbが代表的な成功例として有名です。
部屋を貸したい人（ホスト）と、旅行などで宿泊先を借りたい人のマッチングサービスであるAirbnbは、当初ユーザーが利用する上で、部屋の写真の質が重要なのではないかという仮説をもち、ホスト側に対するビジネスとして「プロの写真家を使って部屋を撮影しませんか？」というプログラムをはじめました。これによって、予約がなかったホストが数倍の確率で予約されるようになりました。これはプロセスの中にシステムは介入せずに行ったコンシェルジュ型の例です。現在では、写真投影サービスとして写真家を派遣→支払いは受取金から自動処理といったようにシステム化されています。

ほかにも、オズの魔法使い型の例で出した、飲食店の宅配サービスであれば、実際に見込み客になりそうなユーザーを探し、Webサイトを介さずに対話の中でサービスを説明し、その場で注文を受け付けます。あとは一緒に飲食店へ向かい料理を受け取り、再度ユーザーの元へ出向いて代金をもらうというやり方です。

これだと、開発コストはかからずに仮説検証ができます。一方で、ビジネスモデルによっては人の労力がかかるため仮説の妥当性を担保するサンプル数が足りなくなるケースもあります。

コンシェルジュ型

—ユーザー目線で見れば、実際のプロダクトと変わりがない
—ユーザーは人を認識している
—ただし、このまま事業拡大は難しいため適用範囲は限定的になる

5. プロトタイプ型（動くソフトウェア）

最後は、MVP＝必要最低限のプロダクトと聞いて、プロトタイプ型が一番イメージしやすいでしょう。ある意味、プロトタイプは多くの機能を盛り込まずに仮説が検証できるぐらいのミニマムな動くソフトウェアをつくりユーザーに提供します。
これは、機能を絞った状態ではありますが裏側もすべてシステム化されている状態でユーザーに提供しています。

MVPの種類を全体でまとめるとこのような形になるかと思います。

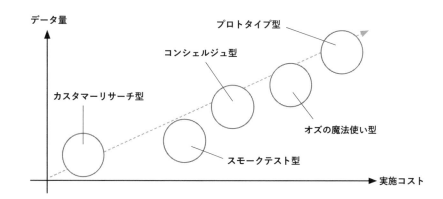

比較的、実施コストが低いのはカスタマーリサーチ型です。1行もコードを書かなくても良い点や1枚の紙でもできるためリードタイムは短いですが、得られるデータの量や質は情報伝達的にスケールが難しいため、データ量は低いでしょう。

ほかにも、スモークテスト型やコンシェルジュ型に関してもデータ量としては低い位置にありますが、データ量 = サンプル数として見たときには、やはり人力で行う関係で拡大にはコストがかかるでしょう（実際はビジネスモデルに依存するので一概にはいえません）。

一方、オズの魔法使い型やプロトタイプ型は、実際にプロダクトをつくるので実施コストはそれなりにかかりますが、その分事業を数値的モデルとして扱える部分が大きくなるのでスケールもしやすく、ユーザー数の増加にも耐えられるためデータ量という観点では豊富に集まってくるでしょう。

どのMVPもメリット、デメリットがありますが、仮説検証からの学習プロセスを構築するにはデータ量が必要になってくる側面が多くあります。特に事業の拡大フェーズでは、あらゆるデータの観点から分析をかけます。さらに、定量データや定性データなども加味して仮説の妥当性を担保していくため、事業のフェーズを鑑みてMVPの型を考えてみてはどうでしょうか。

3-4 イテレーティブな改善の流れをアジャイルでつくり出す

A/BテストやMVPを使って適切な影響範囲の中で実験し、許容できる範囲で失敗をコントロールする考え方を見てきました。失敗できる環境を用意することで、心理的にも失敗に対する恐怖が軽減され、事業的な損失も適切な影響範囲で許容される土台をつくることができます。

そして、次に考えるべきことは、失敗できる環境の土台の上でプロダクトを効率的につくり出すイテレーティブなプロセスを構築することです。イテレーティブとは、反復性をもたせながら小さく少しずつ繰り返すといった意味合いがあります。実際のプロダクト開発の現場を考えるとどういったプロセスでつくっていくかは重要なことです。いくら失敗できる環境があったとしても、その環境でのプロダクトづくりがうまくいかなければ意味がありません。

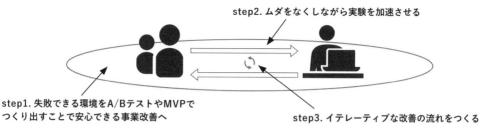

step2. ムダをなくしながら実験を加速させる

step1. 失敗できる環境をA/BテストやMVPで
つくり出すことで安心できる事業改善へ

step3. イテレーティブな改善の流れをつくる

イテレーティブを理解する上で関係のある、インクリメントについても説明していきます。イテレーティブとインクリメントは、どちらも「反復」「繰り返す」といった意味になりますが、そこには大きな違いがあります。

3-4-1 イテレーティブとインクリメントの違い

2つの違いについて、まずこちらの図をご覧ください。
どちらもゴールは同じです。段階を踏みながらゴールへ向かっていきますが、過程が少し違います。

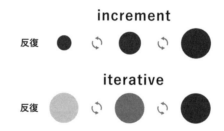

increment

反復

iterative

反復

インクリメントは、漸進的で少しずつ反復的に追加していき、円を大きくしていきます。積み上げです。一方、イテレーティブは初めから枠としてはゴールと同じで、反復的に繰り返しながら濃度を上げていく形です。

- **インクリメント = 少しずつ積み上げる**
- **イテレーティブ = 繰り返す**

例えば、プロダクト開発の現場で「ユーザーは自動で移動できる乗り物を欲しいと思っている」といった仮説があったとします。
最終的なゴールとして、イテレーティブな工程でもインクリメントな工程でも「自動車をつくる」という形になったとします。

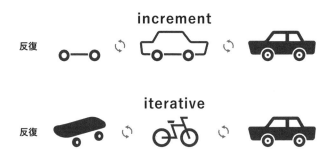

インクリメント型で自動車をつくる

インクリメント型では、少しずつ積み上げる形で自動車をつくっていきます。

自動車をつくることを前提に計画を立てていきます。最終形態（自動車）のイメージから逆算して、つくるべき部品を分割して考える必要があります。

まずはタイヤをつくり、そのあとに自動車の車体をつくっていきます。最後に、塗装や組み立てを行い、自動車を提供できる形にしていきます。

場合によっては、この3つの工程を分散しながら進めていき、最後に結合するといった進め方もできます。特徴としては「何をつくるべきか」が決まっているため、計画段階に時間をかけて計画書を作成して少しずつ部品を合体させることでプロダクトとして積み上げることです。しかし、最後の工程で部品同士を結合しないと乗り物として機能しません。

イテレーティブ型で自動車をつくる

では、次にイテレーティブ型で自動車をつくる過程を見ていきます。

イテレーティブ型は、積み上げるのではなく、繰り返しで反復させていくことが特徴です。

先ほどのインクリメント型に対する課題は、プロダクト開発の不確実性に短期的な目線で立ち向かえない点です。

私たちは仮説として「ユーザーは自動で移動できる乗り物を欲しいと思っている」と思っていますが、果たしてそれが正しいのかは実際にユーザーに提供しないとわかりません。特に大きなプロダクトをつくる際、インクリメント型では時間的リソースと人的リソースが大幅にかかっています。場合によっては数年かけてつくった成果物がリリース後に全く使われなかった場合、膨大なリソースが無駄

になってしまいます。そうなると、失敗をコントロールできなくなってきます。

その際に役立つのがイテレーティブ型です。

例えば、ユーザーが自動で移動できる乗り物を求めているのであれば、はじめから高機能な自動車をつくるのではなく、まずは自動で走るスケートボードを用意してユーザーに提供してみます。仮にそれが使われないのであれば、極端ではありますがそもそも自動の乗り物は需要がないのかもしれない、という判断もできます。最終的に自動車が一番ユーザーにフィットするといった結論になったとしても、仮説の妥当性を比較的短期間で担保できる上に失敗をコントロールすることにも繋がってきます。

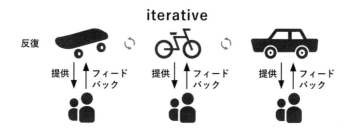

イテレーティブの考え方の良いところは、2つあります。

● **軌道修正が効く**
● **フィードバックからブラッシュアップができる**

軌道修正についてはピボットともいわれます。例えばユーザーからのフィードバックから、本当に求めているものは自動車ではなくてバイクだった場合もあるでしょう。自動車だと値段が高いこと、高機能なものではなく、小回りが効いて比較的安価な二輪の乗り物を欲しいていることが2つ目の自動自転車を提供した際のフィードバックから判明したとします。それがわかれば、その時点で最終的な制作物を自動車ではなく二輪のバイクにするといった軌道修正が可能になります。

時間的リソースを最小限に抑えた上で、本当にユーザーが欲しているものをつくることができます。

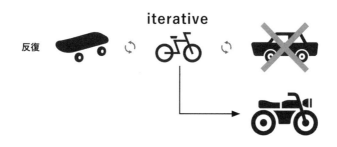

ブラッシュアップについては、自動車を成果物として提供した場合にもフィードバックを得ることで、よりユーザーにフィットした製品が提供できるようになります。

以上がイテレーティブとインクリメントの概要です。
この2つを組み合わせた開発手法として、反復型開発と呼ばれるIID（Iterative and Incremental Development）というものがあります。

3-4-2 反復型開発（IID）とは

反復型開発とは、Iterative and Incremental Developmentという名前からもわかる通り、イテレーティブ（iterative）とインクリメント（increment）を組み合わせた開発です。

つくるべきシステムをいくつかの部品に分解していき、その部品ごとに要件定義→設計→開発→テストという工程を繰り返していき、段階的に結合します。つまり、イテレーティブ（反復）にインクリメント（積み上げ）していく開発スタイルです。

例えば、次図のような「つくるべきシステム」があり、それをA、B、C、Dと機能を分割してイテレーティブに反復しながらつくるとします。
そして、その一つひとつが要件定義→設計→開発→テストといった工程を踏んでいきます。ここは、並列に構築しても良いですし、Aから順番に開発しても良いでしょう。
そして、できあがった部品（A〜D）を任意のタイミングで結合していくことで全体のシステムが構築されます。

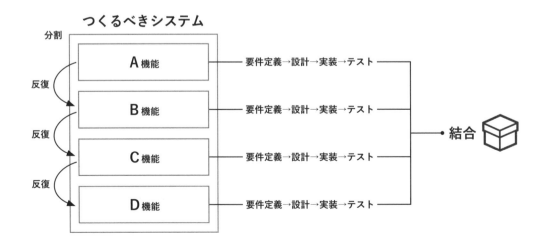

3-4-3 ウォーターフォール型開発とは

一方、似たような計画重視の開発手法としてウォーターフォール型開発があります。

ウォーターフォール型の開発は、計画型開発とも呼ばれ、システムとしてA、B、C、Dの機能をつくる必要があったとすれば、一番はじめにすべての機能を分析して要件定義を固め、何をつくるべきかを設計として落とし込みます。その設計書をもとに開発チームが一つひとつのソフトウェアコードとして落とし込み、開発やテストを行います。各工程が明確に区切られており、基本的には前後の工程に関与しません。そして、基本的に手戻りが許されない工場のレーンのように上から下へと流れていきます。実装が終わりテストの工程に入れば、設計の部分で定義した仕様書と実装にブレがないか確認していきます。

また、各工程間の連携は基本的にドキュメントで表現された仕様書で意思疎通をします。

すべての工程が終わったときにはじめて動くものが成果物として見えてきます。

つくるべきシステム

要件定義	A機能　B機能　C機能　D機能
設計	A機能　B機能　C機能　D機能
実装	A機能　B機能　C機能　D機能
テスト	A機能　B機能　C機能　D機能 → 結合

反復型開発とウォーターフォール型開発の違いは、変化に強いかどうか

反復型開発とウォーターフォール型開発の2つは、計画型プロセスと呼ばれています。どちらも一番はじめにプロダクトの完成形を要求仕様として定義し、開発していく点では同じです。違いは、分割した単位ごとに開発プロセスを回すか、プロダクトに必要な機能をすべて網羅した形で開発プロセスを回すか、という点です。

ウォーターフォール型は、基本的には工程の手戻りを許容しないプロセスになっているため、途中で

変更が入ればあらゆる制約から手戻りのコストがかかります。ウォーターフォール型の多くは、プロダクト開発の開始時にしか要件定義の機会はありません。

一方、成果物がある程度見えてきたときに仕様変更が生じるケースは多くあります。そのたびにWBSといったスケジュール管理の再作成や、各工程で作業する人が違えば人的なリソースの調整と、大きな手間がかかります。もちろん、その分だけ成果物が見えるようになるのは後ろ倒しになります。

一方、反復型開発だと機能ごとに開発を進めるため、機能Aに手戻りが発生したとしても、ほかの機能B、機能C、機能Dには影響がないので比較的小さな影響範囲の修正で済みます。そのため、比較的変更に強いプロセスともいえます。

3-4-4　計画型プロセスの限界。アジャイル開発の登場

反復型とウォーターフォール型の2つは計画型プロセスには変わりないため市場の変化、事業環境の不確実性には対応しづらいという限界があります。反復型開発は要求がある程度安定している場合には有効ですが、ユーザーに価値を届けるようなプロダクトを展開している場合には限界があります。なぜなら、ユーザーの要求はより短いスパンで変化し続けるためです。

ここで登場するのが、アジャイル開発です。

アジャイル開発も反復型開発と同様に短い期間を一区切りとして開発していきますが、この2つの違いは、ユーザーからのフィードバックをもとにプロセスへ反復させているかどうかという点です。反復型開発は計画の不確実性による変化に対応するのに対して、アジャイル開発は市場の不確実性への対応をユーザーのフィードバックを中心に行っていきます。

ウォーターフォール型は、はじめに要件を確定させ、仕様変更はイレギュラーとして扱います。工程を前に戻しながらスケジュールを変更して要件定義をやり直し、影響範囲を調査して設計や実装をやり直します。しかし、アジャイル開発では「仕様変更があるのは当たり前。そもそも、最初から要件を明確に詰めることは無理」というように考えます。

また、要件が変化するということは当然つくらなくても良いものも見えてきます。はじめは必要と思った機能にも関わらず開発が進んでいくに当たって必要がなくなったり、違う機能が必要になったりすることは開発の現場でも往々にしてあります。

ウォーターフォール型と比較するのであれば、アジャイル型の開発は「無駄なものはつくらない」といった思想が根底にあります。

こうしたアジャイル開発の詳しい説明に入る前に、まずはアジャイル開発の成り立ちや実体を見ていきましょう。まず言えることは「アジャイル開発」は概念であり、手法ではありません。

歴史的にいえば、2001年にアジャイル開発という概念が生まれましたが、元はと言えば従来型のソフトウェア開発のやり方とは異なる開発手法を実践していた17名が一同に会し、それぞれの開発手法の主義や共通性を確認、議論することで考え出されたものです。その手法の中には、ジェフ・サザーランドとケン・シュエイバーのスクラムやケント・ベックのXP（eXtreme Programming）といった、いまでは多くの開発現場にも適応されているメジャーな開発手法も含まれていました。

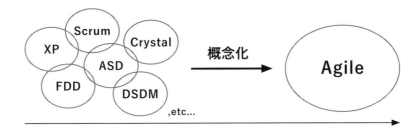

そして、導き出された「アジャイル開発」に関する2つの提唱を見ていきましょう。ここで紹介するものは「4つの価値」と「12の原則」です。

アジャイルソフトウェア開発宣言（4つの価値）

> 私たちは、ソフトウェア開発の実践あるいは実践を手助けする活動を通じて、よりよい開発方法を見つけだそうとしている。
> この活動を通して、私たちは以下の価値に至った。プロセスやツールよりも個人と対話を、包括的なドキュメントよりも動くソフトウェアを、契約交渉よりも顧客との協調を、計画に従うことよりも変化への対応を、価値とする。すなわち、左記のことがらに価値があることを認めながらも、私たちは右記のことがらにより価値をおく。
> 引用：アジャイルソフトウェア開発宣言（https://agilemanifesto.org/iso/ja/manifesto.html）

「4つの価値」とは何か

「アジャイルソフトウェア開発宣言」では、4つの価値を定義することで共通の価値観としています。構成としては「前者にも価値はあるが後者の価値を重視する」といった形です。

「プロセスやツールよりも個人と対話を」
どれだけ優れたツールやプロセスのレールを引いても、それを使う人・組織によって効果は左右され

てしまいます。ツールやプロセスも大事ですが、何より人との対話を重視することがプロダクト開発においては効果を発揮します。アジャイル開発は、少なからずチームで行うことが多いです。チームにする理由は「集合知」を活かしたいからです。個人が複数集まり作業しているだけでは集合知の良さは出てこず、対話によって価値観の共有や意思決定を行うことで1+1＝2ではなく、1+1 = 3,4...と繋げていきます。

「包括的なドキュメントよりも動くソフトウェアを」

プロダクトの価値は、動くソフトウェアでしか表現できません。ユーザーに提供するのはプロダクトを理解してもらうためのドキュメントではなくソフトウェアです。ドキュメントは、記録の取るためやコミュニケーションを円滑に進めるための手段であり目的ではありません。必要に応じてつくるべきですが、それを価値としてはいけません。

「契約交渉よりも顧客との協調を」

プロダクト開発は、社内のあらゆる契約・交渉を優先するのではなく、ユーザーとの対話による協調に多くの時間を使うべきです。受発注の関係性や大きな組織になればなるほど、ユーザーにプロダクトを届けるまでのプロセスにステークホルダーの調整というリードタイムが大きな割合でかかってきます。ステークホルダーがユーザーの望むものを知っているわけではないため、ユーザーとの協調を一番に考えていくべきです。

「計画に従うことよりも変化への対応を」

プロダクトを取り巻く環境は、刻一刻と変化していきます。その中で1年後の計画を作ったとしても、それが全てそのとおりになるわけではありません。情報が少ない状態で作った計画を重視するよりも、計画は不完全であるという不確実性を受け入れ、日々計画をアップデートしていくスタイルが良いでしょう。

次はアジャイルソフトウェア開発宣言の背景ある12の原則を紹介します。

アジャイル宣言の背後にある原則（12の原則）

私たちは以下の原則に従う：

1. 顧客満足を最優先し、価値のあるソフトウェアを早く継続的に提供します。
2. 要求の変更はたとえ開発の後期であっても歓迎します。
   変化を味方につけることによって、お客様の競争力を引き上げます。
3. 動くソフトウェアを、2-3週間から2-3ヶ月というできるだけ短い時間間隔でリリースします。

4. ビジネス側の人と開発者は、プロジェクトを通して日々一緒に働かなければなりません。

5. 意欲に満ちた人々を集めてプロジェクトを構成します。環境と支援を与え仕事が無事終わるまで彼らを信頼します。

6. 情報を伝えるもっとも効率的で効果的な方法はフェイス・トゥ・フェイスで話をすることです。

7. 動くソフトウェアこそが進捗の最も重要な尺度です。

8. アジャイル・プロセスは持続可能な開発を促進します。

   一定のペースを継続的に維持できるようにしなければなりません。

9. 技術的卓越性と優れた設計に対する不断の注意が機敏さを高めます。

10. シンプルさ（ムダなく作れる量を最大限にすること）が本質です。

11. 最良のアーキテクチャ・要求・設計は、自己組織的なチームから生み出されます。

12. チームがもっと効率を高めることができるかを定期的に振り返り、それに基づいて自分たちのやり方を最適に調整します。

引用：アジャイル宣言の背後にある原則（https://agilemanifesto.org/iso/ja/principles.html）

以上が「アジャイル開発」の概念です。12の原則は、非常にわかりやすい言葉で完結に書いてあるため、今いるチームや組織が「アジャイルかどうか」を照らし合わせながら見ていくと良いでしょう。

3-4-5 ウォーターフォール型の課題から見るアジャイル開発

アジャイルという開発手法を理解するために、改めて従来のウォーターフォール開発との違いをもとに、アジャイルという概念が出てきた背景を見ていきましょう。ウォーターフォール型の典型的なモデルとアジャイル型の開発モデルで比較していきます。

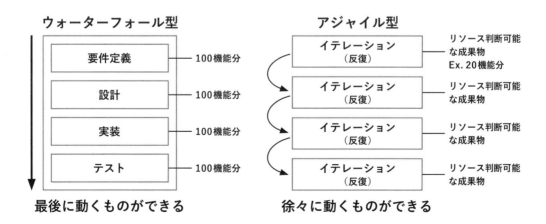

ウォーターフォール型はすべての工程が終わり、はじめて動くものが成果物として見えてきます。ここで問題なのが、要求から設計、実装、テストといった工程を踏んでいる間に、市場やユーザーの求めているものがすでに変わっている可能性があることです。そうすると、長い時間とコストを投入してつくり上げた100個の機能が、市場やユーザーのニーズにフィットせず、使われずに終わることがあります。

市場の変化が激しい産業はサービスを投入するタイミングが非常に重要になってくるため、現段階のユーザーのニーズが1年後には異なるものに変化しているケースが往々にしてあります。それだけでなく、ウォーターフォール型で開発している最中に競合他社が同様のサービスを先にリリースしてユーザーを獲得するかもしれません。

ここで特筆するべきは、ユーザーと市場は常に変化しており求めているものも常に変化していると考えると、その変化はウォーターフォール型の開発でいう「計画」のときにはわからないということです。未来予知的に、このプロダクトをリリースする1年後にはこの機能が必要になっているはずだから、あらかじめ計画に盛り込んでおこうというのは難しいことで、その予想が当たることは非常に稀です。また、100個の機能のうち、実際にリリースしてユーザーに提供してみたら、20個の機能は利用されず、本来開発せずに済んだかもしれず、逆に機能が足りないことも往々にしてあります。
つまり、開発者の目線で見ても、ウォーターフォール型の未来予知的な開発は負担が大きくなる可能性が高まります。

一方、アジャイル型の開発というものは一定の期間に区切って開発を進めていきます。つまり、イテレーティブな開発となります。
例えば、2週間という期間を区切りとしたら、2週間後には100個の機能の中で優先順位付けされたいくつかの機能を選択して、常に「動くもの」を出荷可能な状態でユーザーに提供します。ウォーターフォール型でいう設計→実装→テストを並列に行います。メリットとしては、常にユーザーのフィードバックを得られるので、ウォーターフォール型のように計画段階の未来予知的な考え方ではなく、よりユーザーのニーズに近い形で必要な機能を開発できるため、ある程度ユーザーにフィットした機能を提供できるプロセスが整っています。
また、小さく動くものが常にでき上がるということは、ユーザーに機能を提供するまでもなく、開発側で検証してチームの中でフィードバックし、改善に向けた議論ができることも開発の助けになります。

アジャイル開発というのは、いわばユーザーに対して一定のイテレーションの中で出荷可能、提供可能な単位で機能を小さくつくりながら、不確実性を排除していく開発プロセスです。
一番はじめに100個の機能を並べることで全体像を把握する行為は、アジャイル型の開発ではユー

ザーストーリーの単位として定義していくことが多いですが、100個の機能で構成される想定のプロダクトの全体最適化が短いスパンで常に行われることになるため、最終的な成果物が一緒だとしても、よりブラッシュアップされ、ユーザーにフィットするものができ上がります。

逆に、つくるべきものが固定され要求のブレがないプロダクトであれば、ウォーターフォール型の開発が向いていると思います。しかし、一番はじめの要求が長期的にぶれることがないケースはそう多くはないため、市場とユーザーによって要求が少しでも変化する可能性がある場合にはウォーターフォール型はあまり向いていないでしょう。

アジャイル型、ウォーターフォール型に限らず、プロダクト開発にあたっては誰と多く対話し、コミュニケーションを取るかが重要になってきます。しかし、ウォーターフォール型の開発は、計画どおりに進んでいるか、仕様書と異なるものをつくっていないかという内向的なものになりがちです。
それに対して、アジャイル型はユーザーとの対話を重視します。私たちの多くは、ユーザーのニーズを汲み取り、それを要求として落とし込んでプロダクト開発しています。そのため、プロダクトに関するコミュニケーションはユーザーとの対話をメインにするべきです。

しかし、実際にアジャイル型のイテレーティブな開発の方が良いとわかっていても、導入するとなるとかなり難しいことに気づきます。ただ単純に開発することだけを考えれば、ウォーターフォール型のように仕様書どおりにシステムを構築するほうが簡単とも思えるでしょう。アジャイル型の開発では常に短い期間で小さく動くものをつくり出してユーザーに提供する中で、どの機能単位で小さくつくるか、そもそもシステムとしてどのように小さいシステムをつくるのかも、開発者が頭を悩ます部分です。

これは、ケーキづくりをイメージするとわかりやすいです。いわゆるウォーターフォール型の開発はホールケーキを1つの成果物としてつくり上げるのに対して、アジャイル開発はショートケーキをつくることと考えられます。

ケーキづくりを開発の工程と置き換えると、ウォーターフォール型で言えば、まずケーキでいう一番下のスポンジの層をつくりあげ、その上にクリームを塗り、さらにその上にトッピングとしてイチゴなどを乗せていきます。このケーキの完成系であるホールケーキを食べられるのは最後のトッピングをした後です。

ウォーターフォール型　　　アジャイル型

一方、アジャイル型の開発ではいきなりショートケーキをつくろうとします。「このケーキはたくさん売れるか」を考えた際にできるだけつくる範囲を小さくし、在庫を多く抱えるリスクを回避していきます。常にユーザーが食べられる単位でショートケーキをつくっていく中で、ユーザーの反応によっては、トッピングとしてイチゴではなく、ぶどうのトッピングになっているかもしれませんが、ショートケーキを5個で1つのホールケーキの大きさだと仮定すると、5個目のショートケーキを提供する頃には、1個目よりユーザーが求めているケーキが実現できているかもしれません。

これは、プロダクト開発の予算の部分にも大きな影響を与えます。例えば、流行としてイチゴのケーキが流行っていたとして、ホールケーキを費用と時間をかけて大量につくったとしても、ユーザーに提供する頃には、別のケーキへと流行が移っているかもしれません。その際は、大量につくったホールケーキは無駄になります。そこで発生した膨大な人件費や開発費が失われることになります。そういった面でも、アジャイル型のケーキづくりはショートケーキという単位で、その日に売れそうな分だけをつくることでユーザーに提供していきます。

開発をしている方だとピンとくるかもしれませんが、アジャイル型の開発でもショートケーキにも第一層目にはスポンジをつくり、その上にクリームを塗り、最後にイチゴをトッピングしなければいけません。
システム的な考え方でいくと一番下の層をつくり上げるには非常に時間がかかるのと、ショートケーキごとに第一層をつくるわけにはいきません。例えば、根底にあるアーキテクチャや、どのような情報をもつべきかといったデータベース設計は、プロダクトの完成形をある程度予測しながらつくらなければいかず、全体に関わってくる部分になります。その上に要求ごとのアプリケーションが乗ってくる形なので、ある程度は全体を見越してつくらなければならないため、時間がかかります。

では、アジャイル開発ではどのように実現しているのかというと、次のショートケーキをつくるときには一番下の層と再度つなぎこむ作業をします。ソフトウェア工学でいう「リファクタリング」と呼ばれる内部構造を常に改善していきながら、あとから作るべき機能を柔軟に変更して再設計していき、次のショートケーキをつくり上げていきます。

第一層目のスポンジ部分でいえば、同じ材料を組み合わせた原材料だけを全体を見越して用意しておきます。

例えば、2つ目につくるケーキがショートケーキではなくチョコレートケーキになった際には、その原材料にチョコを加えるなどのリファクタリングを行い柔軟に変化に対応していきます。

一方、リファクタリングにも限界があります。

ショートケーキをつくる想定で生地をスポンジに統一して用意していたところ、方向性としてショートケーキではなくフルーツタルトをつくろうという変更になった場合、生地がタルトになります。ベース生地であるスポンジからタルトへリファクタリングを通して変更するには、かえって変更コストが大きく時間もかかるため、その際は全体を通してつくり直したほうが良い場合もあります。

3-4-6 アジャイルはつらいもの

ここまで見てきたアジャイル型の開発はつまるところ、小さくプロダクトをつくりながら、ある種の石橋を叩いて渡りながら、失敗をコントロールしていくプロセスです。

プロセスとして理想的には良いと頭でわかっていても、実現するには難しい部分も沢山あります。

特にプロダクトをつくる人にとっては、ウォーターフォール型のほうが楽なことが多いです。

ケーキの例でも各工程に分かれて大量生産したほうがゴールも明確で、コツを掴んでいくことで個人の生産性も徐々に上がっていくでしょう。それぞれの工程（スポンジ→クリーム→トッピング）を担当する人もはじめからイチゴのホールケーキをつくるというゴールが明確になることで作業に打ち込めます。

アジャイルは、それを大量生産ではなく小さく形にして、ユーザーのフィードバックも見ながらショートケーキの単位で変更させていくものです。

そこで大事になるのは、組織として同じ価値観やメンタルモデルをどれだけ統一して進んでいけるかという、組織論に当たる部分です。いかに事業に関わる人の意思をつくり上げていくかがアジャイル型の開発を成功させる鍵になってきます。ここについては、Part 2で詳しく紹介します。

3-4-7 　不確実性に強いアジャイル 安定したものを提供する非アジャイル

ここまで、アジャイルと非アジャイル（反復型開発、ウォーターフォール型開発）を見てきましたが、どちらが良い・悪いといったものでは決してありません。すべてのプロダクト開発の特性を無視してどちらかに寄せるのは良くないでしょう。

事業環境、プロダクトの性質、プロジェクトを総合的に鑑みて、どちらのエッセンスを入れたほうが、そのプロダクトがより良いものになるかを考えていきます。
ひとつの目安としては次のように振り分けることができます。

- 不確実性が高いサービスで仮説を問う検証が必要：アジャイル
- 構築するものにブレがなく、安定した品質が必要：非アジャイル

例えば、ユーザーに対して提供するサービスといった「受け入れられるかわからない」といった不確実性が高く、市場に対して仮説を検証したいプロダクトの場合にはアジャイル型で小さくつくりながら、フィードバックを得て進めていくのが最善なやり方でしょう。

一方、構築するものにブレがないようなものや、比較的大きな基盤を安定してつくるようなケースはウォーターフォール型のように、分業的に専門性をもってレイヤーごとに構築したほうが早く安定したものがつくれます。
システムのリプレイス、大規模なリファクタリングが代表的でしょう。

あるいは、ユーザーに提供する不確実性の高いプロダクトだとしても、0→1の部分は、きちんとスコープをMVPにした上でウォーターフォール型により一気につくり、グロース（1→100）の部分は仮説検証を回しながらアジャイルでつくっていくプロセスも考えられます。

こうした、プロダクトの特性、事業のフェーズなどからも最適な開発手法を考えていくと良いでしょう。

3-4-8 　アジャイルにおけるインクリメントの誤解

もう少し、アジャイルにおける開発プロセスについてみていきましょう。アジャイル開発における開発の単位としてユーザーストーリーがあります。前述のケーキの例ではユーザーへの提供単位は

ショートケーキとわかりやすいものでしたが、実際の開発現場では「どの単位でユーザーの機能を提供するか」は頭を悩ませる部分です。

あまり、機能を削り過ぎても、もともと提供しようとしているプロダクトの価値が見えなくなり、逆に機能を盛り込みすぎると開発に時間がかかりすぎ、市場への仮説検証が遅くなってしまいます。また、大局観を失わないようにしないと機能同士を結合した際に意図したものと異なってくる可能性もあります。

イテレーションが終わり、次のイテレーションを迎える際に何をつくるかを議論していきますが、直近でつくるべきことに目を向けるが故に大きなストーリー、大局観を見失うケースがあります。「いまつくっている機能は、プロダクト全体でどのような役割でユーザーにはどのタイミングで使われるんだろう」といった疑問も出てきます。

アジャイル開発でも、ユーザー価値を見いだせる機能の単位、大局観を失わないようにイテレーティブかつインクリメントにプロダクトをつくる際は、注意が必要です。開発の進め方によっては、アジャイル型で小さくつくっていても、ウォーターフォール型のようになっているケースがあります。これをインクリメントの誤解といい、その罠に注意する必要があります。

increment

iterative

絵画を例に見ていきましょう。両方ともゴールは同じ絵です。

その中でも、上図がインクリメントなプロダクト開発を表しています。部品ごとに作業を分担して積み上げてつくっていくイメージです。同じメンバーで部品をすべてつくるケースがあれば、つくる人が違う形で分業をしているケースもあるでしょう。そして、最後に部品を結合していきます。

一方、下図がイテレーティブなプロダクト開発を示しています。全体の枠組みから創作しており、一番初めの段階から何を描きたいかが伝わっている状態で、徐々にそのクオリティーを上げていきます。これがアジャイルでのプロダクト開発を示しています。

アジャイル開発の「少しずつ作っていくこと」の解釈を間違えれば、図のようなインクリメントな絵のように部品ごとに作っていくことだと受け取られます。完成する絵を見てしまえば結果は同じように見えますが、最終的に部品同士をつなぎ合わせる工程があるため、最後まで成果物が本当に求めていたものなのかがわかりません。

これは開発の現場でもよくある事象です。アジャイルで小さくつくり、その都度コミュニケーションを取りながら合意を得てプロダクトをつくっているつもりでも、結局は最終的な成果物を見て「イメージしたものと違っている」というケースが往々にしてあります。これは少しのプロセスの差異が、大きな影響を及ぼしているためです。部品 = 疎結合となる絵を描いていき、それを最終的に組み合わせた際、当初考えていた整合性やユーザーエクスペリエンスが違ったときの修正にかなりの手戻りが発生します。一番はじめに設計、認識確認をした際の整合性は合っていたものの、作業をしている内に知らずしらずの内にどこかで変化が起きると、最終的には当初の予定と違うものができあがることはよくあるので、アジャイル開発におけるインクリメントの誤解には気をつけましょう。

アジャイル開発のスタイルでは、常にユーザーに対して出荷可能、提供可能な状態でプロダクトをつくっていきます。疎結合な部品だけをつくっても、ユーザーに対して提供はできません。プロダクトをユーザーに提供可能で操作可能なクオリティーで作成し、ユーザーの反応を見ながらデータ駆動な開発をしていくことで、徐々にプロダクトをユーザーにフィットさせることができます。

では、アジャイルにおけるインクリメントの誤解にならないようにするにはどうしたら良いでしょうか。ユーザー価値を見いだせる機能の単位、大局観を失わないようにする、という2つの課題を解決するために有効なユーザーストーリーマッピングという考え方を紹介します。

3-4-9 ユーザーストーリーマッピングとは

ユーザーストーリーマッピングとは、Jeff Pattonが提唱したもので、ユーザーの要求やユーザー行動の分析を行い、それを図示する手法のことです。構築しようとしているプロダクトの全体像を把握しつつも、ユーザーがサービスを利用するときのストーリー（ユーザーにとっての価値）の抽象度を調整して、その情報を見ることができます。
それらを可視化することで、つくろうとしている機能（ユーザーストーリー）が、なぜ必要で、どのタイミングで、どのようなシチュエーションで提供するべきかを俯瞰できます。

まずは、ECサイトを例に実物を見ていきましょう。

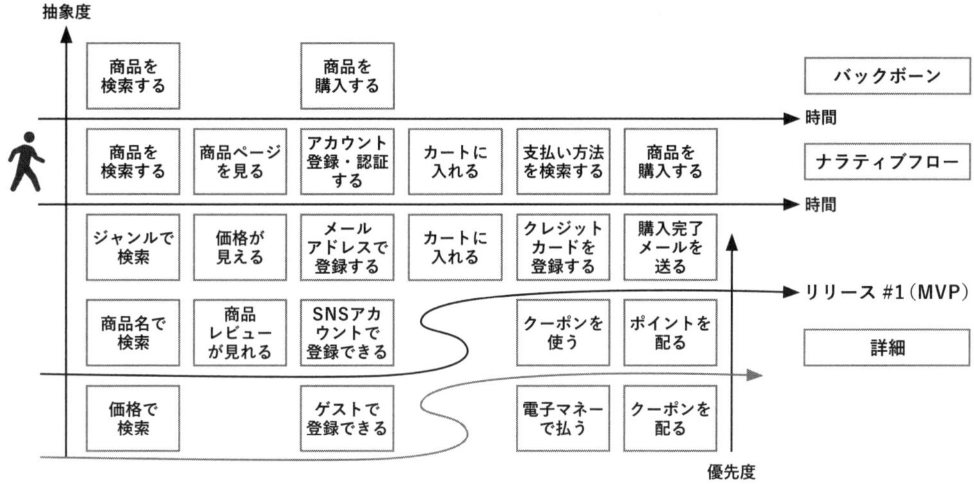

作成する手順の例はこちらです。

1. ナラティブフロー（ユーザーのストーリー）を全員で書く
2. ユーザーストーリーの詳細（機能やバリエーション）
3. バックボーン（ストーリーの骨組み）
4. リリーススライス（MVPなどのリリースの単位）

3-4-10　ユーザーストーリーマッピングをつくってみよう！

ユーザーストーリーマッピングの効果を実感するには、実際に手を動かしてつくってみるのが良いでしょう。今回は、ECサイトのユーザーストーリーを元に作成していきますが、実際の開発の例だけではなく朝起きて出勤する前のユーザーストーリーマッピングや、自宅に帰って寝るまでのユーザーストーリーマッピングも作成できます。1日の流れをストーリー上で表現することも可能なため、さまざまな場面で作成してみてください。

それでは、ECサイトを例にユーザーストーリーマッピングをつくっていきましょう。

Step.1　みんなで書き出す

はじめに行うことは、できるだけ全員でユーザーストーリーを描くことです。オフラインであれば、付箋とペンを使いながら全員で「このプロダクトにおけるユーザーの行動、ストーリーを書く」といっ

た時間をとります。これが、おおよそのユーザーストーリーマッピングの構成要素となります。

ここで大事になるのは、機能要件の一覧をつくろうとせずにユーザーにどんな価値を提供したいか、どんな課題を解決したいかなどを書いていきます。もちろん、どんなユーザーを対象とするかといったことも決めておくと良いです。すべてのユーザーを対象にできないこともあらかじめ考慮しておくべきです。

また、Jeff Pattonは著書「ユーザーストーリーマッピング」の中で、一番大事なことは共通理解をつくることで、そのためには会話をすることが必要だと述べています。その中で、このユーザーストーリーマッピングは単なるドキュメントではなく、関係者と会話しながらつくることが大事で、そうすることでプロダクト全体の構造について、はじめて深い共通理解がつくれると言っています。そのため、ユーザーストーリーマッピングは開発者だけではなくプロダクトのオーナーも巻き込みながらつくると良いでしょう。

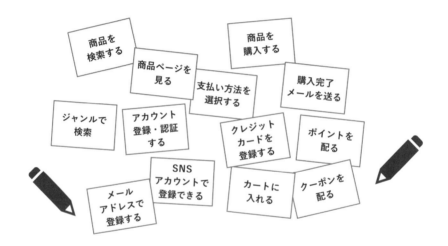

Step.2　ナラティブフローをつくる

次に、横軸を時系列としてユーザーのストーリーを描いていきます。

ECサイトを例に考えると、「商品を検索する」という動作があり、最終的には「商品を購入する」というストーリーがあります。その間には、「商品ページを見る」、欲しい商品があったら「アカウントの登録、認証」をして「カートに入れる」、「支払い方法を選択して」実際に「商品を購入する」といったステップがあります。

今回はシンプルな例ですが、このような時系列にユーザーの行動を示した様子をナラティブフローといいます。ナラティブとは物語のストーリーや順序という意味で、そのサービスの中でユーザーにどのような物語やストーリーに沿って歩んで欲しいかを示したものです。

バックボーンについては、最初に書いても良いですし、このタイミングでも良いです。ユーザーストーリーを抽象化できるタイミングになったら記載していきましょう。今回であれば、商品を検索して、購入するという2つが骨組みとしては良いでしょう。バックボーンを記載する理由は、カテゴライズの意味合いが大きくなります。ストーリーでいう章立てのようなイメージでナラティブフローをよりわかりやすくしていきます。

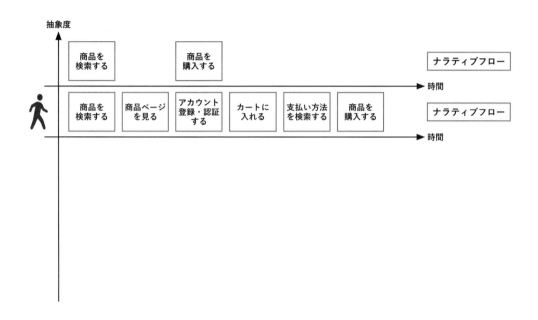

Step.3　優先順位付けをする

次に、全員で書き出したユーザーストーリーをナラティブフローに基づいて配置していき、優先順位を付けていきます。

ナラティブフローに沿って置かれたステップを基準に、付箋を配置していきます。「商品を検索する」の部分には、ジャンルで検索や商品名で検索、価格で検索できるようにするといったユーザーストーリーのバリエーションを書いていきます。

そして、暫定でも良いので優先順位もつけていきます。これがこのあとに出てくるリリーススライスにも関係してきますが、すべてを一気につくるのではなく、このプロダクトの価値が見える最小単位を探索していくためにも優先順位は大切なものとなります。

例えば、ECサイトであれば「お支払い方法を選択する」といったステップの際に「電子マネーで払う」よりも「クレジットカードを登録する」といった機能のほうが普及率から見ても優先順位が高くなるといった形で、あらゆるユーザーストーリーの詳細の解像度を上げていきます。

この全体が俯瞰できたタイミングで足りないバリエーションを補強することや、ナラティブフローの見直しを行います。

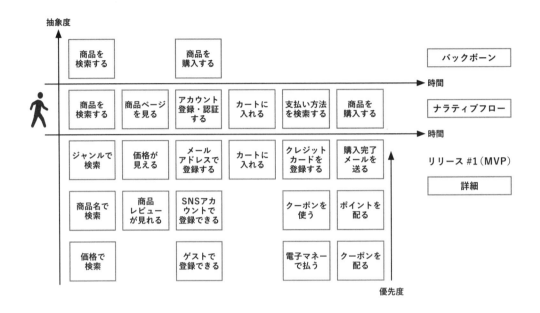

Step.4　ユーザーへのリリースタイミングを考える

最後のステップとして全体が見えた中で、どれをMVPとしてリリースしていくかを決めていきます。今回であれば、ECサイトとして「どんな機能があれば価値を提供できるか」「仮説検証が成り立つ単位はどこか」を考えていきます。

例えば、このECサイトの強みが幅広い商品コンテンツを取り揃えていることであれば「商品を検索する」のストーリーは、ある程度はじめから豊富な検索方法を提供することで、ユーザーに回遊してもらおうといった判断ができます。逆にユーザーが望む商品コンテンツが見つかれば、きっと支払い方法は充実していなくても大丈夫だという判断で決済方法はクレジットカードだけにして開発コストを抑えようとします。これによりアジャイルでいう、できるだけ「無駄なものはつくらない」「変化への対応」を柔軟に行うことができます。

例えば、この状態で初期MVPをリリースしたとして、ユーザーのフィードバックのログデータから、商品をカートに入れるところまでは高い確率でいくが、クレジットカードの登録画面での離脱が多いという結果が見られれば、当初の仮説である「ユーザーがほしい商品コンテンツが見つかれば、きっと支払い方法は充実していなくても大丈夫」ということを見直し、決済手段を豊富にしていくという展開にも柔軟に対応できます。

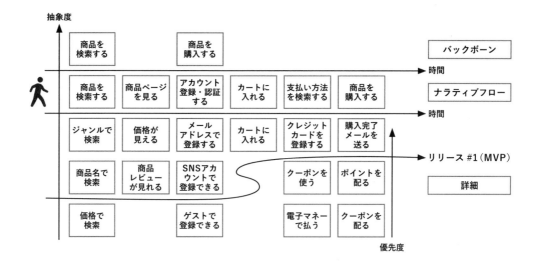

3-4-11 ユーザーストーリーマッピングで見るインクリメントの誤解

前述した「インクリメントの誤解」もユーザーストーリーマッピングで解釈できます。

インクリメント＝少しずつ積み上げていくという考え方をすれば、次図のようにユーザーストーリーごとにすべての要件を満たすように実装する形も考えられます。これは、ウォーターフォール型ともいえます。

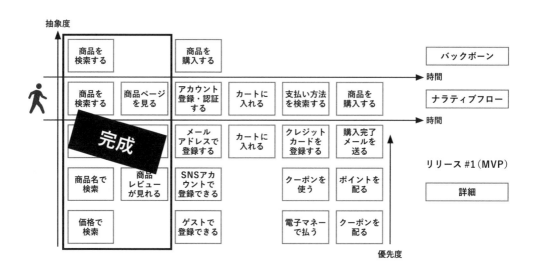

アジャイル型の開発はそうではなく、前述のとおり、リリーススライスのように横に切っていきます。プロダクトの価値を検証できる最小単位（MVP）としてまずはリリースすることで、そこからの学びをもとに変化に対応する、そして無駄な機能を実装しないという不確実性の排除という観点でもユーザーストーリーマッピングは、アジャイル型の開発をうまく体現しているプロセスと言えます。

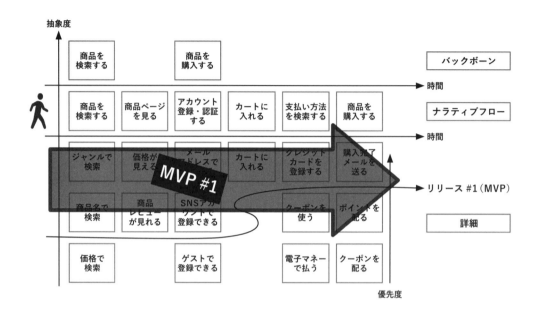

3-4-12 ユーザーストーリーマッピングは終わりではなく始まり

ユーザーストーリーマッピングの作成手順を見てきましたが、これは作ったら終わりではなく始まりであることを忘れてはいけません。前述したとおり、全員で作ることでプロダクトにおける共通理解をつくっていきます。しかし、市場は常に変化していきます。先ほど説明したとおり、MVPをリリースした後の検証フェーズにおいても変化するため、その度にリファクタリングしていく必要があります。実際の開発現場でも、ドキュメントをどこまでリファクタリングし続けるべきかという議論があるように、このユーザーストーリーマッピングをどこまでリファクタリングしていくべきかを別の議論としていきますが、少なくともユーザーストーリーマッピングでつくった全体像は、あくまでも現段階で考えられる要件であることを忘れてはいけません。それは始まりであり、つくったら終わりではないことを意味しています。

3-4-13 アジャイル開発から見る「データ」と「直感」

少し話を戻すとアジャイル開発のプロセスは「小さくつくって、小さく挑戦する」ことで失敗をコントロールしていきます。少しずつプロダクトをつくり、正しいインクリメント、イテレーティブな考え方でユーザーに機能を届け、そこから生まれるフィードバックをもとに改善サイクルを繰り返すことが大事だと説明してきました。

では、なぜ反復性をもたせながら開発していくのでしょうか。それは誰もユーザーが本当に求めているものを完全には理解できないからです。ユーザー自身も完全にはわかっていません。誰も正解をもっていない中、私たちは事業を成長させなければいけません。
正解がないものをつくるということは、すべてが「仮説」になるということです。

仮に自分があるプロダクトの責任者だとしてユーザーの課題を解決させる仮説をどのように立てていくでしょうか。1つは「直感」でしょう。このプロダクトにはこういった機能があったほうが良い、ユーザーもきっと喜んで使ってくれるはずだ。もちろん、そういった直感から来るプロダクトづくりの情熱も大事です。

一方、直感に頼る仮説立案は、量産されやすいという特性をもっています。プロダクトの責任者としてアイディアが思いつき、機能追加や既存機能の改修、キャンペーンの実施などを開発チームへとお願いしていきます。
大量の機能要件をまともに適用していくと必然的に開発者の負荷が上がっていくでしょう。要件リストに膨大な量の追加事項が溢れ、優先順位もつけられていない可能性だってあります。そうすると徐々に「この機能は何のために必要なのだろうか」「リリースしたけど効果はあったのだろうか」といった組織の中での納得感と機能に対する期待値が薄れていく、という悪循環が生まれてきます。組織のモチベーションも下がっていくでしょう。こういった事態は避けなければいけません。

一方、事業センスが抜群で直感や経験によって生み出された仮説が、すべて成功するといった人も一定数いるでしょう。いわゆる素晴らしい経営者やスーパープロダクトマネージャーたちです。

しかし、私を含めてほとんどの人は「普通の人」だということを忘れてはいけません。誰しも事業センスがあるわけでも、直感でイノベーションを起こせるわけでもありません。そういった素晴らしい人に太刀打ちするために、私たちは「データ」という武器をもつべきです。データによる数値的な仮説を立案することで、仮説の妥当性、納得感、期待値をチームとして得られる効果もあります。

もう1つは前述したとおり、仮説の再現性が生まれてくることでしょう。成功した仮説を分析して構造化することで仮説のつくり方、導き出し方が再現できるようになります。つまり、組織の中で誰でも効果が見込める仮説をつくり出せます。事業を伸ばす際に大事になるのは、大きく成功するものをつくるのではなく、小さく成功する施策をどれだけ量産するかという点です。特に1→100といった事業をグロースさせるフェーズでは大事になります。

アジャイル開発の概要や考え方、活用のメリットをユーザーストーリーマッピングなどの周辺プラクティスとともに説明してきましたが、アジャイルは具体的な手法ではなく概念ということは忘れないようにしましょう。実態はいくつかの具体的な開発手法をベースに構成されています。
Part 2の組織論の部分で、実際の開発組織にどう浸透させるか、プラクティスが何に関するものか、スクラムやXPなどの開発手法をベースに述べていきます。

3-5 　仮説検証プロセスで実験を加速させる

ここまでは失敗できる環境を用意して、アジャイル開発を中心にイテレーティブな改善を進めるやり方を見てきました。
この2つの観点をうまく使いながら、開発のサイクルを回す方法について見ていきましょう。
Chapter 1の後半で述べた仮説検証サイクルを深掘りしていきます。

3-5-1 　仮説検証サイクルとは

仮説検証サイクルについて振り返りましょう。プロセスとしては、4つの観点があります。

1. KPI選定
2. 仮説
3. 検証
4. 計測

施策A
施策B

KPI選定（課題）

計測

仮説

検証

まずは、事業構造から出力されたKPIツリーに事業拡大のために必要なKPIを選定するところから始めます。そこから、課題に向き合うことで仮説を出していきます。開発コストや投資対効果が高いと見積もった仮説を施策へと変換し、開発していきます。

そして、検証のフェーズでは事業として死なない（適切な影響範囲）ラインを見極め、実験できる範囲をA/BテストやMVPでつくりながら実際のユーザーに施策や機能を当てていきます。そこから得られるデータを指標として集計し、目的に定めたKPIの数値がどうなっているか、またその周辺の数値には影響がないかを見ていきます。

このサイクルを回していくことで組織として改善のノウハウが溜まっていき、データに基づく意思決定ができる組織になります。

プロセスをつくるということは型をつくることに等しく、組織の中で属人的にはならない改善の流れをつくることで成果物を安定させることができます。そして、そのプロセスの中で数多くの実験を繰り返すことで、組織としてノウハウが蓄積され、プロセスの精度も上がり、事業のブラックボックスも徐々に明らかになっていきます。

改善サイクル

組織 input → プロセス（型） → 成果物 output

この仮説検証サイクルをよく表しているのが、BMLループという考え方です。BMLループとはMVPの説明のときにも出てきたリーン・スタートアップの中で出てくる仮説検証のプロセスのことです。

3-5-2 BMLループでプロセスの型を作る

BMLループの構成要素は、大きく分けて3つあります。

1. **Build** …… つくる
2. **Measure** …… 測る
3. **Learn** …… 学ぶ

プロセスの流れは次のとおりです。BMLループの仮説検証サイクルはBuild→Measure→Learnというステップを踏みます。まず、Buildは実際にプロダクトをつくるフェーズです。次が、プロダクトをユーザーに届けたあとの計測（Measure）のフェーズ。最後に、そこから学習するフェーズ（Learn）の3つとなります。

これをいかに高速に回していけるかが重要となります。

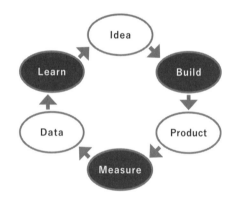

Build→Measure→Learnの間を埋める形でIdea、Product、Dataという3つの状態が保管されています。流れをまとめるとこのような形です。

- **Learn → Idea** = 仮説を考える
- **Build → Product** = どう作るか
- **Product → Measure** = 計測する
- **Measure → Data** = 計測してデータをつくる
- **Data → Learn** = データから何を学ぶか

このBMLループの出発点を考えるとIdea→Buildだと思うかもしれませんが、仮説を立てていくと

いうのは何かしらの学習をもとに立案しなければ、ただの思いつきや経験則といった仮説の妥当性が担保できていない状態になるので、まずはLearnから始まります。

Learn → Idea = 仮説を考える

まずは、何を知りたいかを仮説へと落とし込んでいくフェーズです。

特記する点としては、仮説によって「どんな確証を得たいのか」「なぜそれが知りたいか」をしっかり定めることが大事です。

そのためには、シンプルにする必要があります。あれもこれも知りたいといった要求を1つの仮説に盛り込むと後続のBuildの部分も複雑なプロダクトになりますし、その分開発に時間がかかりサイクルが遅くなります。

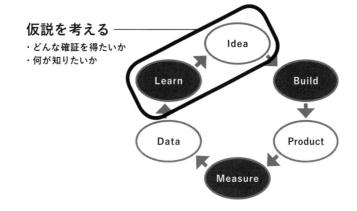

例えば、ECサイトの決済機能において、商品をカートに追加したまま決済せずに離脱してしまうユーザーが30％もあることで、購買するはずだったユーザーを取りこぼしているということがデータから学習できたとします。課題としてそれを改善したいといった要件が上がったとしましょう。

いわゆる「カゴ落ち」と呼ばれる事象です。商品をカートに入れたまま、購入しないままサイトから離脱してしまうことを指します。

カゴ落ちの理由は、送料が高いことや購入プロセスが長いことなどが大半の理由です。しかし、データ分析の結果として、全体的に購入する際の「クーポンの利用率が低い」ことと、「未成年のユーザーに離脱の傾向」が見られたことがデータから判明したとします。

現行の決済画面はこのような形だとしましょう。

「クーポン利用率が低い」ことについてはUIの見せ方の問題ではないか、「未成年ユーザーに離脱の傾向」が高いことについては未成年でも決済できる手段のニーズを満たせていないことが問題ではないかという2つの改善予想が立ちます。

そのため、この2つの要因を改善するような施策を考えていきます。

Single Piece Flow（1つのサイクルで1つの仮説）

BMLループを回す際の注意点としては、この2つの改善を同時に満たすような施策だとバッチサイズ（1つの処理で回す量）として大きすぎます。例えば、決済手段として現状がクレジットカードのみでの支払いだったものにコンビニ決済を増やすことで未成年のユーザーでも利用できるようなフローを用意することと並行して、UIも全面的に見直したものをリリースすると、結果が良かったとしても何が要因だったのかがわかりにくくなります。多くの仮説を1つのサイクルに盛り込みすぎないことが大事です。

そのため、1つのBMLループではシンプルな仮説を立て適用することで、仮説と結果を結びつけやすくします。

今回で言えば次のようになります。

- 仮説1. 決済画面のクーポン利用の導線が見にくいため、クーポンの利用を促進するようなデザインが必要なのではないか
- 仮説2. 決済手段が少ないため、コンビニ決済を追加することで全体の決済数が上がるのではないか

ここでは、問いたい仮説に対する施策を以下のように考えてみます。

- **仮説1に対する施策：吹き窓をつけてクーポンの利用を促す**
- **仮説2に対する施策：コンビニでの決済方法を追加する**

それぞれを1つのサイクルとして回していきます。

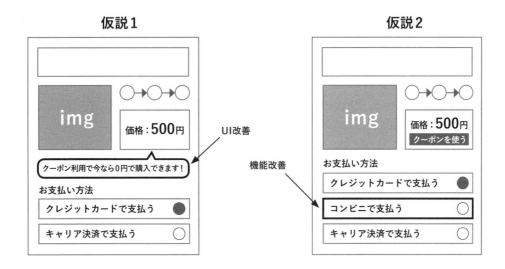

仮説を並列で走らせる

ただし、それぞれの仮説に関するサイクルが計測の部分で依存関係がなくロジック的にも特に問題なければ並列で実施するのも良いでしょう。事業の寿命がそこまで長くないことを加味すると1サイクルのリードタイムが長くなってしまう場合（効果検証に時間がかかるなど）には、同時に2つの施策を走らせるケースは往々にしてあります。

その場合には、一度に両方に仮説を包含した機能をリリースするのではなく、仮説1、仮説2と分けた状態で実装しリリース日を少しずらすなど、計測の部分でも影響がわかりやすいように工夫をしながら進めていきます。つまり、バッチサイズは仮説ごとにシンプルに行い、プロセスに流すのは並列でも良いということです。

次図で言えば、下のケースが良いでしょう。

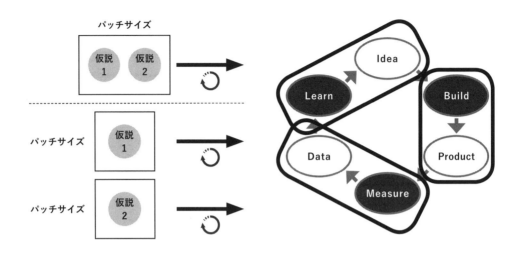

今回の例で言えば、仮説1と仮説2は計測したい部分やロジック的にも依存関係は少ないため、並列に走らせることも有効でしょう。

Build → Product(どうつくるか)

次のBuild→Productは、仮説を検証するためにどんなプロダクトが必要で、どうつくるかを考え実現していくフェーズです。

注意する点は、仮説を検証できるプロダクトをつくることで、そして必要以上に時間をかけて大きく作りすぎないことです。

仮説を検証できないプロダクトだと仮説と機能が噛み合っておらず、計測の部分でも正しいデータが集まらないため意味がありません。そのため、何を確かめたいか、何を知りたいかを理解した上で開発を進めていきます。

具体的な内容としては、前述したMVPの構築やA/Bテストを利用することが多いでしょう。

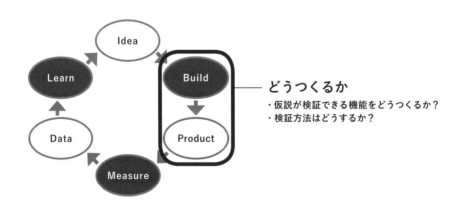

先ほどの決済画面の離脱率を具体的に考えていきましょう。

▼ 仮説1に対する実装：吹き窓をつけてクーポンの利用を促進する

まず、仮説1のUI改善を考えていきましょう。

「仮説1に対する施策：価格の下に吹き窓を用意して、クーポンの利用を促すことで購入を促進させる」の部分となる施策のBuild→Productです。

まず、考えるべき理由は適切な影響範囲で実験を行うことです。
今回の場合は、単純に吹き窓を追加するだけでそこまで影響は出ないように思えるかもしれませんが、実際はUI的な側面から、吹き窓を追加した要素の分だけ画面が長くなるため、ファーストビュー（一番はじめに見える画面の要素）で「キャリア決済で支払う」という内容がスマートフォンの画面サイズによっては見えなくなってしまう可能性があります。

そのため、今回は実験の方法として既存パターンとテストができるA/Bテストを採用します。既存のもの（Aパターン）と新しいUI要素を追加したBパターンを比較していきます。
作業としては、実装（新しいパターン）となります。
実装が終わればA/Bテストの準備に入りますが、今回はセッションをベースに20%のユーザーに新パターンを試していくとしましょう。
ターゲットセグメントとしては、今回はランダムに20%のユーザーを選んでテストするとします。
A/Bテストで計測するべき範囲については次のフェーズで見ていきます。

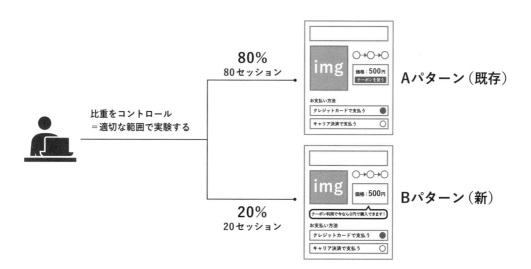

▼ 仮説2に対する実装：コンビニでの決済方法を追加する

次は仮説2を考えていきましょう。

「仮説2に対する施策：コンビニでの決済方法を追加する」のBuild→Productです。

当然、Build → Productの部分はユーザーへの機能を提供する部分となるためとても大事なフェーズです。このサイクルが遅いとユーザーへの機能のデリバリーが遅くなるため、開発リードタイムを短くしていくことを意識します。

前述した、イテレーティブな改善を早く効率的に回すためにアジャイル型の開発を採用しながら効率よく開発していきます。

さて、実際にコンビニ支払いを実現するためには機能実装を含めて作業工程が多くなるため、MVPをつくっていくことを考えてユーザーストーリーマッピングから作成していきましょう。

まずは、コンビニ支払いのフローをそれぞれ見ていきましょう。

▼ コンビニ支払い

1. ユーザーは欲しい商品の購入画面へ進みます
2. 支払い方法でコンビニ支払いを選択します
3. 注文を確定させます
4. 注文完了後、発送の準備が完了次第メールにて支払い番号（お客様番号）を送ります
5. ユーザーはコンビニで支払い手続きをします
6. 入金が確認でき次第、コンテンツが利用可能もしくは発送されます

MVP（実用最低限のプロダクト）を考えるに当たって、どのようなプロダクトの形であれば仮説を最低限検証できるか考えていきます。

今回であれば、最低限動くソフトウェアを意識して「プロトタイプ型」のMVPを採用していきましょう。まずはフローに基づいてユーザーストーリーマッピングを該当箇所だけでも良いので作成していきましょう。

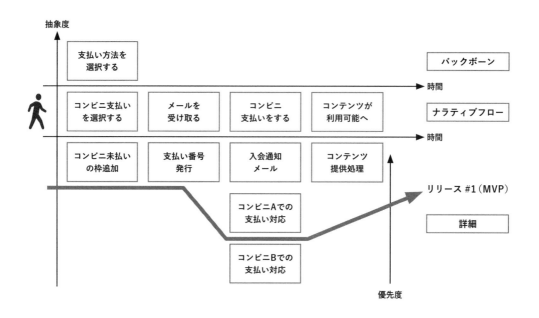

かなり、簡略的に書きましたがナラティブフローについては、コンビニ支払いを選択して、メールを受け取ることでユーザーはコンビニ支払いで決済できるようになります。そして、入金確認後にコンテンツが利用可能になります。

そして、その下に処理ベースで優先順位づけされたユーザーストーリーがあるわけですが、こうして見ると初期MVPとしては、最低限の機能は必要ですが、例えば支払いができるコンビニのバリエーションが少なくても仮説自体は検証できるのではないかと考えます。そのため、実装自体は基本的なコンビニ決済の処理に加えて、コンビニAのみでの決済に対応する形で進めていくとします。

実装が終われば、こちらもA/Bテストを実施していきます。

今回のターゲットとして、ランダムではなくユーザーセグメントを考えていきましょう。この仮説を立てて考えていきたいユーザー層は、未成年のユーザーです。未成年のユーザーは決済する際にクレジットカードを保持していないため、コンビニ支払いをするのではないかという仮説をもとに施策を当てていきます。

このA/Bテストは既存のものとの比較というよりは、コンビニ支払いにニーズがあるか、さらにはターゲットとなるユーザーがきちんとBパターン（新）を選択するかを見るためのテストです。

比重としては、年齢が20歳未満のユーザーが購入サイトにアクセスしてきたら50%の確率でコンビニ支払いへ誘導する条件で良いでしょう。

一方、未成年ではないほかのユーザーの利用率も確認したいため、ランダムなユーザーにも試し、合計2回A/Bテストをしていきましょう。

▼ A/Bテスト

- 1回目：未成年ユーザーに絞ってのA/Bテスト（比重：50%：50%）
- 2回目：ランダムなユーザーでの A/Bテスト（比重：50%：50%）

別の視点で、今回はプロトタイプ型のMVPを採用しましたが、コンビニ支払いのニーズを確かめたいといった検証であれば、「スモークテスト型」のMVPで事前登録のような形で、プロダクトをつくらずに一旦ニーズを受け取ることも可能でしょう。

Measure → Data = 計測してデータをつくる

そして次は、実際の施策を計測してデータをつくるフェーズです。

データ駆動というあり方を考える上でデータが存在することが大前提です。それはBMLループでも同じです。

前述したとおり、計測の方法としてはフローを数値的に表現するためにトラッキングしていきます。指標をもとにログを仕込みながらデータストアへとログデータを溜め込んでいきます。

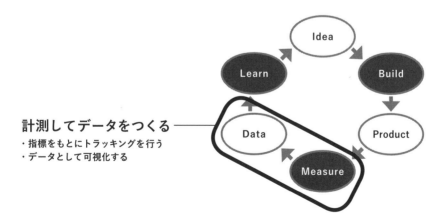

計測してデータをつくる
・指標をもとにトラッキングを行う
・データとして可視化する

ここのフェーズで考えることは、どんな指標をもとに計測するべきか、どのようにデータとして可視化するかという2つのことです。

▼ 仮説1に対する計測 : 吹き窓をつけてクーポンの利用を促進する

例えば、仮説1の「吹き窓をつけてクーポンの利用を促進する」という施策の見るべき指標とデータを考えてみましょう。

まず、思い浮かぶのはクーポン利用率といったCVR（コンバージョンレート）です。
そこが課題選定におけるKPIとなるため、重要指標となるでしょう。あとは、相関指標として別のKPIの数値に影響を与えていないかを見ていきます。クーポンはいわゆるディスカウントツールのため、例えばクーポン利用率を上げすぎるとユーザー数によっては収益が減少している可能性も捨てきれないため見ていきます。

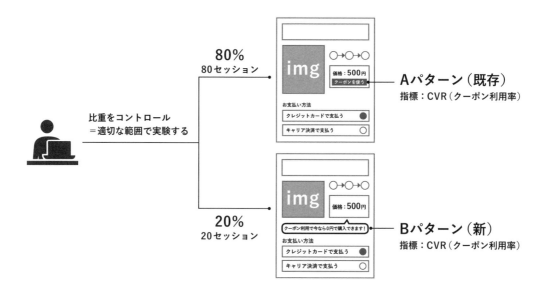

もちろん、こういった計測をするためにはトラッキングを仕込みながらきちんとログデータを出力できるようにしておかなければいけません。また、そのログデータを正規化してSQLを用いてデータを可視化できなければいけません。ここについてはPart 3のデータパイプラインの整備の部分で述べていきます。

▼ 仮説2に対する実装 : コンビニでの決済方法を追加する

仮説2の「コンビニでの決済方法を追加する」を考えてみましょう。
ここで考えるべき指標は大きく分けて4つです。

1. コンビニ決済の利用率（CVR）
2. コンビニ決済を行ったユーザー属性
3. 全体決済数の増減
4. ほかの決済手段の利用率（CVR）

1つ目は、コンビニ決済を導入して実際にどのぐらいのユーザーが使ったか、という指標です。

2つ目は、ユーザー属性です。今回はターゲットとして未成年ユーザーの利用率を中心に据えたものの、2回目のA/Bテストではランダムなユーザーを割り振っているため、どんなユーザーがコンビニ決済を使っているかも見ておくと新たな発見があるかもしれません。

3つ目は、指標とした対象KPIになります。今回検証したい仮説としてはカゴ落ちによる離脱をなくしたいといった事象でした。裏を返せば、そこを改善することで取りこぼしている決済数が全体的に増加することを期待しています。ここの数値が下がっていれば意味がありません。

4つ目は、ほかの決済手段の利用率も見ていきます。3つ目の全体決済数の増減がない場合、いわゆるコンビニ決済が選択肢として増えた分、ほかのクレジットカード決済やキャリア決済を利用していたユーザーが代わりにコンビニ決済を使っているケースがあります。これはユーザーにとっては利便性が上がっているので失敗ではないのですが、仮説としては未成年ユーザーを獲得できていないことになるため、仮説に対する検証としては失敗です。

無駄なデータを取りすぎない

施策を繰り返しているとあれもこれもとデータを計測して分析したくなりますが、その多くは無駄なものとなるケースが往々にしてあります。トラッキングを仕込み分析するリソースも時間的コストもかかるため、きちんと仮説において何が知りたいかを明確にすることが大事になります。どんな確証を得たいかを中心に考えて必要な指標（特にKPI）とその周辺で変動しそうな相関指標を見ていく形にしましょう。

計測したデータの可視化が終われば最後に施策を評価し学習するフェーズに入ります。

データから学習するときには、Chapter 2で見た事業のKPIモデルから見えてくる予測値と実際に施策を実施したときの実測値の差分を見ながら学習していきます。事前に立てた施策実施による効果予測と実際の値が合っていれば、その施策は成功と言えるでしょう。A/Bテストの結果で新しいパターンがこちらの予測どおりに優位に立っていれば、徐々に比重を上げていきタイミングを見て施策を正

式にリリースしましょう。

実施した施策がすべてのA/Bテストで勝つことは到底なく、ケースバイケースですが数回の内、1回でも成功すれば良い方だと思います。
特にはじめの方は、事業モデルの理解が追いついておらず、かつ、ブラックボックスがあるため失敗する可能性が高いでしょう。そんな中でも失敗をコントロールしながら、BMLループのサイクルを繰り返すことで事業モデルの不確実性を徐々に明らかにしていきましょう。

そのサイクルの中で特に考えるべきことは、どれだけ1つのサイクルのリードタイムを短くできるかということであり、1回のサイクルで効率的で合理的な失敗ができるかということです。以下、今回のサイクルのまとめです。

▼ 仮説1

- 学習：カゴ落ちによる離脱率が30％と高い。全体的に購入する際のクーポンの利用率が低い傾向が見られる
- 仮説：決済画面のクーポン利用の導線が見にくいため、クーポンの利用を促進するようなデザインが必要なのではないか
- 施策：吹き窓をつけてクーポンの利用を促進する
- 実施：UIデザインの変更
- 計測：
    1. クーポン利用率（対象KPI）
    2. 収益増減

▼ 仮説2

- 学習：カゴ落ちによる離脱率が30％と高い。未成年のユーザーにその傾向が見られる
- 仮説：決済手段が少ないため、コンビニ決済を追加することで全体の決済数が上がるのではないか
- 施策：コンビニでの決済方法を追加する
- 実施：プロトタイプ型のMVP構築計測：
    1. コンビニ決済の利用率（CVR）
    2. コンビニ決済を行なったユーザー属性
    3. 全体の決済数の増減
    4. 他決済手段の利用率（CVR）

3-5-3　BMLループは、逆回転のプロセスで考える

ここまでは、BMLループをLearn→Build→Measureの順で回してきました。しかし、実はこれはあまりおすすめできないループの回し方です。

BMLループをLearn→Build→Measureの順で回すときの問題点を見ていきましょう。

▼ログが仕込まれていない

仮説から施策を考えて、実装へ落とし込む際によくあることとして必要なログが仕込まれていないことがあります。

実装（Build）の際に計測（Measure）時に必要なデータをきちんと計画していないことが多く見受けられます。そうすると施策を実施したあとに結果をうまく見ることができずに手戻りが発生するケースが往々にしてあります。

Idea→Buildのフローのときにも「何を検証したいための機能なのか」を明確にしておく必要があります。

▼仮説と機能のバランスが崩れている

仮説に対する機能のバランスが取れていない事象があります。よくあるケースとしてバッチサイズが大きくなり、あれもこれもと機能を追加してしまうことがあります。

前述したSingle Piece Flowに近いものがありますが、これは1つのサイクルで検証したいことを1つだけにして、最低限の検証ができるだけのMVPをつくることをいいます。

▼計測サンプルが足りない

計測からの学習（Measure → Learn）の部分でよくある事象として、データ量が足りないケースがあります。特にサービスイン直後、検証に必要なデータ量がそもそも存在せず、いくらA/Bテストで比重を調整しながら慎重にテストしたとしても、サンプル数が足りないという罠があります。データ量が足りないと結果の信憑性がなくなることや、安定した結果がでないことがあります。例えば、ユーザー数が10名のサービスでA/Bテストをしたとしても、特定ユーザーの趣味嗜好が強く反映されてしまいテストを実施するたびに結果が変わることがあり、全ユーザーに適応して良いものかが判断できません。

きちんと整備されたデータ量は多ければ多いほど正しく統計できるため、事前に計測できるデータ量は確認しておくべきです。

3つの仮説検証プロセスにおける注意点を紹介しましたがこれを防ぐためには「計画」を行うフローを足していきます。

方法としては、BMLループを逆回転のプロセスから始めていきます。

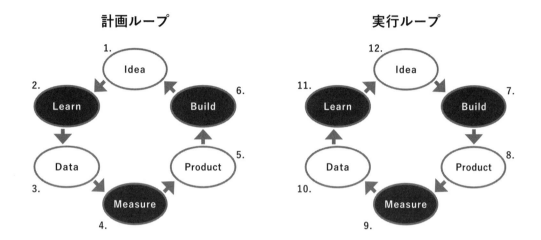

ここでは、計画ループと実行ループの2つを意識していきます。

実行ループはこれまでに述べてきた流れ（Learn→Build→Measure）ですが、前半の計画ループを挟まないとログが仕込まれていない問題や仮説と機能のバランスが崩れる問題が発生します。

計画ループ

1. 学習からの仮説がつくられる（Idea）
2. 仮説から何を学びたいか、確証を得たいか（→Learn）
3. そのために必要なデータの形は何か（→Data）
4. どんな指標をどのように計測するか（→Measure）
5. プロダクトの形は何か（→Product）
6. どのようにつくるか（→Build）

実行ループ

1. 構築する（Build→）
2. MVPができる（Product→）
3. 指標に基づいたログデータが出力される（Measure→）
4. データが可視化される（Data→）
5. データから学習する（Learn→）
6. 次の仮説を考える（Idea→）

ここでは計画ループについて詳しく見ていきましょう。出発点は、仮説が存在するところから始まります。

1. 学習からの仮説がつくられる（Idea）

仮説はわかりやすく、先ほどと同じ例にします。

- 学習：カゴ落ちによる離脱率が30%と高い。全体的に購入する際のクーポンの利用率が低い傾向が見られる
- 仮説：決済画面のクーポン利用の導線が見えにくいため、クーポンの利用を促進するようなデザインが必要なのではないか

2. 仮説から何を学びたいか、確証を得たいか（→Learn）

次にこの仮説から何を学びたいか、確証を得たいかを考えていきます。
カゴ落ちで取りこぼしたユーザーにクーポン利用を促進することによって救済しようとする仮説のため、以下のようになります。

- カゴ落ちの傾向が見られるユーザーに対してクーポン利用率を向上させることによって売上は向上するか

3. そのために必要なデータの形は何か（→Data）

学びたいこと、確証を得たいことが決まったら、それをデータという形でどう表現していくかを考えていきます。
今回の仮説では、決済画面でのクーポン利用率を上げることでカゴ落ちする割合を減らし、売上の向上を見込む検証なので、データとしては次のことがわかれば良いでしょう。

- クーポンの利用率（CVR）が向上することでの収益増減の推移

必ず、このタイミングで行わなければいけないものではないですが、既に指標としての数値が定められているのであればここでBIツールを使いながらダッシュボードを作成していきます。現段階での数値をダッシュボードという形で表現することで、この仮説では何を改善したいか、何を計測したいかが共通理解として固めやすくなります。
BIとは、ビジネスインテリジェンスツールの略でいわばデータを可視化するツールです。蓄積されたデータを分析し、その分析結果を意思決定に活用していきます。BIツールとは、いわばデータを

可視化するためのツールやダッシュボードのことです。

今回で言えば、クーポン利用率をAパターン（既存）とBパターン（テスト）で比較していくようなダッシュボードを作成していけば良いでしょう。

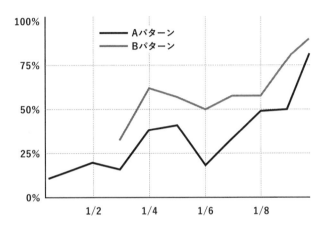

〈仮説〉
・決済画面のクーポン利用の導線のデザイン改修

〈指標〉
・クーポン利用率（CVR）
・収益の増減（相関指標）

〈学習〉
・カゴ落ちの傾向が見られるユーザーに対してクーポン利用率を向上させることによって売上は向上するのか

〈開始時期〉
・1/3〜1/10

日付	1/1	1/2	1/3	1/4	1/5	1/6	1/7	1/8	1/9	1/10
a	10%	20%	15%	38%	40%	20%	30%	49%	50%	80%
b	――	――	30%	63%	60%	50%	60%	60%	80%	90%

実際は、もう少し詳しくファネル分析と呼ばれるステップごとの遷移率やほかの相関指標を見ていくことが多いですが、今回は可視化しなければいけない部分のみとします。実際の作業としては、データ分析基盤に対してSQLを書きながらデータを取得していきグラフとして表現していきますが、データ整形の話や指標の種類などはPart 3で詳しく紹介するので、ここではイメージだけついていれば問題ありません。

4. どんな指標をどのように計測するか（→Measure）

1つ前の工程で「クーポンの利用率（CVR）が向上することでの収益増減の推移」をデータとして可視化したい場合にまずはどんな指標を計測すれば良いかを考えていきます。
一番はじめに思いつくのは以下の2つでしょう。

- クーポン利用率
- 収益の増減

どのぐらいのユーザーがクーポンを利用したか（クーポン利用率）、それによって収益がどのぐらい変動したかを検証していきます。

また、既存のクーポン利用率に対する収益の増減と、新しい施策でのクーポン利用率に対する収益の増減を比較するにはA/Bテストも行うと良いでしょう。ユーザーターゲットやセグメントは決めずにランダムに割り振ることにします。

5. プロダクトの形は何か（→Product）

プロダクトの形を考えるときは、計測したい指標から逆算して考えていきます。
今回はクーポン利用率を上げたいため、それを満たすいくつか施策が考えられますが、今回は比較的開発コストのかからないUIデザインの改修をするため、既存の決済画面が成果物（プロダクトの形）になります。

6. どのようにつくるか（→Build）

計画ループの最後にどのようにMVPをつくるかを考えていきます。今回はシンプルに既存のクーポン利用の見せ方に対抗する形で新しいUIデザインの変更になるため、MVPという観点では特に考慮する必要はないでしょう。これがある程度大きな機能をつくるのであればユーザーストーリーマッピングをつくりながら、必要最低限の機能を見極めていく作業が必要でしょう。

ここまでが、計画ループです。
このループを挟むことで、仮説を施策として実施する上での目的の明確化や共通理解が組織の中でも生まれます。
「この施策はどんな数値を変動させたいものなのか」「その結果がどうなれば成功なのか」を事前に計画ループの中で可視化することで組織のメンタルモデルが整い、同じ方向を向いてプロダクト開発が進められます。
このあとは、前述のとおり時計回りにBMLループを回していくだけです。

3-6 「流れ」を思考する

さて、ここまでで開発プロセスの「型」を、BMLループを中心に学んできました。
このプロセスを正しい方向で回していけば、改善の知見がブラッシュアップされていき、不確実な事業環境にも対応できる土台ができてきます。

一方、ここでもう1つ重要になることはリードタイムという観点です。リードタイムとは、事業をつくるあらゆる工程に着手してからすべての工程が完了するまでの時間のことをいいます。例えば、1つの機能をリリースするまでの工程や製品を仕入れてくるまでの工程です。

BMLループにおいて、リードタイムを短縮させるために大事なものは施策をデリバリーするまでの速度です。つまり、Build→Productの部分です。ここが遅延すれば多くの挑戦ができず、事業改善のノウハウも蓄積されません。

例えば、3ヵ月に1度しかBMIループが回せない場合は1年間で4回リリースをすることになります。そのリードタイムを1/3にすれば、1年間で3倍の12回リリースすることができます。2年間で8回リリースだったものが24回になり、3年間では36回になります。
このような高速開発プロセスの基盤を1度つくってしまえば、それが習慣化していき、速度は継続していくため長い目で見れば見るほど改善幅が大きくなります。

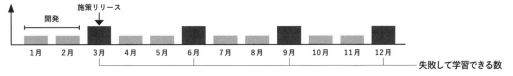

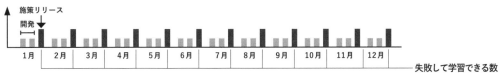

リードタイムを「1/3」に短縮できれば、1年間で4回のリリースを12回（3倍）にできる

※2年間だったら、8回 → 24回
※3年間だったら、12回 → 36回
⋮

逆に言えば、開発プロセスを変えようとしない限りリードタイムが短縮されずに現状のままの開発スピードが維持され続けます。

開発プロセスの多くは、組織内で決められたルールによって縛られているケースが多くあります。例えば、一度のプロダクトのリリース作業において一時的に障害が発生することがあった場合、よくある改善案として「もっと事前確認のフローを設けよう」「リリースのチェックリストを用意して、これをクリアしないとリリースしてはダメというルールを設けよう」という、一次対応としてルールを決めることがあるでしょう。それによって、一時的には障害はなくなるかもしれませんが、そのあとの改善によってルールをリファクタリングするという行為を忘れがちになります。

「既に問題がないルールを変える意味はないだろう」「新しいフローにしてまた障害が起こるかもしれない」という失敗の恐怖に苛まれます。

開発プロセスにおいても、現状を良くする活動よりも、現状より悪くなる可能性があることに人は抵抗が生まれます。

現状維持に安心するのではなく、開発プロセスのリードタイム短縮といった改善作業にも積極的にアプローチしていくことが大事です。

3-6-1　流れの高速化と安定化

では、具体的に開発プロセスを高速化するために必要なことについて見ていきましょう。1つの開発プロセスを川の流れに見立て、そこに仮説を流し込むことを意識するとわかりやすいでしょう。

この仮説を開発プロセスという名の川に流した際に、流れが止まる箇所（詰まり）や、それによって淀みが発生するとスピードが出なかったり、川がどのぐらいの速度で流れるか予測がつかなかったりします。

大事なことは、流れの詰まりをなくして流れを「高速化」することと、危険を素早く察知するために「安定化」させることです。

川の流れが安定していると、その工程に無駄なルールによる監視などもいらなくなります。一方、何かが詰まっていて淀みがあると不確実性が高まり、組織で言えばあらゆるチェック体制が必要になり、それ自身がボトルネックにもなり得ます。

まずは、こういったボトルネックの見える化をしていきましょう。

そもそもボトルネックとは何かを考える必要があります。ただ単にボトルネック＝障害になり得る箇所といった構図で考えがちですが、全体の生産性を考えた上でもっとも重要な工程のことを意味します。単に遅い工程、時間がかかる工程といった意味ではなく、川でいえば川幅のことです。

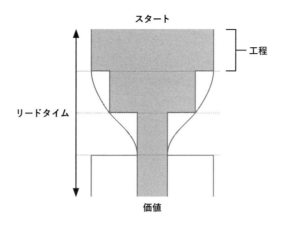

このときのボトルネックはどこでしょうか。

答えは三段目です。ここが一番大事な部分でありリソースを投入して改善する部分になります。三段目以外の部分を改善したところで、何の効果もなく、全体の生産性も変わらないのです。ボトルネックとは、一番遅い箇所というわけではなく全体の成果における「制御」になっている部分といえます。

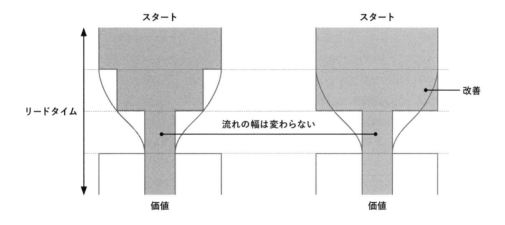

BMIループで見るとボトルネックによって遅延を発生させる箇所が多くあります。仮説を実証するために必要な機能にズレが生じた場合には実装への修正が入り、実装が終わってリリースしたとしても計測時のログが仕込まれていないとなると再度実装へ手戻りが発生します。つまり、Build→Productが一番のボトルネックになることが多いということです。

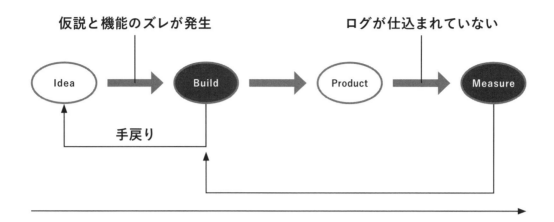

3-6-2　バリューストリームを設計する

では、具体的なボトルネックの可視化方法としてバリューストリームを考えていきましょう。
バリューストリームとは、要求が生まれてから価値を出すまでの流れのことです。ユーザーの要求が生まれ、組織内に存在するあらゆるフローを通過して、ユーザーへ価値を提供するまでのことをいいます。

そのバリューストリームを可視化する活動のことをバリューストリームマッピング、通称「VSM（Value Stream Mapping）」といいます。
VSMとは、1980年代にマサチューセッツ工科大学が日本のトヨタ自動車の生産方式を研究・再体系化したリーン生産方式（LPS）において用いられるプロセスの図です。VSMは、「モノ」と「情報」の流れを見える化することで、"ムダ"を共通理解として将来のあるべき姿を明確にする活動です。
VSMの効果を箇条書きにしてみます。

- 改善ポイントを見つけやすくなる
- 自動化するポイントを見つけやすくなる
- 開発プロセスが共通理解をもつことができる
- 誰にでもわかりやすくボトルネックを示すことができる

VSMで可視化するプロセスの範囲は、要求が生まれる→価値提供までであり実物はこのような図を描いていきます。

こういったプロセスが一気通貫したものを1つの案件やプロジェクトの関係者をできるだけ集めて書いていきます。チーム内だけではなく、関連部署が少しでもあるのであれば活動に参加してもらいます。なぜ、関係者を集めて行うかというと、1つの仮説に対して施策を実施するまでには大きな組織であればあるほど、さまざまな関係部署を跨いだ上で開発が成り立つためです。VSMを描く一番の目的は「ムダ」を発見するところです。そうなると開発作業の一部だけを切り取って改善するのではなく、検証された仮説からユーザーへ価値をデリバリーするところまでを範囲としてバリューストリームを見ていきます。

例えば、開発作業自体は1日で終わったとしても関連部署の確認作業で2週間かかっていたら、ユーザーへの価値提供は2週間+1日となります。これは感覚としてユーザーへのフィードバックを受け取るまでに2週間の機会損失があるように思えます。

この状況を可視化し、改善するには関連部署の人にもVSMの作成作業に参加してもらい、一緒に改善を進めていく活動が必要になります。

プロセスの最適化は、居所最適化ではなく全体最適化

VSMで描くプロセスの範囲は、要求である仮説立案からユーザーへ価値を届けるまでです。BMLループでいえばIdea→Build→Productの部分がわかりやすいですが、プロセス全体を考えるとIdeaからLearnまでが一連のプロセスでしょう。

改善において意識するべきことは、局所最適化ではなく全体最適化の重要性です。

よくある業務改善は、開発を少しでも早くするために自動化する、要件定義書を作成するスピードを早くする、といった局所最適化で行うことが多いですが、実際はもっと泥臭い部分の改善がリードタ

イムの短縮につながることが多くあります。

組織であれば、必ず人が介入するため「プロダクトマネージャーが忙しくて確認のMTGが三日後になります」といったところを改善したほうが改善の幅（リードタイムの短縮度）は大きくなります。

どうしても、自分の周辺だけを見ていると全体のプロセスが見えづらくなります。そのため、今回紹介するVSMなどの活動を通して「本当に改善するべきポイントはどこか」ということを関係者全員で明確にしていくことが大事でしょう。

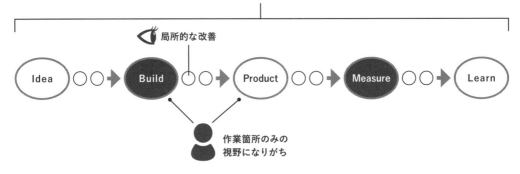

全体的な視点を持って、最適化する箇所を探す

アジャイル型のプロセスは、全体最適化には届かない

アジャイル型のプロセスでは、バリューストリーム全体の高速化には届きません。あくまでもリードタイムという観点でいえばですが、1つのチームがアジャイル型の開発だとしても、その周りがアジャイル型の開発でなければ効率的なデリバリーは生まれません。

もちろんアジャイル型の開発を導入しているチーム内だけで閉じれば活きてくる箇所は多岐に渡りますが、全体プロセスを見たときにイテレーティブな改善を行うための壁がいくつも存在していることがわかるでしょう。

これは、アジャイル型のプロセスを啓蒙する活動にも繋がってきますが、複数のチームの集合体である組織全体でイテレーティブな改善を行うことのメリットを啓蒙する際に一番早いことが現在のリードタイムのボトルネックとなる部分を数値的に可視化することです。

例えば「開発するときに、この部署での確認がなんとなく遅い気がする」という感覚的な主張ではなく、「この部署とのMTGを開催するだけで14日間のリードタイムが存在しています。このMTG自身はそこまで意味がないものとなっているので、MTG自体をなくしてしまえばユーザーに14日早く機能を提供することができ、その間の収益として1日で100万円の売上があるため14日で1400万円がプラスになったことになります。それでもこのMTGは必要でしょうか」というやりとりが可能になります。

3-6-2-1 VSMの書き方

では、本格的にVSMについて見ていきましょう。

流れとしては、基本的なVSMの書き方を説明したあとに改善ポイントである「ムダ」を見つける分析方法、最後にどこから改善を進めるかを紹介します。

まずは書き方について見ていきましょう。

VSMには、ある程度フォーマットはあるものの、これといって詳細に決まった書き方があるわけではありません。

柔軟にそれぞれのビジネスモデルやプロセスにあった形でカスタマイズしていきましょう。

ステップとしては4つにわけて書いていきます。

1. **プロセスのタイトルを書く**
2. **プロセスにかかる時間を書く**
3. **完成と正確性（手戻り）の割合**
4. **プロセス間のリードタイムを描く**

今回は、下図のような簡単なプロセスで説明していきます。

左から右へ時系列が過去から未来へと流れていきます。例ではECサイトにおける「会員登録機能」を実装する必要があり、プロセスとしてはリリースするかしないかのステークホルダーに対して承認を得る判定MTGを経て、リリース作業を通してユーザーへ機能がデリバリーされるという流れです。ステークホルダーも成果物の確認はしたいが、細かく見ている時間はないため、MTGの時間でまとめて確認するといったフローはときどき目にします。

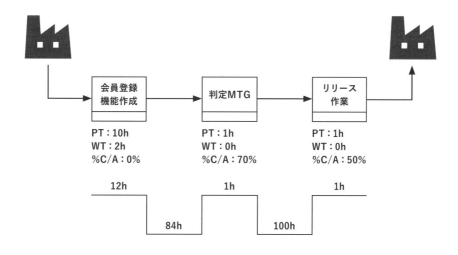

163

STEP.1　プロセスのタイトルを書く

では、1つ目のステップから見ていきましょう。

まずは、プロセスのタイトルを書いていきます。要求からユーザーへ価値を届けるために必要となる工程を書いていきます。今回は、会員登録機能をユーザーに届けることを例として、3つの工程を書いていきます。

- **会員登録機能作成**
- **判定MTG**
- **リリース作業**

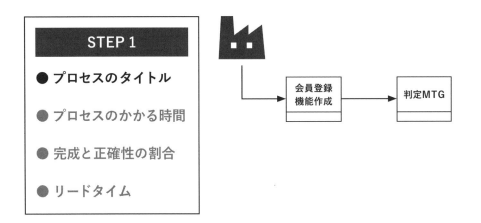

悩む点としては、どの粒度で工程を書くべきかということでしょう。あまり、細かく分解し過ぎても煩雑になってしまいます。

例えば、「会員登録機能作成」といった工程1つをとっても、分解しようと思えば沢山できます。

- **チームメンバーに対して要件を説明する**
- **仕様書を作成する**
- **実装する**
- **コードレビューをお願いする開発環境にリリースする　etc...**

前述したとおり、VSMで改善する多くの点は局所的なものではなく全体最適化で改善を進める必要があります。

そのため、あまり細かく分解しても改善が局所的になってしまうため、おすすめできません。改善するメソッドについては後述で説明していきますが、一番改善幅が大きい部分から改善していきましょ

う。そのため、ある程度改善幅の大きい部分にあたりをつけた上で複雑になりすぎずシンプルに工程を書いていきましょう。まずは簡単にVSMを書いていき、成果を実感できたら再度細分化した工程を書いて改善を進めていくのも良いでしょう。

STEP.2　プロセスにかかる時間を書く

次に各プロセスにかかった時間を記載していきます。VSMは、常にプロセスの状態を記録していきます。時間には2種類あります。

- ● PT（Process Time）…… プロセスを完了させるまでに作業した時間
- ● WT（Waiting Time）…… プロセスを完了させるまでに発生した待ち時間

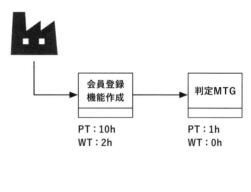

今回のケースでは、次のように設定します。

- ● 会員登録機能作成 …… PT：10h + WT：2h
- ● 判定MTG …… PT：1h + WT：0h
- ● リリース作業 …… PT：1h + WT：0h

会員登録機能の構築のためにかかった作業時間は10h（PT）だとします。

待ち時間であるWTは、例えばコードレビューの時間などが該当します。これが2hあったとしてプロセス単体でかかった時間を合計すると、10h + 2hで12hとなります。なぜ、作業時間（PT）と待ち時間（WT）を分けるのかというと、この待ち時間にも改善の余地があるためです。

そして、判定MTG自体はPT：1hで終わり、最後の工程であるリリース作業の1hを経てユーザーへ価値を届けます。

一方、この一つひとつのプロセスに対する経過時間（プロセスタイム）をどのように計測するかは難しい問題もあります。日頃から一つひとつの作業に時間をつけているならまだしも、ミーティングとミーティングの間の時間を計測しているケースは稀です。よくあるやり方としては、チームで開発する際は作業の内容をタスク化していき、その一つひとつのタスクにかかる時間にあらかじめ見積もりをつけるやり方や、タスクが完了したら作業ログをつけて記録するやり方です。

これは、定常的に行っているチームであれば何も意識せずに記録されているでしょう。

しかし、ミーティングの時間やその他調整業務などが発生している場合には意図して記録しなければ正確なデータは取れません。

とはいえ、実際の改善時にはそこまで正確な時間は要りません。例えば、あるプロセスに100hかかっていたとしても、たとえ半分の50hだとしても結果は同じで改善すべきポイントとなります。そのため、正確な時間というのは実はそこまで必要なく、作業の記録をしていなければ「大・中・小」といった表現でも良いでしょう。

STEP.3　完成と正確性（手戻り）の割合

そして、プロセスの作業記録としてもう1つ記録すべき項目があります。

それは完成と正確性の割合です。通称、%C/A（Complete / Accuracy）と言います。

これはプロセスの完成度という意味合いで、次のプロセスから前のプロセスに「どのぐらい手戻りしたか」という割合を示しています。

例えば、会員登録機能作成のプロセスを経て、リリース判断をする「判定MTG」のプロセスに入ります。

しかし、そのMTGにおいて、会員登録機能が意図したものではないことが判明したとして要件の70%がつくり直しになったとします。そうした場合、再度「会員登録機能作成」のプロセスに戻って再改修を進めていくことになります。

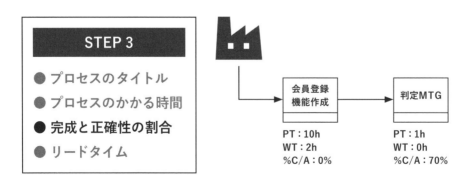

実際は、ここも正確な時間の記録はそこまで必要なく、「手戻りしたかどうか」だけでも良いでしょう。少なからず、%C/Aが存在したということから改善が必要な部分になるでしょう。

- **会員登録機能作成** …… %C/A : 0%
- **判定MTG** …… %C/A : 70%（例：要件定義と意図したものではない機能ができ上がっていた）
- **リリース作業** …… %C/A : 50%（例：リリース作業に不備が見つかり手戻り）

STEP.4　リードタイム

最後のプロセスです。

ここまでは単独のプロセスの作業ログでしたが、プロセスとプロセスの間のリードタイム（LT）を見ていきます。ここが、VSMにおける全体最適化の改善ができる所以で、例えば「会員登録機能作成」のプロセスが計12hで完了したとして、その次のプロセスにいくまでに、84h経過後に「判定MTG」が開催され1hで終わった、という事象がわかります。

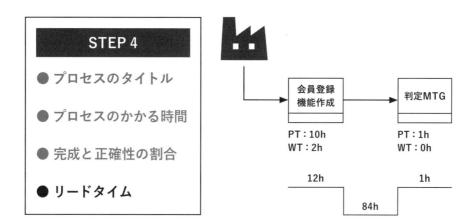

このプロセスとプロセスの間のリードタイムは、とても見落としがちな改善点になります。

プロセス単体での改善は進む傾向にありますが、リードタイムについてはMTGを開催するメンバーのスケジュールが空いていないため1週間伸ばす必要がある、といったことは組織的にも十分にありえます。いくら、開発スピードをあげて機能作成を10hから5hの半分にしたとしても、「判定MTG」のプロセスまでに84hの時間を要してしまっては、局所的なプロセス改善の価値があまりなくなってしまいます。

以上が、VSMの基本的な書き方です。はじめにも述べたとおり、VSMはこれと決まった書き方はないためカスタマイズ性があります。

例えば、各プロセスを誰が行ったかを記載することでよりプロセスが詳細になったりします。そこはVSMで描くプロセスによってより濃く可視化したい部分により臨機応変に変えていきましょう。

3-6-2-2 改善ポイント（＝ムダ）を見つけ出す分析メソッド

BMLループの回転数をできるだけ高速にするためにできるだけリードタイムを短縮する必要があります。そのためにVSMを中心とした改善プロセスを紹介しましたが、「どう改善するか」を議論するのではなく「どこが改善ポイント（＝ムダ）」になるかを見つけることが一番大事です。どう改善するかは別のレイヤーの話でVSMを書いているときはできるだけ話しません。

ここでは、改善を見つけるための分析メソッドを紹介します。
VSMを書いたあとにやることは、改善できる箇所を探し出すことです。ここにはいくつかポイントがあります。闇雲に改善できる箇所を議論すると各々の価値観によって議論の時間が伸びてきます。そのため、今回はわかりやすくVSMを分析し改善箇所を洗い出す方法を紹介します。
2ステップでカテゴリー分けを行い、3つのポイントでムダを洗い出して改善できるポイントを見つけ出していきます。

▼ 2つのステップで"ムダ"を見やすくする
 1. プロセスグループに分ける
 2. プロセスグループごとにどのくらいのリードタイムがかかっているか算出する

▼ 3つのポイントで"ムダ"を改善できるポイントを見つける
 1. 待ち時間が長くボトルネックとなっているプロセス付近
 2. %C/Aが存在していて手戻りが発生している箇所
 3. 不安な作業や心配しながら作業しているプロセス付近

"ムダ"を見やすくする

まずは、VSMが見やすくなるように2つのステップでカテゴリー分けを行いましょう。

1. プロセスグループに分ける
単体のプロセスにはある程度傾向があります。開発業務なのか、調整業務なのかといった具合にグループ分けをしていきます。
なぜ、グループ分けをするのかというと改善ポイントを見つける際に、単体プロセスではなくグループ単位のプロセスで改善を要することが多いためです。これは全体最適化の議論にも入ってきますが、

個別のプロセスがどうかというよりも、ある程度の規模感でのプロセスに対して改善を進めたほうがインパクトは大きくなるためでしょう。

シンプルな例題で見ていきましょう。

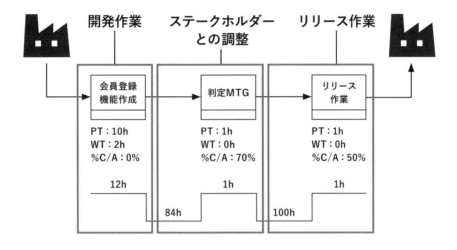

3つのグループに分けられます。会員登録機能作成は「開発作業」であり、リリースできるかどうかの有無を判定するMTGは「ステークホルダーとの調整」で、最後のリリース作業は「リリース作業」になります。

実物でいうと多くの単体プロセスがあり、それを包含するような形でグループ分けをしています。

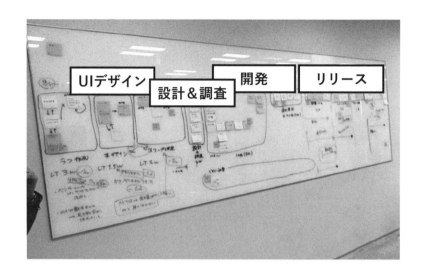

2. プロセスグループごとにどれだけリードタイムがかかっているか算出する

次に、プロセスグループ分けをしたセクションごとのリードタイム（LT）を可視化していきます。リードタイムの内訳は、前のプロセスからのリードタイム + 単体プロセスの合計LTになります。

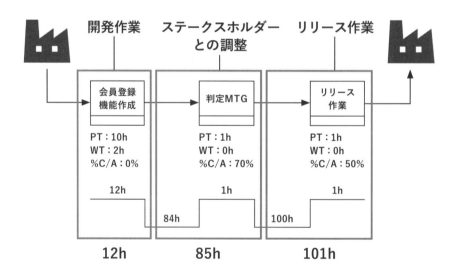

今回はわかりやすいように表にまとめていきます。

No	グループ	PT	LT	ボトルネック	%C/A	不安な作業
1	開発作業	10h	12h			
2	ステークホルダーとの調整	1h	85h			
3	リリース作業	1h	101h			

このようにプロセスごとのカテゴリーに対してリードタイムの合計値を可視化すると、パッと見てどこに大きく時間がかかっているかがわかるようになります。例題でいうと、実は開発業務自体はそこまで時間はかかっていないことがわかります。エンジニアであれば、どうしても開発作業の時間を早くしようと改善を試みますが、全体を見るともっと泥臭いステークホルダーとの調整や、プロセス間のリードタイムが長い部分を改善すればリードタイムが大幅に改善できそうなことがわかります。

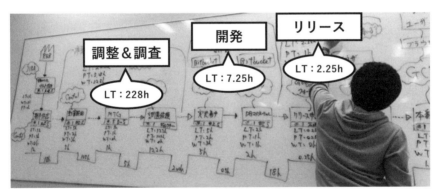

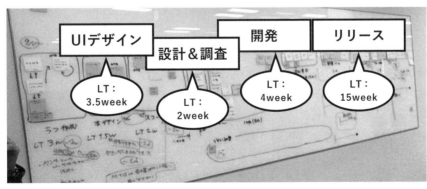

"ムダ"を改善できるポイントを見つける

上記までが、ムダを見つけやすくして改善のあたりをつけるフェーズでした。
どのグループのリードタイムが長いのかがわかれば、そのグループを重点的に改善していけば全体の
リードタイムの短縮が見込まれます。

では次に「どこを改善するべきか」のポイントを3つほど見ていきましょう。

1. 待ち時間が長くボトルネックとなっているプロセス付近

これはわかりやすいと思いますが、待ち時間（プロセス間のリードタイム）が長い部分は改善できる
余地があります。
例えば、「会員登録機能作成」が終わり、「判定MTG」実施までに84h経過し、その後1hのMTGをして
います。この84hの間はプロセスがないため、この案件においては何も作業していないことになりま
す。原因としては多くの人を集めるための予定調整に時間がかかったのかもしれませんが、その分ユー
ザーへの価値提供が遅くなっていると考えると、改善できる部分は多そうです。例えば、全員を集め
ずに人数を絞ることや、そもそも会議自体をなくして各々が機能をデモできるような環境を用意する
ことで非同期に判定/承認ができるようにすることも考えられます。

No	グループ	PT	LT	ボトルネック	%C/A	不安な作業
1	開発作業	10h	12h			
2	ステークホルダー との調整	1h	85h	開発完了から 「判定MTG」 実施までの84hが ムダな部分		
3	リリース作業	1h	101h	判定MTGを経て からのリリース までが長い		

2. %C/Aが発生していて手戻りが発生している箇所

%C/A ＝ 手戻りなので、前のプロセスに戻っている部分はなにかしら問題があります。
手戻りがあるということは単純なプロセスタイム（PT）に追加され、時間がかかっているということ
です。非常にもったいない部分ですので、目印をつけておきましょう。

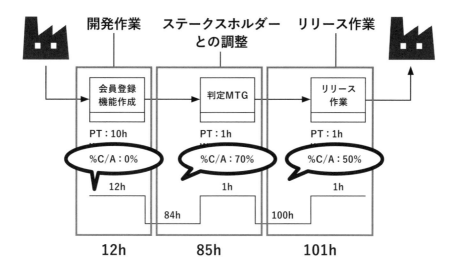

例題でいえば、「会員登録機能作成」後の「判定MTG」のプロセス時に意図した機能ではないものができ上がった際に、事前承認ができず追加機能や改修が必要になり、7割の機能が手戻りになりました。また、「リリース作業」のプロセス時も手動でのリリース作業によってヒューマンエラーが発生したことで、50%の作業時間での手戻りが発生したとします。

No	グループ	PT	LT	ボトルネック	%C/A	不安な作業
1	開発作業	10h	12h			
2	ステークホルダーとの調整	1h	85h	開発完了から「判定MTG」実施までの84hがムダな部分	70%仕様の漏れによる手戻り	
3	リリース作業	1h	101h	判定MTGを経てからのリリースまでが長い	50%手動リリースによる再リリース	

3. 不安な作業や心配しながら作業しているプロセス付近

そして、改善ポイントの最後としておすすめしているのが、不安や心配しながら作業をしているプロセス付近です。

つまり、失敗の可能性が潜在的に隠れている部分です。これは%C/Aの割合とイコールになる部分でもあります。例で言えばリリース作業についてシステム操作の中で手作業が発生しており、ヒューマンエラーが発生する事案が多くあったとします。

この場合、手戻りが発生するだけでなく機会損失にもつながるため、自動化や改善が必要でしょう。

No	グループ	PT	LT	ボトルネック	%C/A	不安な作業
1	開発作業	10h	12h			
2	ステークホルダーとの調整	1h	85h	開発完了から「判定MTG」実施までの84hがムダな部分	70%仕様の漏れによる手戻り	
3	リリース作業	1h	101h	判定MTGを経てからのリリースまでが長い	50%手動リリースによる再リリース	手動リリース

こういった表で可視化するだけでも、どこに問題があるかは一目瞭然になります。
実は開発作業自体には時間がかかっておらず、そのほかのステークホルダーとの調整やリリース作業に時間がかかっていることがわかります。
しかも、単体のプロセスではなくプロセス間でのリードタイムに大きな時間がかかっているため、ここを改善すれば全体として大きなリードタイムの削減になりそうです。

以上が、ムダを見やすくするアプローチです。簡単にいえば、いかにカテゴライズをして改善点の輪郭をしっかり可視化させるかということです。
どの単位でグループ化するかは、それぞれのプロジェクトや開発プロセスによって変化するため、VSMを書いているメンバーで議論しながら取り組んでいきましょう。

3-6-2-3 どこから改善するべきか

そして、ムダを見やすくしたあとは、どこから改善するべきか見ていきます。あくまでも「どう解決するか」ではなく「どこから改善するか」を見ていきましょう。
VSMという活動は、改善手法を提供するものではなく、あくまでもムダを可視化した上でリードタイムを短縮するための手引きを提供するものです。

今回は、ECRSの原則という改善プロセスを紹介します。
ECRSの原則とは、業務効率を行う4原則をもとにした改善プロセスです。

▼ 4原則

1. Eliminate（排除）：そのプロセスは本当に必要な業務かどうか
2. Combine（結合）：作業を細分化しすぎて、逆に待ち時間のムダを発生させていないか
3. Rearrange（交換）：プロセスの順番を入れ替えることで効率化を測れないか
4. Simplify（簡素化）：作業を簡易化することで効率化できないか

これを1→2→3→4の順番で改善をすると良いとされています。理由を1つずつ説明していきます。

実際のフローとしては、VSMを書いてカテゴリー分けをしてムダを見やすくしたあとに、付箋など
を使いながらECRSの原則のどの部分が当てはまりそうか、目印をつけていきます。

1. Eliminate（排除）

まずは排除です。
これはそのプロセスは本当に必要か＝削除しても良いのではないか、ということです。
そのプロセス自体がなくなるため、リードタイムの短縮としては一番大きくなるはずです。そのため、
そのプロセスの検討には、真っ先に取り組むべき部分でしょう。

短縮できるリードタイムとしては、そのプロセスのPT＋WTとそのプロセスに来るまでのリードタイ
ムです。まずは、全体を見渡しながら排除できるプロセスがないかを確認していきましょう。

175

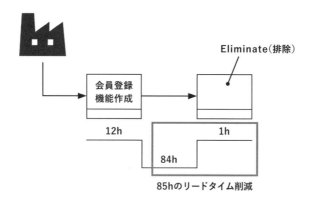

2. Combine（結合）& 3. Rearrange（交換）

次にプロセスの結合や交換によるリードタイムの短縮です。

つまり、プロセスを1つにすることでプロセスとプロセスの間にあるリードタイムをなくしていこうといったアプローチと、プロセスとプロセスの制約を理解した上での交換によりプロセスの流れやすさをつくるアプローチです。

ボトルネックとフロー効率 / リソース効率の2つを理解すると考えやすくなります。

制約という観点でのボトルネック

通常VSMで書くプロセスというのは、左から右の時系列となっていることからもわかる通り、前のプロセスが終わらないと次のプロセスへはいけないといった構造になっています。もちろん、並行でできるものはありますが、必ずどこかのプロセスは前の工程に縛られる構造になっています。これは制約理論（TOC）という考え方を引用すると、あまり作業を分解しすぎるとボトルネックの箇所を増やすことになります。

前の工程がおらないと次にいけないという制約

基本的にシステムというのは、細分化していくと積み上げになっていることが多いです。

例えば1つのシステムが機能Aと機能Bで成り立っているとして、機能Bは、機能Aに処理を追加する

形ででき上がるとします。この原理からいうと機能Aと機能Bにそれぞれ担当者を割り当てると、必然的に機能Bを担当する人は、機能Aの完成を待つ必要があります。

つまり、機能Aのリードタイムが長くなると全体のリードタイムも上がっていきます。

そのため、結合をしながら同じ担当者がプロセスをこなしたほうが良いケースもあります。プロセスには必ず人が絡むため、プロセスから次のプロセスへ移動するときにはコミュニケーションやタイミングなども考慮しなければいけないでしょう。

人とプロセスの効率性については、フロー効率とリソース効率を理解していく必要があります。

ボトルネックを解消するための効率性とは

「効率」というキーワードで、フロー効率とリソース効率を考えていきます。それぞれの意味は以下のとおりです。

- リソース効率 …… 各々の「人」に対するリソースを最大限稼働させる
- フロー効率 …… 各々の「プロセス」に対するリソースを効率よく稼働させる

機能A・機能Bがあり、開発者として担当者A・担当者Bがいたとすると図のようになります。

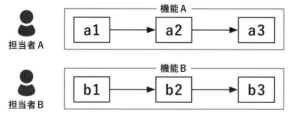

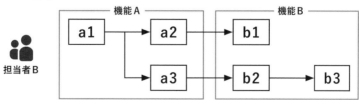

制約としては、各機能は3つのアイテムをこなすことで完了し、前の工程が終わらないと次の工程にいけないものとしています。

リソース効率とフロー効率の違いは、「人」と「プロセス」の2つにおいてどちらの効率性を求めているかといえます。リソース効率は人の稼働率を100％にして隙間なく稼働させるという効率性であり、フロー効率はプロセスのリードタイムを極力減らそうといった効率性です。逆にいうとフロー効率は人のリソースに関してはある程度の遊びを持たせています。

不確実性に強いのはフロー効率。生産性の量はリソース効率

それぞれの特徴を見ていきます。

まず、リソース効率については稼働率をできるだけ最大限にしているため、総生産量は大きくなります。リソースに遊びがなく、制約による待ち時間もないため効率よく作業ができます。

一方、アウトプットの出口を見ていくと機能Aと機能Bは同タイミングで出来上がってくるという特徴があります。

フロー効率と比べて、機能全体（機能A + 機能B）ができ上がるのは遊びがないため、リソース効率の方が早いという計算になります。

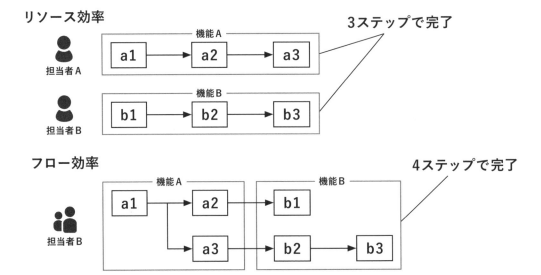

一方、懸念としては不確実性に弱いという点があります。

リソース効率は、各々の「人」に依存しているため、スキルの差やその他要因で簡単にボトルネックが発生します。

実際の現場でも全員のスキルが同レベルで終わるタイミングも見積りどおりになることはほとんどあ

りません。それに比べフロー効率は、プロセスに対してある程度の複数人でこなしていくため、こういった不安要素が負荷分散できる良い側面があります。

また、事業的な側面から見た不確実性でいえば、いち早く機能を提供したいと考えるでしょう。
仮説検証サイクルを高速で回していき、ユーザーからのフィードバックをもらいながら事業改善を進めていきます。
そう考えるとアウトプットとして機能Aを先にユーザーに届け、そこから得られるフィードバックをもとに機能Bをブラッシュアップしながら構築していくのが良いとも考えられます。

また、機能をリリースしたのちのフェーズである学習（Learn）にはデータが必要であることを忘れてはいけません。つまり、ログデータが蓄積される時間が必要になります。
BMLループでいうボトルネックを考えると、ユーザーに機能を提供してから一定期間データが溜まる時間を要します。A/Bテストであれば、結果がでるのに最低でも数日は欲しいところでしょう。

そのため、どちらにしてもリソース効率のように機能Aと機能Bを同時にリリースしてしまうと待ち時間が発生してしまいます。フロー効率のようにコンスタントにプロセスを消化していき、MVPという単位でユーザーに価値を届けるやり方が有効でしょう。

結論としては、人や事業の不確実性が高い状況では、フロー効率が良いでしょう。一方、ある程度つくるものが決まっている案件のようなウォーターフォール型を採用しているプロセスの場合には、総生産量の関係でリソース効率を選択することも良いでしょう。

少し話を戻すと、VSMで可視化したプロセス同士をCombine（結合）やRearrange（交換）させていくときに考えるべきは、「ボトルネック」の理解とフロー効率/リソース効率といった「効率性」の理解が必要です。

VSMで描いた現状の「プロセス」と「人」の流れを見ながら、プロセス同士の依存関係を理解して、Rearrange（交換）させた方が良いのか、Combine（結合）した方が良いかを考えていきましょう。

次の例で見ていきましょう。

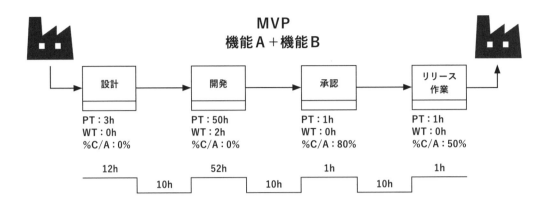

プロセスとしては、シンプルに機能Aと機能Bをつくり、1つのMVPとしてリリースするフローです。一番初めに設計をしてから開発を行います。開発が終わったらステークホルダーに対する承認プロセスを経て、リリース作業に取りかかります。

ムダな部分としてわかるのは「承認MTG」の%C/Aが示す手戻りの数値が高いところです。
この原因は、まったく意図したものではない成果物が上がってきたことだとします。

では、一例ではありますが、Combine（結合）やRearrange（交換）するべき箇所を見ていきましょう。まず、思いつくのは「承認MTG」の%C/A改善です。原因としては、当初意図したものがアウトプットとして出ていないことで、開発の再改修が必要になっています。しかも、機能Aと機能Bができ上がっている状態での手戻りのため、改修のリードタイムも長くなります。

そのため、改善のアプローチとしてRearrange（交換）を活用して「設計」のプロセスが終わったタイミングで「承認MTG」を挟む手法を新たに考えます。PTを見ると「開発」の部分が52hかかるため、できるだけ不確実性を下げたいことを考慮すると設計の段階で認識合わせをすることで、開発後の手戻りを減らすことができます。

もう1つ、Combine（結合）という観点では、開発とリリース作業を結合することも考えられます。自動化の文脈で考えると開発が完了した段階で自動的にリリースするといった処理を構築することで結合でき、プロセス間でのリードタイム（10h）を短縮できます。

ここで大事なのは、実際に改善できるかといった確信をもとに付箋をつけるのではなく、希望的な側面も混みで「改善したい！」といったハードルを下げた状態で付箋を貼るようにしましょう。

4. Simplify（簡素化）

最後が、Simplify（簡素化）です。

プロセス自体を簡単にして、PTやWTを削減していこうというアプローチです。

例えば、リリース作業については手作業が多いことや不安な部分がある場合には、シンプルに、簡単にすることでリードタイムが作成でき、不安もなくなります。

リリース作業では人の手が介入するのではなく、システムとして自動化していきます。よくある例としてはChatOpsを適用していきます。通常、ドキュメントにリリースするための作業手順書を用意して上から順にしていきますが、このやり方では時間がかかる（人が拘束される）こととチェック漏れがないかということなどが不安になります。

ChatOpsとは、チャットサービスを使って、システム運用（Ops）を行うという意味があります。

今回でいえば、共通インターフェースでコマンド操作ができ、裏側ではリリース作業が自動で行われることで人がリリース作業に拘束されることがなくなり、時間的リソースと不安な要素の削減につながります。

3-6-2-4 現状と理想から「プル型」の改善へ

ここまで、現状をVSMで書いていき分析しながら改善するアプローチを紹介しました。

もう1つ大事なことは、将来の理想的な流れも同時にVSMで書くことがオススメされています。自分たちが思い描く、理想の開発プロセスを設計していくイメージです。

理想のVSMからプルする形で、現状のVSMとの差分を見ながら改善していきます。理想のVSMは、できるだけ大幅なリードタイムが短縮され、プロセスの数も少なく、%C/Aも少なくなるように設計していきます。

また、現状のVSMでいくつかの仮説検証や案件を例にとり、複数つくってみると良いでしょう。そこでわかることは、ほぼすべてのVSMが同じようなプロセスになるということです。

組織の開発フローにおける行動パターンは、そこにいる人のスキルや経験、ルールやポリシーによってつくられるため、開発プロセスを1つとってもさほど変化しません。

そのため、意図的にVSMなどの活動を通して"ムダ"を可視化させていかないと自分たちの開発が遅いのか、または早いのかを知る機会は限りなく少なくなります。
関係者全員でVSMを書き終わった後にどういった感想を持つのかは非常に大事です。
この施策のボリュームから見て、このリードタイムの合計は遅いと感じるのか、何か改善できる余地はあるのかをきちんと共通認識として持つことがVSMを書く大きな意味です。

ここまでがバリューストームのプロセスを可視化する方法の説明です。
実際の事例ベースだと、「1つの小規模な機能を削除する」という比較的小規模な改修がありました。
開発だけを考えるとそこまで時間はかからない想定でしたが、実際にリードタイムを計測してみると合計268.5h（1日8時間稼働計算で、1ヶ月半）といった結果でした。

プロセスをグループ分けして、カテゴリーごとにリードタイムを可視化すると表のようになりました。

No	グループ	LT
1	ステークホルダーとの調整	228.5h（約85%）
2	開発作業	14h（約5%）
3	リリース作業＋作業	26.5h（約10%）

やはり、単純な開発作業自体にはそこまでのプロセスタイムはかかっておらず、その他の調整周りで大きなリードタイムがかかっています。
この原因は、組織の中にいる人の問題だけではなく、組織が大きくなればなるほど発生する組織構造の問題やシステム、アーキテクチャの依存度から発生する失敗への恐怖が多くを占めます。あらゆる失敗をさけるために制御という名のルールや縛りを決めることで調整が多くなり、調整業務を行うマネージャーやディレクターが必要になっていました。

ここについては、Part3の組織構造の部分で詳細に述べていきますが、きちんと組織構造やそこに流れる力学を意識することで「流れ」をつくることができます。そこには、ハブとなる調整は必要最低限となり、リードタイムが短縮された開発プロセスができてきます。

ここで特記する点としては、同じチームや組織に対して実施した複数のVSMのどこを切り取っても
おおよそ同じカテゴリーになり、そして同じ比率になったということです。

- **ステークホルダーとの調整：約85%**
- **開発作業：約5%**
- **リリース準備 ＋ 作業：約10%**

その後には、理想のVSMを描きながら現状のVSMとの差分を根気強く改善していた結果、268.5hか
かっていたリードタイムが54.5hまで短縮できました。

- **ステークホルダーとの調整：268.5h → 40h**
- **リリース準備 ＋ 作業：26.5h → 5m**

1ヶ月半かかっていたものが、9日でリリースできたことになります。これは大きな改善です。
一方、特別な改善をしたわけではなく不要なMTGをなくし、相談事項はMTGまで溜め込むのではな
くチャットツールで都度相談してもらうような環境を用意しました。また、リリース作業に関しては
手動リリース作業を自動化しました。

VSMで大事なことは、改善活動を後押ししてくれることです。
人は大幅な変化を嫌うものですが、VSMを書きながら自分の行動がこんなにもボトルネックになっ
ているということを定量的なリードタイムで把握することで、改善をしようといった心持ちになる傾
向があります。

ひとりで始める

一方、いくら関係者を集めてVSMを書いた方が良いとしても、全員を同じ場所に数時間拘束するため、
いち個人が説得・招集することは至難の業です。
その場合には、詳細なプロセスの分解やリードタイムの時間は必要なく、大雑把で良いので個人で作
成することをおすすめします。
案件の始まりから終わりがわかれば、合計のリードタイムがわかります。個々のプロセスのリードタ
イムは時間ではなく、大・中・小程度の記載で良いでしょう。

バリューストームを何かしらの形で見える化、人に伝えることでそこからリードタイム改善の糸口が
見えてきます。イテレーティブで高速な改善の第一歩を目指していきましょう。

3-6-3 プロセスをモニタリングする

VSMをつくることで、少なくとも現状の開発プロセスが時系列で可視化されたでしょう。
少し話を戻すと川の流れでいう詰まり（ボトルネック）を見える化して、改善することで川の流れを整流化するアプローチでした。

これによって川の流れはある程度早くなったとしても、次に考えるべきことは「安定化」です。安定化に必要なことは定常的にモニタリングをすることです。
多くチームは、モニタリングをせずに一度ボトルネックを認識したらそこで終わるケースが多くあります。

VSMをつくったことに満足してしまい、それ以降継続的にモニタリングするという行為が漏れがちになるのです。
同じ文脈で、事業のKPIモデルでも同じことが言えますが、一度KPIの数値を可視化したことに満足するのではなく継続的な運用を考えていかなければいけません。そのためには、ダッシュボードといったBIツールで常にKPIの数値を可視化する必要性を説いてきましたが、開発プロセスでいえば、それは「カンバン方式」というプラクティスになります。

カンバンとは何か

カンバン方式とは、トヨタ自動車の大野耐一が取り入れたトヨタ生産方式の1つです。
別名、ジャスト・イン・タイムとも呼ばれ「必要なものを、必要なときに、必要な分だけ」生産することで無駄なものをつくらないようにしようという生産方式です。
これは前述したリーン・スタートアップにも影響を与えた、リーン生産方式（トヨタ生産方式を研究して提唱された）でも重要な要素となっています。また、昨今ではアジャイル開発においてもタスク管理ツールとしても使われることがほとんどとなっています。

カンバン方式の構成は、横軸を時系列としてプロセスごとにレーンを分けて「いつ、誰が、何のために、何をしたか」を明確にしていきます。

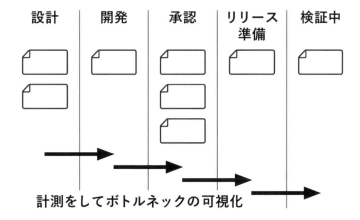

「いつ、誰が、何のために、何をしたか」

最近ではカンバン方式を取り入れたタスク管理ツール、プロジェクト管理ツールも多く見られるので知っている人も多いかと思いますが、今回は、これをバリューストリームの見える化として利用していきます。先ほどVSMで記載したプロセスかプロセスグループをカンバンボード上に表現していきます。

その作業がバリューストリームとして、カンバンボード上を動いていきます。

VSMの例でいえば、「設計→開発→承認→リリース準備→検証中」となります。

計測をしてボトルネックの可視化

現在、どこのレーン（工程）で何をしているのかがわかると同時に各レーンにある作業にどのぐらい時間がかかっているかは、計測していく必要があります。

オンラインツールを使えば、自動的にレーンの自動時間などを計測してくれるものが多いですが、もし物理のホワイトボードと付箋などを使っている場合には意図的に記録して、ボトルネックとなっている部分を可視化していきます。

数値的にボトルネックを可視化するためには累積フロー図で可視化していきます。こちらもオンライ

ンツールを使えば自動でつくれるものもがあります。

累積フロー図を見れば、各工程（プロセス）にどのぐらい時間がかかっているかが、縦軸（WIP）と横軸（リードタイム）でわかります。WIPとは、Work In Progress（仕掛り作業）のことで、簡単にいえば現在作業しているプロセスになります。

WIPの部分が太ければ太いほどボトルネックになっている可能性があります。プロセスが詰まっていて流れが悪い部分ということです。逆に流れが早ければ次の工程にすぐ移動していることになるため、縦に太くなりにくくなります。

良いプロセスの傾向としては、WIPが減るとプロセスの流れが良くなりリードタイムが短縮される傾向があります。

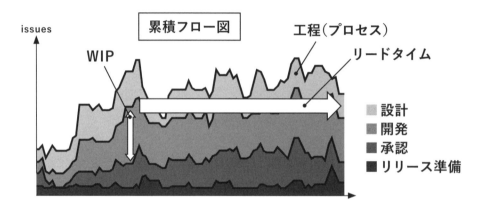

こういったカンバンボードや累積フロー図をつくり、そこに流れるプロセスを集約し開発プロセスをモニタリングしていれば、案件ごとにVSMをつくる必要もなくなり、常にモニタリングが可能になります。一度目は、関係者を集めてVSMを作成し、その後はカンバン方式でカンバンボードを作成しながらモニタリング基盤を作成していくのが良いでしょう。

3-6-4 プロセスを制御する

開発プロセスという名の川の流れを安定化させ高速化させるための活動として「WIP制限」についても紹介します。

WIP制限とは、作業中の数にあえて制限をかけることで結果的に生産性を上げるという意味です。

ボトルネックの箇所に大きな負担をかけてプロセスを流し込んだとしても後続が詰まるだけです。

流れる作業量を制御してボトルネックとなっている箇所が崩れてしまう割合を下げていきます。

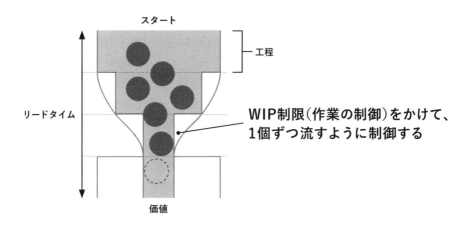

**WIP制限（作業の制御）をかけて、
1個ずつ流すように制御する**

1つのWIP制限の基準として「フロー効率重視の仮説の1個流し」があります。

BMLループでいえば、前述したSingle Piece Flow（1つのサイクルで1つの仮説）を採用して、できるだけ1サイクル（Idea→Build→Measure→Learn）をシンプルにしてバッチサイズを小さくしながら、実施していきます。

バッチサイズについてもう少し見ていきましょう。

バッチサイズというのは、あるシステムをつくるときに部品A＋部品B＋部品Cを組み合わせる必要があるとして、そのシステムを10個つくることを考えます。特徴としては、バッチサイズが大きい＝まとめてつくるため、1つが完成するまでの待ち時間が長くなる傾向があり、バッチサイズが小さいと1個ずつつくって出荷するため、待ち時間が短くなる傾向があります。

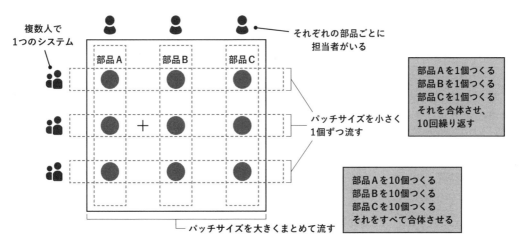

総リードタイムとしてはバッチサイズが大きい方が早いかもしれません。しかし、最後まで結合できないため、部品Aのつくり方を間違えていた場合、すべての部品Aがつくり直しになるため手戻りが

大幅に発生する懸念点もあります。また、仮に部品Bの担当者が早く終わったとしても、全員が終わらないと価値が生まれないため待ち時間も多くなるという部分があるでしょう。

バッチが大きいとリソース効率（個々の稼働率が高い）になりがちで、バッチサイズが小さいとフロー効率（個々の稼働率が低く余裕がある）になりがちです。WIP制御という観点では、フロー効率を重視してできるだけボトルネックとなるプロセスのバッチサイズを小さくして、負荷分散しながら仮説を検証していくのが良いでしょう。

Chapter 3 まとめ

- プロセスや方法論は、型であり成功を保証するものではない失敗できる環境をつくり出すことで失敗の恐怖がなくなる
- MVPやA/Bテストを通してムダなものをつくらずに効率的な実験を行う
- イテレーティブな改善の流れをアジャイルでつくり出す
- BMLループで仮説検証プロセスの型をつくる
- 高速にBMLループを回すことで、組織に改善のノウハウが蓄積する事業改善の流れを意識する
- VSMを通してバリューストリームを設計する
- カンバンボードと累積フロー図でプロセスをモニタリングする
- WIP制限を活かしバッチサイズを小さくしながらプロセスを制御する

参考文献

- 1-4 失敗をコントロールする｜Matsumoto Yuki｜note（https://note.com/y_matsuwitter/n/n318db6491b06?magazine_key=mdc584510ef76）
- アジャイルソフトウェア開発宣言｜https://agilemanifesto.org/iso/ja/manifesto.html
- 平鍋 健児、野中 郁次郎 著「アジャイル開発とスクラム〜顧客・技術・経営をつなぐ協調的ソフトウェア開発マネジメント」（翔泳社、2013）
- Eric Ries 著「リーン・スタートアップ」（日経BP、伊藤 穰一（MITメディアラボ所長）解説、井口 耕二 翻訳、2012）
- Jeff Patton 著「ユーザーストーリーマッピング」（オライリー・ジャパン、川口 恭伸 監修、長尾 高弘 翻訳、2015）
- Eliyahu Goldratt 著「ザ・ゴール ― 企業の究極の目的とは何か」（ダイヤモンド社、三本木 亮 翻訳、2001）
- 市谷 聡啓、新井 剛 著「カイゼン・ジャーニー たった1人からはじめて、「越境」するチームをつくるまで」（翔泳社、2018）

Part 1

事業を科学的アプローチで
捉え、定義する

Part 2

強固な組織体制が
データ駆動な戦略基盤を
支える

Part 3

データを駆動させ、
組織文化を作っていく

1

2

3

4

5

6

7

8

Chapter 4

なぜ、学習する組織が
必要なのか

Chapter 4

なぜ、学習する組織が必要なのか

Part 2の概要

Part 1では次の2つのことを学んできました。

事業を科学的な改善へ持ち込むための「土台」づくり。そして、その上で仮説検証プロセスを回していく「型」。

前半は、主に事業を数値モデルとしてデータで表現できることを解説しました。また、後半は、KPIモデルを通して事業の構造を明らかにして、常に事業の健康状態をデータによって理解できることを解説しました。

Part 2では、Part 1で見てきた「土台」と「型」を適用できる組織のつくり方を解説していきます。

土台と型があるだけではなく、それを動かす組織が必要です。
失敗をコントロールしながらも、常に事業をデータというファクトから観察し、仮説検証のプロセスを繰り返し、改善し続けられる組織をつくっていかなければいけません。

1つの仮説検証サイクル(仮説→検証)のフィードバックから、正しく学習できる組織であることが重要となります。
学習できる組織をつくるということは、自ら自律的に考えられる組織をつくり上げることであり、「データに基づく意思決定」を軸としたイテレーティブな改善の中で、常に秩序を持って学習できるようになることです。大きな組織になればなるほど、一つひとつのチームや集団を管理し、コントロールすることは難しくなります。
そのため、組織としては同じ方向を向きながらも、各々が自己判断をしながらプロダクトを前に進めていく必要があります。指示待ちの状態でなく、自らが状況を判断し選択して学習していく組織を目指します。

「自己組織化された組織」という言い方もされます。

しかし、一般的に言われる「自己組織化」はとても抽象的な概念です。Chapter4の前半では、「自己組織化とは何か」というその概念とその構造を見ていきます。後半では、自己組織化された組織をつくるため第二部 強固な組織体制がデータ駆動な戦略基盤を支えるに必要な学習の流れを暗黙知とパターン・ランゲージを基準に見ていきます。

Chapter5では自己組織化されたチームを最大化するために、組織構造から発生する力学の側面から見ていきます。
どういった組織体制であれば、データ駆動な文化を浸透させられるかをアジャイル型の開発組織の構成やデータアナリストとの関係性、BIツールの扱い方など、事例を交えながら説明していきます。

Chapter6では、さらに深く組織とシステムの相関関係について見ていきます。
イテレーティブな改善を進めていく中で、必ず当たる壁としてアーキテクチャと組織による質とスピードの問題があります。スピードを重要視するあまりアーキテクチャが古くなっていくと、機能を追加する際に徐々に時間がかかるようになっていきます。そうなると必然的に事業改善スピードが落ちてしまいす。できるだけそのような事象を避けるために、どのようにプロダクトをつくるべきか、育てるべきかを見ていきます。

Chapter4では、Chapter3で見たようなバリューストリームを設計しながら、できるだけリードタイムを削減し、仮説検証プロセスを駆使しながら進んでいくことがなぜ組織に必要なのかを考えていきましょう。
端的にいえば、事業環境のあらゆる変化に対して、私たちはデータを武器にしながら、その変化を予測し、注意を向け、適応していく組織でなければいけません。

従来のウォーターフォール型の開発は、ある程度の要求や要件が決まっているものを工程ごとに区切ってつくっていきます。その中においては、要求/要件どおりのものをどのように納期までにつくり上げるかが重要視されるバリューストリームになりがちです。
このプロセスでは、ユーザーニーズの変化に柔軟に対応するというよりも、ある程度の固定化された要件に対して（もちろん業種形態や開発の特性によって変化しますが）、対ユーザーというよりはそのプロジェクトをどう成功させるかといったスコープの中でQCDS（Quality、Cost、Delivery、Scope）を柔軟に対応することが重要になります。

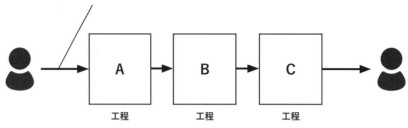

一方、エンドユーザー向けのサービス開発の現場に目を向けると、常にユーザーのニーズや市場変化、他社動向あるいは事業予算との兼ね合いといった外からの変化に短期間で今できる最適な解決策でモノづくりを行う必要があります。

このような環境では、アジャイル型のバリューストリームが採用されることが多く、ユーザーのニーズを手探りで確かめながら、大きく失敗する可能性やムダな機能、ムダな品質をできるだけ減らすようにリードタイムを短縮する必要があります。

そのためには、短いサイクルの中で、変化への予測と適応を繰り返していく必要があります。そこで大事なことは、組織としていかに既存のやり方を捨てられるかということです。外部からの変化が激しい中で、内部組織のやり方がずっと変わらないままでは意味がありません。サイクルの中で既存の考え方をアップデートしながら、変化に対して柔軟に対応していくかが重要になってきます。例え、現状うまくいっているプロセスがあったとしても、もっと良いやり方を探究、学習していく組織が必要です。

つまり、学習する組織が必要になります。

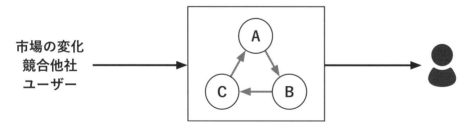

学習する組織の必要性については、改善のイテレーティブさに対応するだけではありません。昨今の
プロダクトを開発する上でオフラインでの物理的なチームではなく、オンラインでのリモートチーム
であることが多くなりました。その違いは多くありますが、代表的な部分として情報伝達の難しさが
あります。どうしても、物理的な距離でのコミュニケーションと画面越しでのコミュニケーションだ
と、情報量が少なくなるため、感覚的な部分で情報を汲み取ることが難しくなります。

組織はそうした環境の中でも変化を受け入れ、チームを機能させなければいけません。そのためには、
自ら思考しながら事業改善を進める、学習できる組織を目指さなければいけません。ここについては
アジャイル型の開発でのリモートチームを題材にアプローチ方法を述べていきます。

物理的な場所

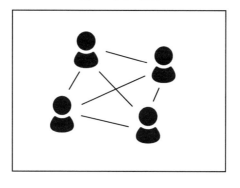

リモート

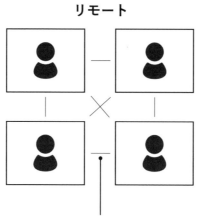

情報伝達におけるノイズが沢山ある

4-1 学習する組織とは何か

そもそも「学習する組織」とは何かを考えていきましょう。小田 理一郎 著「「学習する組織」入門―自分・チーム・会社が変わる 持続的成長の技術と実践」(英治出版、2017) には、以下のようにあります。

> 目的に向けて効率的に行動するために
> 集団としての意識と能力を
> 継続的に高め、伸ばし続ける組織

組織の目的というのが全員のモチベーションを上げるような目的になっていて、かつ共通認識となっていることは、学習する組織では大前提となります。

2行目の部分の「集団」という文言に注目しましょう。組織というのは個々の集まりであるため、個々の学習なくして学習する組織は成り立ちません。一方で、能力の高い人たちが集まれば「学習する組織」になるかといえばそうではなく、その個人が集まった「集団」としての学習能力を高めていかなければいけません。

そして、3行目にあるように集団としての学習を継続的に行わなければいけません。不確実性が高い事業環境においては、学習を継続的に進めなければ、継続して良い成果は生まれにくいと考えています。「学習する組織」では、これを「しなやかに、進化し続ける組織」と言及しています。

> 「しなやかに」とは、強い衝撃や急激な変化に耐え、あるいはその後に回復する力
> (レジリエンス)をもっていることを指します。

つまり、市場やユーザーが変化し続ける環境を無視するのではなく、対応し回復し続け進化(成長)する組織こそが、学習する組織で必要な考え方だと解釈しています。

4-2 組織を戦略的にUnlearnさせる

こうした変化への対応、適応を続けながら学習する組織をつくり上げていく中での大事な考えとして「Unlearn」という考え方があります。

Unlearnとは、学習する上で必要な知識をどう積み上げていくべきかという概念です。組織や個人によって、外からのさまざまな情報や知識をインプットしながら、それをどう適応していくか、アップデートしていくかについてはよく考えなければいけません。人はどうしても今までの経験値や学んできた経験の視野の中に囚われていることが多くあります。

Unlearnという言葉は、直訳すると学ぶ（Learn）の否定（un）なので「学ばない」「脱学習」といった印象を持ちますが、少しニュアンスが異なります。

どちらかというと学びを止めるのではなく、新しい知識を取り込む際に意識的に既存知識を捨てながら取り込むことで、既存知識の延長線上では考えられなかったことを得ることがチームや個人の成長につながるという考え方です。「学びほぐし」「学びのやり直し」ともいわれ、今までの知識を一方的に積み上げていくという考え方ではなく、一度解体して再度体系的に積み上げてくことを意味します。知識というのは、そこまで体系的に綺麗に積み上がっていることは少なく、その上に新しい知識を再構築してもうまく処理できません。

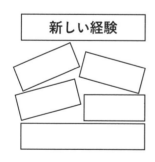
新しい経験

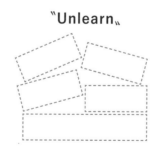
"Unlearn"

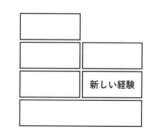
新しい経験

そもそも「知識」を自分たちが体系的に理解する過程を考えてみると、自分たちが持っている既存の知識に対して、新しい知識の「型」が相互作用する中で、知識と知識が結びつき言語化されたり、自分が普段思っている課題や不安に対しての理解が深まったりします。これは、新しい知識を入れたときに発生する不安定な「ゆらぎ」のプロセスによって生まれます。知識と知識が不安定にゆらぎながら、結びついていきます。

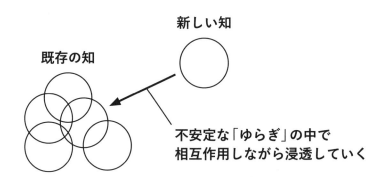

たとえ、それまでうまくいっていたやり方だとしても、最適化された状態を抜け出すように戦略的な Unlearnを行うことが、変化に強い組織をつくっていくでしょう。コンフォートゾーンを外すといっても良いでしょう。

簡単に言ってしまえば「意図的に慣れを外す」とも言えますが、習慣というのは怖いもので習慣に浸ってしまうと新しい知識を入れることすら拒否してしまいます。既存のやり方や知識体系の上に新しい知識をそのまま乗せてもうまくいくことは少ないでしょう。

それはプロダクト開発の現場でも同じことがいえるため、「いまよりも良いやり方はないか」を常に探していく探求心をもちながら、戦略的Unlearnしていきましょう。
例えば、既存のウォーターフォール型の開発をしている組織があったとします。

工程としては、機能開発の工程があり、それをステークホルダーに対して承認を得るフロー、最後にリリースする作業があります。

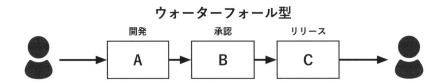

このフローに対して、「ウォーターフォール型ではなくてアジャイル型の開発スタイルに移行してみよう！」ということになり、その工程のまま、Unlearnしながらアジャイル型の開発手法を形式知として取り入れたとします。
ここで紹介する例は、承認フローにさまざまなステークホルダーを集めて承認を得る必要があり、そこを通過しないとリリースができないプロセスです。

アジャイル型

イテレーション：1週間

このサイクルを繰り返す

おおよそで見える問題として、アジャイル型は一定の期間（イテレーション）の中で機能をインクリメントに輪郭を形作り開発を進めていきますが、従来のやり方である「承認」のフローを採用した状態だと、リードタイムが必要以上にかかったり、今回のイテレーションでつくった機能とは関係のないステークホルダーも参加していたりと、イテレーション後にリリースができない状態＋ムダな工数にステークホルダーがいる状態が続くとアジャイル型の開発をうまく適応できない組織になります。

ここは一旦、開発プロセスをUnlearnして、学びほぐす必要があるでしょう。ウォーターフォール型にはそれに適した工程があり、アジャイル型には別の適した工程があります。ウォーターフォール型のときの工程や開発スタイルをすべて捨てるのではなく、一時的に抽象度を上げながら目的や特徴を振り返り、知識体系を整え、そこにアジャイル型の新しい知識を積み上げていくことで開発プロセスを再構築していきます。

既存のやり方に無理やりはめ込むのではなく、一度解体して整理整頓された状態で新しい知識の「型」をはめ込んでいきます。

4-2-1 組織の成長曲線の鈍化

組織や個人の成長も例外ではありません。

個人のキャリアを考えてみても、はじめはさまざまなものを経験していく中で成長曲線が高い傾向にあることは皆さんイメージしやすいと思いますが、一方で年数とともに知識や経験を徐々に積んでいくと、既存の知識や習慣に囚われれる傾向が上がっていき、成長曲線は鈍化していきます。
そのため、あえて既存知識を学びほぐしながら知識を積み上げていく作業が必要になります。

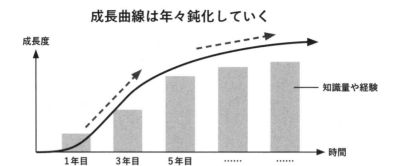

個人としての学びほぐしはもちろん大事ですが、これを組織として行うにはもう少し考えるべき部分が多くなります。組織は個と個の集まりです。個がUnlearnを続けていても、相互作用しながら同じ方向を向き、Unlearnを続けて強い組織をつくっていかなければいけません。いくら個が高いレベルに到達していても、個々が集まって「集団」となったときに相乗効果が生まれるかは別の軸で考えていかなければいけません。

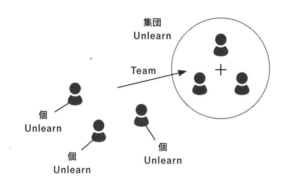

4-2-2　タックマンモデルで組織の自己認知を得る

組織の成長という観点で1つの指標モデルを紹介します。組織が成長していく過程を表した「タックマンモデル」というプロセスがあります。心理学者のTuckmanが「Tuckman's stages of group development」という論文の中で提唱したモデルです。

チームというのは集まった瞬間からより良い成果を出せることは少なく、集団が相互作用しながら5つの過程を経ることで形成されていくとされています。メンバーが集まった段階では正しく機能せずに衝突する混乱を経て、きちんと機能する組織ができあがります。そのフェーズを避けるのではなく、一通り通過する必要があるとされています。

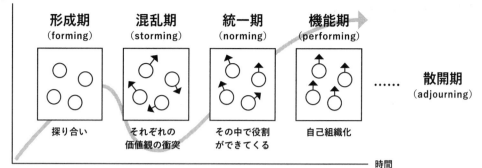

- 形成期（forming）
- 混乱期（storming）
- 統一期（norming）
- 機能期（performing）
- 散会期（adjourning）

形成期（forming）

チームのミッションをもとに人が集まり、組成されるタイミングです。また、互いの人柄への価値観などがはっきりとわかっていない状態で、探り合いで遠慮しがちな面が見えてきます。

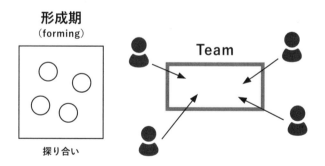

形成期の特徴

- 探り合いの状態で、緊張感がある
- 一見和やかに見えるが、まだ牽制し合っている
- チームとして同じ価値観やビジョンが持てていない
- リーダーからの指示待ちが多く、自主的に動けていない
- コミュニケーションの量が圧倒的に足りない

混乱期（storming）

徐々にプロダクトづくりが始まる中で、メンバーの経験値や価値観が露出してくる頃です。お互いのスキルレベルや仕事への取り組み方の差異によって、衝突が起きることが多くあるフェーズです。

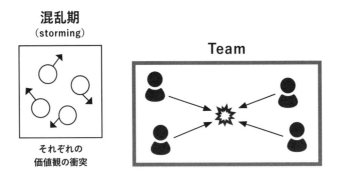

混乱期の特徴

● メンバーのレベル感や価値観の理解が始まる

● メンバー感でのヒエラルキーが見え始める

● 向く先がチーム内部の競争になっている

● 議論が長くなりMTGの時間が伸びてくる

統一期（norming）

混乱期を乗り越えると個人ではなくチームとしての一体感が生まれてきます。主語が「チームとして価値を出すには」になっていき、その中で自分がどういった役割や立ち回りをしていくべきかが見えてきます。その中で徐々に主体的に動けるようになっていき、目線がチーム内部ではなく本来の目的であるユーザーに向くようになります。

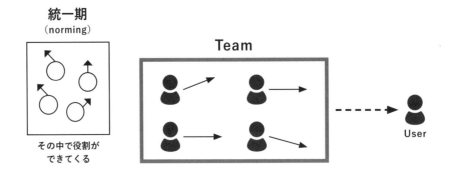

統一期の特徴

- 集団からチームになっていく
- 徐々に役割や共通した価値観が生まれてくる
- 主語がチームになる
- メンバー同士の相乗効果が生まれていく

機能期（performing）

そして、統一期も超えると機能期に入り、成果がではじめてきます。自己組織化されている状態ともいえ、チームの中にルールなども必要なく各々が自律的に動き出します。その自律的な動きが自然とチームとして価値を生み出すことにつながっていき、同じ方向を向いている状態になります。

機能期
（performing）

それぞれの
価値観の衝突

Team

User

機能期の特徴

- 指示待ちやルールが必要なくなり、自律的な動きをしている
- 同じ目的やビジョンを常に全員が持っている
- メンバーの動きが相乗効果的に高まり、モチベーションや能力が上がっていく

散会期（adjourning）

散会期は、チームの解散を意味します。ここについては特別悪いことではなく、徐々にメンバーのキャリアや目的の違いなどからこういった声が生まれるタイミングでしょう。

以上がタックマンモデルの概要でした。こうしてタックマンモデルの4つのフェーズを改めて見ていくと少し抽象的なモデルだと感じます。客観的な数値指標として、いまの組織が混乱期なのか機能期なのかは計測できません。

このモデルは、メンバーが組織フェーズを認知することに活用していくと良いでしょう。つまりは自己認知モデルです。組織フェーズとして4つの工程があることをチームメンバーが認識すること。そして自分たち自身で、いま自分たちはどのフェーズにいるのかということを定期的に振り返ることが重要となります。

認識するだけでも効果は異なり、組成したチームの価値観にズレが生じてしまっても悲観的になるのではなく「価値観のズレによる混乱期があるのは当然。ここを乗り越えれば私たちは機能するチームになる」ということがわかっているだけで、メンバーのモチベーションも変わってきます。
例えば、反抗期のときに自分は反抗期なのだと認識できているかどうかで対応が変わってくることと同じ類のものと考えられます。

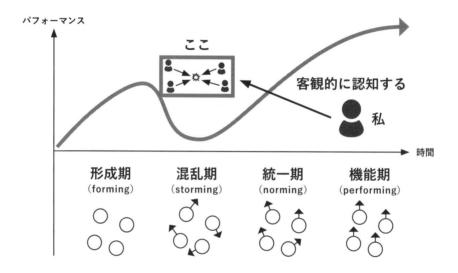

実際のチームの取り組み事例として、半期ごとに「チームがいまどんな状態か」を議論し振り返る「組織戦略会議」を紹介します。
詳細は後述しますが、アジャイル型プロセスの1つである「振り返り」という型は、それはどちらかというと直近のイテレーションはどうだったか、プロダクトの方向性はあっているか、何か困っていることはないか、といった直近のプロジェクトに関する振り返りを中心としています。
一方、組織戦略会議は、チームの組織フェーズや立ち位置、メンバーの価値観の共有、チームに対して何を求めているか、いまチームに足りていないスキルは何か、それによってどんなメンバーを採用したいか、といった「メンバーと組織」を中長期的にフォーカスした取り組みです。

一例の紹介ですが、以下のようなドキュメントを用意した上で、1.5時間程度の時間でチームメンバーとともに会話をしていきます。

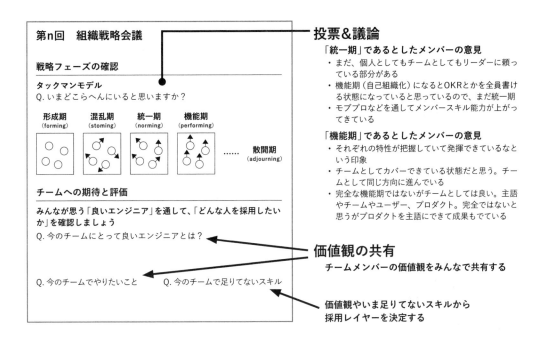

1

2

3

4

5

6

7

8

投票&議論

「統一期」であるとしたメンバーの意見

- まだ、個人としてもチームとしてもリーダーに頼っている部分がある
- 機能期（自己組織化）になるとOKRとかを全員書ける状態になっていると思っているので、まだ統一期
- モブプロなどを通してメンバースキル能力が上がってきている

「機能期」であるとしたメンバーの意見

- それぞれの特性が把握していて発揮できているなという印象
- チームとしてカバーできている状態だと思う。チームとして同じ方向に進んでいる
- 完全な機能期ではないがチームとしては良い。主語やチームやユーザー、プロダクト。完全ではないと思うがプロダクトを主語にできて成果もでている

価値観の共有

チームメンバーの価値観をみんなで共有する

価値観やいま足りてないスキルから
採用レイヤーを決定する

● **組織フェーズの確認**

● タックマンモデルでいうところのどこに私たちはいるのか。自己認知を確認します。

● ここでズレがあれば、振り返りながら議論していきます。ここが統一されていればチームに対して同じ価値観であることもいえます。

● 成功循環モデルを確認します

■成功循環モデルとは、主に混乱期を乗り越える際の思考方法として有用できます。マサチューセッツ工科大学のダニエル・キム教授が提唱したものです。簡単に説明していくと、良い組織には特定の思考の流れがあるとされています。考え方の種類としては「関係の質」「思考の質」「行動の質」「結果の質」の4つがあり、これが次図のような「Good Cycle」の状態で循環することが良いとされています。

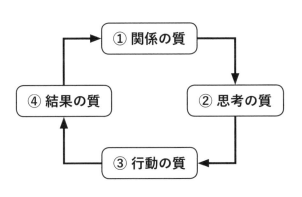

Good Cycle 😊
①からスタート
関係の質：互いを理解
思考の質：気づきがあり面白い
行動の質：自分で考え、自発的に行動
結果の質：成果が得られる

Bad Cycle 😞
④からスタート
結果の質：成果が上がらない
関係の質：対立が生じ、押し付けやルールが増加
思考の質：面白くない。受け身になる
行動の質：自発的、積極的な行動がない
結果の質：さらに成果が上がらない

- **チームメンバーの期待と評価の確認**
  - ここは、チームメンバーがチームに対して何を求めていて、どんなことをしたいかという価値観を共有していきます。
  - その一環として、良いエンジニアの定義をそれぞれで議論し、自分自身がどこまで近付けているかを照らし合わせていきます。
  - 現状のチームスキルを可視化し、チームの価値観と照らし合わせることで採用したい人材も見えてきます。

おおよそ、このような流れで組織フェーズとメンバーの価値観を共有 & 振り返りを半期やクォーターごとに行っていくことで組織としてのメンタルモデルをつくっていきます。

4-3　自己組織化の形を知る

ここまでで、変化が多い環境の中で組織の成長曲線を鈍化させないために、戦略的にUnlearnさせていくことの価値を紹介してきました。次は、その先で目指すべき姿についても考えていきましょう。

タックマンモデルでは、良い組織、機能しているチームのことを「機能期」という言葉で表現していますが、これは「自己組織化」された組織であるといえます。特に決まったルールなどがなくても、メンバー同士が相互作用しながら自律的な秩序をもち、同じ方向を向いてプロダクトを前に進めている集団です。
この状態になると、ムダな衝突もなく、リードタイムが極力短縮された開発プロセスで日々事業をつくれるようになります。

ここからは目標である「自己組織化された組織」について見ていきましょう。

まずは用語の整理です。自己組織化とは、構成される諸要素の個々が自律的な動きをする中で、全体を見たときに大きな秩序になっており、同じ方向性をもって動いている組織のことをいいます。チームでいえば、それぞれのメンバーが自律的な動きをしているにも関わらず、チーム全体を見るとお互いが相乗効果を生み出しており、結果として大きな価値を生み出している状況で、しかもそれが「構造」として成り立っているという状況です。
この「構造」であるという部分が重要で、個々の努力ではなく、自己組織化を促進するような構造の力学によって組織がつくられるものであるということです。

そもそも自己組織化というのは、生物学からはじまった言葉ですが、やがてあらゆる分野の現象にも応用できることがわかってきました。そのため、あらゆる分野において「自己組織化とは何か」ということが述べられています。

その中でも、あとに続く「自己組織化された組織になるためには」という着地点から考えて、関連性が強い熱力学の立場から自己組織化というものを整理してみることにしましょう。

理論としては「散逸構造理論」となります。

4-3-1 エントロピー増大の法則

エントロピーとは熱力学や情報理論などで使われる用語で、無秩序な状態の度合いを表す量（熱力学）や、情報の不確実さの度合い（熱情報理論）を示す量のことをいいます。「部屋の散らかし度合い」を例に考えるとわかりやすくなります。

- 部屋がきれいに片付けられている状態（秩序がある状態）→ エントロピーが小さい
- 部屋が汚れている状態（無秩序な状態）→ エントロピーが大きい

無秩序な状態が大きければ大きいほどエントロピーは大きくなります。つまり、エントロピーとは無秩序な状態の度合いを示す数値という認識もできます。

エントロピーが小さい　　　　エントロピーが大きい

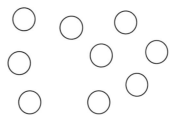

そして、エントロピー増大の法則とは何かというと、自然は常にエントロピーが「小さい→大きい」方向に進むという法則です。つまり、秩序がある状態から無秩序な状態へと必ず動いていくという法則で、その逆の無秩序な状態から秩序がある状態にはならないと言われています。

さきほどの部屋の例で考えていくと、秩序がある部屋 = 片付けられた部屋は、時間が立つと無秩序

な状態＝汚くなる、と考えることができます。何もせずに勝手に整理整頓されることはありません（無秩序→秩序はない）。

つまり、エントロピーが減少することはなく、増幅し続けるといったエントロピー増大の法則が成り立つと考えられていました。

有名な例として、コーヒーとミルクの説明をします。コーヒーが入っているカップの中に白いミルクを1滴垂らします。はじめは、一箇所にミルクはとどまっていますが、何もせずに時間が立つと徐々にミルクは広がっていき最終的にはコーヒーと混ざり合います。はじめは一箇所に集まっていたミルク（秩序がある状態）がバラバラに散らばり、秩序がない状態へ移行したということです。つまり、エントロピーが増大して無秩序の度合いが大きくなったことを意味します。逆にいうと、一旦コーヒーと混ざりあったミルクがもとの一箇所に集まることは想像できないでしょう。つまり、エントロピーが減少することは考えにくいということです。

しかし、エントロピー増大の法則にはある条件があります。それは「閉じたシステム」であることです。閉じたシステムとは、システム理論の部分で出てきた、外部から何も入力値を与えられずにシステム処理を行う構造のことです。逆に外部からさまざまな入力値を経て、システム処理が走り出力される構造のことを「開放システム」といいます。

部屋の例でいうと、たしかに部屋は何もしないまま放っておいたら汚れるかもしれませんが、人間が部屋に入り掃除を始めたら部屋はきれいになり、秩序が保たれ、エントロピーは減少します。無秩序な状態から秩序がある状態へ変化できます。

開放システムの図でいえば、部屋というシステムがある中で、入力値として人を入れて片付けをする処理があったとします。入力によってゴミなどの汚れが出力され、部屋は秩序があるきれいな状態（＝エントロピーが減少する）になる形もあり得るのです。

そもそも、なぜエントロピーは増大するのでしょうか。これは端的にいえば「確率」とされています。沢山の物質が無意識にランダムに運動しているとして、確率的に時間が立てば秩序が生まれることはなく徐々に広がっていくことは安易に想像できるでしょう。一部の物質は、確率的には同じ方向を向いて衝突するなどしてエントロピーが小さくなることはあるかもしれませんが、全体を見たときにはそれは小さな影響でしかないでしょう。ただし確率的にはエントロピーが減少することはゼロではありません。コーヒーカップの例でも、偶然にミルクの粒子がすべて同じ方向を向いて動き、広がらずに1箇所にとどまることもあるかもしれません。しかし、その可能性は著しく低いというものがエントロピー増大の法則の核心になる部分です。

エントロピー増大の法則は「形あるものは必ず壊れる」ということ意味しています。一度壊れたものは閉じたシステムの中では、元の秩序には戻ることは確率的に低いでしょう。

理論を要約すると常に世の中のあらゆるものは「秩序→無秩序」へと向かっており、混沌から新たな秩序は決して生まれない、というものであるとされています。混沌とは、カオスとも呼ばれ、区別がつかない状態で入り混じっている様子という意味で、これはつまり無秩序ということです。

4-3-2 散逸構造理論

しかし、この理論に議論を抱いたのが科学者のIlya Prigogineです。世の中のすべてが、エントロピーが小さい→大きいといった、秩序がある状態から混沌で無秩序な状態になるわけではなく、その逆の現象である「混沌な無秩序な状態から秩序を生み出すことができるはずだ」という考え方です。上で見た部屋の例もその1つです。

そして、その現象を発見したのち「散逸構造理論」としてまとめました。ちなみにこの理論は、1977年にはノーベル化学賞も受賞しています。この散逸構造理論に自己組織化された組織となるための大きなヒントが隠されています。

Ilya Prigogineは、エントロピーが減少する際、3つの特徴があることを発見しました。

1. 開放システムであること
2. 非平衡であること
3. ポジティブフィードバックであること

この3つを満たすとき、エントロピーが大きい→小さいの力が働き、無秩序な状態から秩序が生まれるという現象になると述べています。では、こうした散逸構造理論を理解する中で、1点「ゆらぎ」という概念についても理解していかなければいけません。

ゆらぎ

ゆらぎとは、エントロピーの増大に逆行して働く力のことです。エントロピーが増大して行く中でも確率的に一部の者同士に秩序が生まれます。このことを「ゆらぎ」といいます。

つまり、全体的には小さいが一部の無秩序→秩序というエントロピー増大の法則とは逆に働く「ゆらぎ」という動きが、大きくなればなるほどエントロピーは減少していき、無秩序→秩序の力が大きくなります。

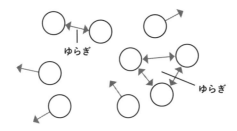

エントロピーが大きい

ここで重要な点として、2つ目のこの「ゆらぎ」というものは、非平衡（ひへいこう）の状態でなければ起きません。非平衡とは、熱力学の用語で「つり合いが取れておらず、常に動いている状態」のことを指します。そして、非平衡の状態は閉じたシステムではなく、開放システムといった外部からの影響を受ける状態でないと発生しづらいものです。これは逆の視点で平衡とは目に見える変化が起こらない止まった世界で、外から何かしらにエネルギーを受け取り、物質の出入りがあれば変化は起きますが、それらを止めればふたたび平衡に戻ることを意味します。
つまり、開放システムのように外部からエネルギーを受け取っているとなるとその中で必ずエントロピーが生産されます。すると何かしからの変化が起きる関係で非平衡の世界となります。

3つ目のポジティブフィードバックについて紹介します。小さいゆらぎ（小さい秩序）が時として相互

に作用し全体に影響を及ぼすパターンをつくることがあります。それが自律的に秩序をつくり出している自己組織化となるわけですが、そのためには非平衡系の開放システムであることと、もう1つの条件であるポジティブフィードバックであることが必要になってきます。いわゆる好循環と呼ばれるものですが、通常は小さいゆらぎによって生まれた小さい秩序はすぐに打ち消されてしまいますが、開放システムによって外部からエネルギーを注入されて非平衡状態を保った状態だと、稀にちょっとした全体の構造に影響を及ぼすことがあります。つまり小さな秩序が連鎖的に少し横のエネルギーにも影響を与え続けることで、何もないところに突如、信じられないような秩序が生み出されることがあります。

Unlearnの「ゆらぎ」と散逸構造の「ゆらぎ」

Unlearnの文脈でも不安定さとして「ゆらぎ」という概念はできました。このゆらぎは、学習論の概念として既存の知識に対して、新しい「知」を馴染ませるときに不安定なゆらぎのプロセスが必要になる、という意味合いです。今回の散逸構造で出てきた「ゆらぎ」も近いものがあると思っています。

要素と要素が、不規則で不安定な動きになることで、稀に一定の秩序をもって同一の動きをしていきます。

この「ゆらぎ」という不規則で不安定さについて散逸構造では確率としていますが、学習論としては再現性が欲しいところです。まずは「ゆらぎ」の理解を深めるために散逸構造の文脈から見ていきましょう。どのように「ゆらぎ」を生み出しながら良い効果をつくり出す手立てにするかは後述します。

竜巻きから見る「ゆらぎ」

竜巻きを例に散逸構造を考えるとわかりやすいでしょう。自然の中で発生する渦巻きのほとんどは最初、小さな渦として重力や圧力によって生まれます。その多くは小さい渦（秩序→無秩序）のまま消えていきますが、ごく稀に自然のあらゆる外部からの影響で奇跡的な相乗効果が重なり、渦が大きくなっていくケースがあります。

これは、ポジティブフィードバック（好循環）が行われているためであり、散逸構造を示すわかりやすい例でもあります。

雪の結晶から見る「ゆらぎ」

雪の結晶についても、ランダムな水の分子が秩序をもってつくり上げられた自己組織化の産物といっても良いでしょう。雪の結晶のもとを辿れば一つひとつの雪の個体が外部からの影響（気温や湿度）によって結合することで生まれます。さらに面白いことに、そこからさまざまな外部影響によって、形も変化し、さまざまな種類の結晶が生まれます。これはポジティブフィードバックのサイクルを回すことで、自己組織化されている良い例です。

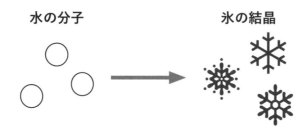

ここまで見てきた流れをまとめると、自己組織化とは自律的に秩序を形成し、大局観を持ちながら動いている様子のことをいいます。そして、どうしたら自己組織化されたものができるかについて散逸構造理論をベースに説明してきました。

小さい秩序構造が動的に形成されることを「ゆらぎ」といい、エントロピー増大に逆行する小さい秩序のはじまりのことをいいます。そのゆらぎが、あらゆる外部エネルギーの影響から稀に大きくなり、不可逆性をもった動きをするようになります。そのゆらぎを大きくするためには、外部から注入されたエネルギーを受け取る必要があり、それによって外部に散逸（散らばる）さをもって出力するような非平衡状態であることが必要と説明してきました。

私たちが、この自然界の自己組織化から学ぶものを考えていきましょう。自己組織化という現象を、私たちのような人の「組織」という観点でつくり上げていくには、次の3つの条件を構造として満たしていく必要があると考えています。

1. 開放システムであること
2. 非平衡状態であること
3. ポジティブフィードバックがあること

まずは、私たちが普段、無意識に起こしている事象について、構造によってどのような影響パターンが発生しているのか確認していきましょう。

4-3-3　構造が影響を与える現象としての氷山モデルを理解する

まずは、自己組織化を「構造」で捉える方法として氷山モデルを見ていきましょう。氷山モデルとは、あらゆる事象がどのような要素が連なって起こっているかを考え出すための思考アプローチです。「氷山の一角」という言葉があるように、表面に現れている問題は、全体を見ればほんの一部分であるということを意味しています。局所的な、ミクロな部分だけを解決するのではなく、大局観をもちながら構造に与える影響を考え、マクロな視点で問題解決していくモデルです。氷山モデルでは、以下の4つの工程が上から構成されています。

1. 出来事（何が起こったか）
2. 行動パターン（その出来事を繰り返しているパターンの要因）
3. 構造（行動パターンを生み出している構造）
4. メンタルモデル（その構造を成り立たせている人の意識、価値観）

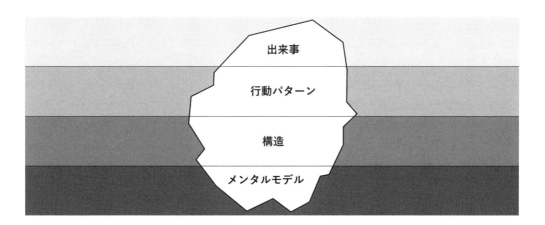

例えば、大規模なシステム開発が始動していたとします。参画メンバーは5人で、うち1人がリーダーです。

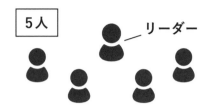

リーダーはつくるべき機能を、現時点でわかる範囲で洗い出し、開発メンバーとともに時間をかけて見積もりました。長期計画で「6ヵ月でこのシステムは完成する」と見積もったとします。

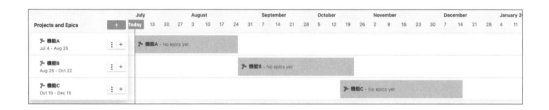

はじめの1ヵ月は順調に計画どおりの機能を作成できていました。しかし、3ヵ月経った頃に進捗を確認してみるとプロジェクトの進みが悪く、このままでは到底スケジュールどおりにプロジェクトが終わらないことは自明でした。これが、氷山モデルでいうところの「出来事」だとします。いわゆる氷山の一角とされている現象を切り取った部分です。

このときに「出来事」の部分だけを見ていると解決の判断を見誤る場合があります。例えば、プロジェクトのリーダーは遅れについて、単純に開発者の人数（4名）が少ないため開発速度が遅いのだと判断し、人的リソース（資本）を投入して開発者を「4名」から一気に「8名」に増やしたとします。すると結果はどうでしょう？　開発速度は早くなるどころか、逆に遅くなってしまったのです。

これは「ブルックスの法則」と呼ばれる、混乱しているプロジェクトに人を追加すると逆に開発が遅くなる可能性が高いという現象です。

つまり、「出来事」という表面的なものに対して、氷山モデルの下にあるどれが原因なのかを深く追求せずに（今回の例であれば人員を追加して）、状態が良くなるというケースはあまり多くはありません。まず、プロジェクトリーダーが行うべきだったのは、氷山の一角だけを見るのではなく、きちんとその下にある氷山モデルでいうところの行動パターン、構造、メンタルモデルの部分の理解を進めることでした。

行動パターン—その出来事を繰り返しているパターンの要因

行動パターンとは、その出来事がどういったときに行われるものかを意味します。ここでは、そのパターンを明らかにしていきます。

出来事として、プロジェクトが遅れているという状態があったとすると開発者に生産性が足りてない → 労働力が足りていない、という思考になりがちです。そのため、労働力を増やすために開発者を増やしてチームの生産性を上げていこうというアプローチがはじめに思いつく解決策でしたが、結果としてブルックスの法則に陥り、逆に生産性が落ちてしまいました。

では、もう少し具体的に行動パターンを見ていきましょう。行動パターンとして、どうして生産性が上がらないのかを見ていきます。まずは、生産性を月単位ではなく週単位で2ヵ月間、観測してみました。次図は週ごとにどのくらいタスクが消化できているかという定量データです。

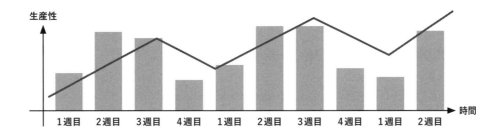

するとあるパターンが見えてきました。月の1週目と4週目に明らかに生産性が下がる傾向があります。ここに開発作業を阻害していてリードタイムがかかっている要因があるのではないかと目をつけました。

そこで開発者の予定を確認すると、このタイミングで多くのMTGが組まれていることが判明しました。1つ目は、成果物のデモをしてチーム内で確認するMTGです。そして、もう1つが全体の定例会議のために共有事項や課題共有などを隔週で全員を集めて数時間行っているMTGです。これが行動パターンとしての出来事から明らかになった点です。

構造—行動パターンを生み出している構造

では、次に行動パターンを生み出している構造について考えていきましょう。どんな変化が起ころうとも、それは構造によって形づくられていることが多くあります。モノの流れ、人の流れといった物理的な構造から、誰がどんな情報をもっているか、または発言する傾向にあるかといった情報空間の

構造もあります。ありとあらゆる構造によって伝達が走り、特定のパターンが生み出されています。

今回の例の行動パターンとして、「月の1週目と4週目はチームの生産性が下がる」というパターンが見えてきます。そのため、どうして生産性が下がるのかという構造を考えていくことができました。通常、定例MTGというものは、現状を可視化して目標に向かって課題を共有し、プロジェクトの方向性を軌道修正するもので、短期的にはMTGの時間分だけの生産性を失うが、中長期的に見たときに生産性を上げるために行うものです。

しかし、定例MTGの様子を覗いてみると課題の吸い上げがうまく行っておらず、雑談が多くなりがちで、結果として想定時間をオーバーしている、といったことがわかり、単純に時間だけが失われている形でした。
さらにメンバーにヒヤリングを行ってみると、開発作業においてはある程度まとまった時間で集中して行いたいにも関わらず、差し込みでのMTGがあるためコンテキストスイッチ（切り替えコスト）がかかることも生産性が上がらない要因でした。

この行動パターン（1週目と4週目は生産性が下がっている）をもたらす構造は、長時間に及ぶMTGがあることによって単純な作業時間の短縮とコンテキストスイッチがかかることでの制約的な構造によってもたらされることでした。

こうした構造が結果として開発者がコードを書いて成果物をつくる時間が減るという状況になっていることがわかりました。ここでわかることは、きちんと会議の目的を決めること、タイムキーパーを置くことでも改善につながるということでしょう。

メンタルモデル―その構造を成り立たせている人の意識、価値観

出来事から、それがもたらされる行動パターンは何か、またそのパターンを生み出している構造は何かを見てきました。そして、もう一段階深いレベルまで考えるとそれを考えている人の意識、価値観などがその構造を生み出していると考えられます。それがメンタルモデルです。

生産性が上がらない要因として、プロジェクトリーダーと開発者の両方の観点からメンタルモデルの把握が必要になります。プロジェクトリーダーにヒヤリングしてみると、常日頃、開発者とコミュニケーションの量が少ないと感じており、課題を吸い上げられているかが不安に感じているとのこと。しかし、開発している中で話しかけるのも申し訳ないという気遣いから、隔週で、ある意味強制的に場を設けることで課題の吸い上げや雑談を通してコミュニケーションを取ろうという試みだったとのことでした。

一方、開発者にヒヤリングしてみると単純に無駄なMTGが長時間あることでのモチベーション低下と、MTGの時間だけが生産性として失われるということにプラスして、開発業務におけるコンテキストスイッチがかかってしまっていることでのストレスがかかっている現状が見えてきました。

これは、双方のメンタルモデルを可視化したことで見えてきた部分ですが、一番根本にあるメンタルモデルがズレていると、必然的にその上にある構造→行動パターン→出来事の問題が起こってしまうことも頷けます。

これは一例ではありますが、氷山モデルでいう「出来事→行動パターン→構造→メンタルモデル」が一連となった因果関係をもって影響していることを考えていくと、システム思考的な考え方が可能になります。このモデルと似たような考え方としてトヨタの生産方式の「なぜなぜ分析」というものがあり、なぜを5回繰り返すとその原因にたどり着けるという考え方です。氷山モデルもそれに近い形があり、起こった出来事から「なぜ」を3回繰り返せば、その要因に近づけるというものです。

4-4 メンタルモデルを整わせるには「1on1」を徹底的に行う

この氷山モデルにおいて、一番大事なのはメンタルモデルでしょう。

それぞれのメンバーは、もちろん個別のメンタルモデルをもっており、それぞれの価値観で動いています。その中で、組織におけるビジョンやミッションを浸透させるために、一定のメンタルモデルとの統一が必要になってきます。理想としては、メンバーがそれぞれの組織のビジョンを自分自身に落とし込み、明確に浸透させ、自律的にビジョンもって自走できることです。しかし、各々のメンタルモデルの差から組織全員がビジョンを平等に理解するのは、非常に地道な作業が必要になります。
一度、組織全体に対してビジョンを発表して「これからの組織はこういった方針で進んでいきます」と大々的に発表しただけだと浸透率としては低く、日々個々のメンバーに対してどうフォローアップして伝えていくかが大事になってきます。

このメンタルモデルの方向性を合わせるには、愚直にメンバーとの対話を進めていく必要があるわけですが、その1つの取り組みである1on1について解説します。
1on1とは、定期的に上司と部下という関係性を中心に、さまざまな関係性をもつ2人が対話をする

時間のことです。1on1の時間では直近の困りごとについて話し、キャリアのことや気づいたこと、雑談などのあらゆる会話をしていきます。主にこの中で組織文化を一人ひとりに伝えながら、組織を同じ方向に向けるようなメンタルモデルの構築を目指していきます。

DMM.comでは、隔週 or 月イチで、各メンバーとそのメンバーの上長が30分〜60分、必ず1on1を行う文化があります。よくある1on1の形式としてはメンター・メンティー制度があり、上司側のことを「メンター」、部下側のことを「メンティー」と呼びます。1on1の対話により個人のメンタルモデルの構築や成長をサポートする制度です。

ここでは、1on1の一般的なやり方だけでなく私が実践している方法についても見ていきます。はじめに、1on1を場とした時に一般的に行うことは以下の図にある4つのことです。

メンタリング 支える	ティーチング 教える
コーチング 引き出す	フィードバック 伝える

1. メンタリング …… 支える
2. ティーチング …… 教える
3. コーチング …… 引き出す
4. フィードバック …… 伝える

それぞれ違うアプローチではあるものの、目指す先としては「自ら考えられる人材をつくる」という部分です。そういった人材を自立型人材といい、その反対を依存型人材とします。違いとしては表のとおりです。

人材	概要	内容	例
依存型 人材	・問題を与えられてから考える ・問題と解決策を渡されてから動ける	・問題・課題に対して、依存的に他責にしがちな人材 ※○○ができないのは、○○のせいだ	例：チームの開発が遅い まわりのメンバーがきちんと仕事をしていないからだ。私はちゃんと成果を出している
自立型 人材	・自ら問題を発見し解決することができる ・問題について、自分ごととして捉えている	・問題・課題に対して、自分に原因を求める ・誰のせいではなく、今より良い状態を考える	例：チームの開発が遅い 誰のせいといった思考ではなく自分が課題だと思うことをまとめて提案し、改善を前に進める

上記に関する考察ですが、依存型人材のタイプは、ただ単にコンフォートゾーンが自分の中だけになってしまっているだけなので、それをメンタリングで広げてあげます。

いつの時代も、成長する人材は周りを下から上へ持ち上げてくれる存在です。周りの人のスキルに満足いかないなら、自分が持ち上げて引っ張ってあげましょう。

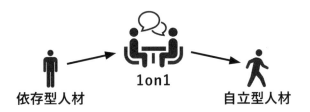

依存型人材　1on1　自立型人材

問題の軽量化

1on1の大きなトピックとして、「問題の軽量化」が大事です。何かしらの問題に対して一人からの目線だと、「感情」と「課題」が入り混じって盲目的になりがちです。

この例は、よくあることですが、1on1で気づいて問題を軽量化し、次のアクションを提示できたことは良いことです。問題に対する課題としては、非常に簡単で「会話をすればいい」ということでしたが、こういったことを疎かにするとモチベーションダウンにつながります。
個人的にこれは上司からの会話不足感はありますが、上司からすれば伝わっているつもりだったのかそれともわかっていて当たり前と思っているのかはわかりません。そのため、会話は大事な解決策となります。

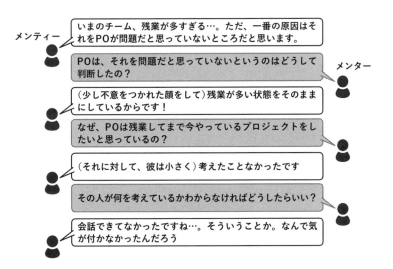

メンティー
いまのチーム、残業が多すぎる…。ただ、一番の原因はそれをPOが問題だと思っていないところだと思います。

POは、それを問題だと思っていないというのはどうして判断したの？
メンター

（少し不意をつかれた顔をして）残業が多い状態をそのままにしているからです！

なぜ、POは残業してまで今やっているプロジェクトをしたいと思っているの？

（それに対して、彼は小さく）考えたことなかったです

その人が何を考えているかわからなければどうしたらいい？

会話できてなかったですね…。そういうことか。なんで気が付かなかったんだろう

これは、問題に対して共感している状態で、メンティーからすれば「味方が増えた」感じがして嬉しいかもしれませんが適切な対応ではありません。ただ、よくありがちな対応で、特に後述するピアメンターにありがちです。

一番大事なのは、「問題 vs 私たち」にすることです。共感するなとは言いませんが、共感の後はその次について一緒に考えてあげましょう。

不適切なメンターの例です。

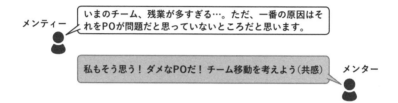

これは、問題に対して共感している状態で、メンティーからすれば「味方が増えた」感じがして、うれしいかもしれませんが全然だめです。ただ、よくありがちです。特に後述するピアメンターにありがちです。

一番大事なのは、「問題 vs 私たち」にすることです。共感するなとは言いませんが、共感の後はその次について一緒に考えてあげましょう。

1on1におけるメンターとピアメンターの棲み分け

1on1の種類としては2つあります。

● メンター
● ピアメンター

そして、この2つはメンタリングの仕方や人選が変わってきます。

人材	概要	内容	強める箇所			
メンター	ロールモデルとなるような経験と能力がある	・立場などが違うため、一定の距離感がある ・そのため本音を引き出すのが比較的難しい	メンタリング（支える）	ティーチング（教える）	コーチング（引き出す）	フィードバック（伝える）
ピアメンター	新人につくメンターで、比較的立場や年齢層が近め。ピアー（peer）仲間という意味	・世代や役割が近いため、悩みや距離が近くなりがち ・ただし、キャリアとしてのロールモデルではないことが多いため、尊厳などは生まれにくい	メンタリング（支える）	ティーチング（教える）	コーチング（引き出す）	フィードバック（伝える）

ピアメンターについては、例えば新卒入社のメンバーに対して、同じ新卒2,3年目のメンバーがつくことが多い。特徴としては、メンティー（新卒）の上長や評価者ではないのでフィードバックはしません。

ティーチングもチームの特性があると思うので変に関与しないほうが良いでしょう。アドバイスなどは良いと思いますが、前述したとおり何か問題があったときに共感するだけではなく、問題 vs 私たちの構造をつくり出し、一緒に問題を解決してくメンタルモデルをつくっていきましょう。重要視するのは、チームの中で自走して自らが考えられる能力を持つことです。

メンターについては、直接の上司部下の関係のことが多いため領域としては全方位とする必要がありますが、もちろん人によって強める部分は分けていく必要があります。既に自立型人材であれば、ティーチングが大きくても良いですが、基本的には、メンタリングで支えることを中心とし、コーチングやフィードバックもコントロールする必要があるでしょう。また、メンターとして、メンバーと1on1を「してあげている感」のスタンスでは絶対にダメです。

メンターは、チームの問題を教えてもらっているというスタンスでいけば必然とコーチングとメンタリングの部分が強くなることが多いです。

4-5 因果ループで構造を理解する

氷山モデルでは、何かしらの事象に対して「どうしてそれが起こるのか」を4つの階層で見ていきましたが、これをさらに「流れ」に注目して見ていきましょう。これは「因果ループ」というツールで可視化していきます。因果ループを使うことで、システム＝相互に作用し合う諸要素の複合体の因果関係を可視化できます。物事の問題を特定の要素に原因があるのではなく、構造による影響があると考

えていきます。特に自己組織化を生むポジティブフィードバックを意識しながら図解していきます。自己組織化された組織になるためにもこの考え方は重要で、組織が自律的に秩序をもって自走するには、誰かが努力するのではなく自律的な行動を「構造」を意識しながら考えていく必要があります。

まずは、因果ループの書き方について解説します。構成される要素としては、開放システムと変わりません。入力（input）から出力（output）されたものが、フィードバック（feedback）として入力に影響を与えていきます。そのフィードバックには正（＋）と負（－）があるという形です。

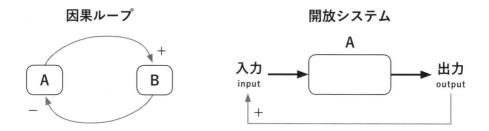

因果ループを書く手順として、まずは登場する要素を変数として起こします。そして、その変数同士にどのような因果関係があるかをフィードバック関係として正（＋）の好循環なのか、負（－）の循環なのかを書いていきます。また、ループに対してわかりやすい名前をつけることも大事です。では、簡単な例で見ていきましょう。

4-5-1　人口増加の因果ループ図

単純な例として「人口増加」に関する因果関係を見ていきましょう。まずは、関係性がありそうな変数を洗い出します。

● **変数：人口、死亡者数、出生者数**

おおよそ、この3つだと推測し、この3つの変数の因果関係を線で結びフィードバック関係を書いていきます。

1. 出生数 →（＋）人口：出生数が増加すると人口は増加する。正（＋）のフィードバック
2. 人口 →（＋）出生数：人口が増加すると出生数は増加する。正（＋）のフィードバック
3. 人口 →（＋）死亡数：人口が増加すると死亡数も増加する。正（＋）のフィードバック
4. 死亡数 →（－）人口：死亡数が増加すると人口は減少する。負（－）のフィードバック

変数に対して諸要素がどういったフィードバックになっているかを可視化できます。

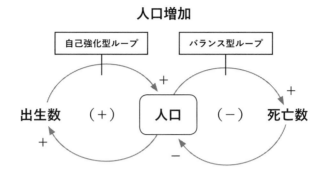

4-5-2 自己強化型ループとバランス型ループ

次はループの種類について見ていきましょう。フィードバックには、正（＋）と負（－）があり、それぞれ好循環と悪循環といった解釈でしたが因果ループはこれを「自己強化型ループ」と「バランス型ループ」という言い方をしています。
自己強化型ループとは、そのループにおける変化を強化する動きのことをいい、バランス型ループは逆に変化を抑制する動きのことをいいます。

変数の量が多く、フィードバックの線が多くなるとそれが「自己強化型ループ」なのか「バランス型ループ」なのかわからなくなりますが形式的に判断する方法もあります。それは因果ループ図の中で、負（－）のフィードバックの数が偶数（0を含む）なら「自己強化型ループ」であり、逆に奇数であれば「バランス型ループ」となります。

もう1つのアプローチとしては、一番中心となる変数を始めとして、そこに対して最終的に戻ってくるフィードバックが負（－）であれば「バランス型ループ」で、逆に正（＋）であれば「自己強化型ループ」であるという見方です。後者の方が、シンプルでわかりやすいと思いますが、正（＋）なのか負（－）なのかが複雑になればなるほど間違えやすくなるので両方の観点で見るべきでしょう。まとめると以下のようになります。

● 負（－）のフィードバックが偶数（0を含む）であればループを強化する「自己強化型ループ」
● 負（－）のフィードバックが奇数であればループを抑制する「バランス型ループ」
● 変数に対して最終的に戻ってくるフィードバックが負（－）であれば「バランス型ループ」
● 変数に対して最終的に戻ってくるフィードバックが正（＋）であれば「自己強化型ループ」

では、これを踏まえた上で先程の人口増加の例に戻り人口と死亡者数を見ると、人口に対して最終的に戻ってくるフィードバックが負（－）であり、奇数（1つ）のため「バランス型ループ」になります。死亡者数が多くなればなるほど人口は減少するといった悪循環に入ります。逆に出生者数と人口の関係を見ていくと、最終的に戻ってくるフィードバックは正（＋）であり、フィードバックの数も偶数（2つ）のため「自己強化型ループ」といえるでしょう。

つまり、人口を増やしたいのであれば、出生者数を増やして死亡者数を減少させることができれば人口が増えていくという論理的な証明が可能になりました。

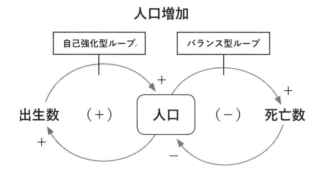

ほかの例もいくつか見ていきましょう。

<h2>4-5-3　コミュニケーション不足の因果ループ図</h2>

まずは、同じように変数を洗い出します。ここでは前提として組織における離職率の高さが問題として浮き彫りになったとしましょう。氷山モデルでいうところの「出来事」の部分です。

行動パターン、構造として「コミュニケーション不足によってメンバーの課題を吸い上げられていないのではないか」と想定しているとしましょう。次はリーダーとメンバーにおけるコミュニケーションの因果ループを見ていきましょう。実際にはもう少し複雑にはなりますが、今回は簡単な形で表現してみます。

- **変数：リーダー、メンバー、課題**
- **フィードバック**
    - リーダー → （－）メンバー：リーダーからメンバーに対してコミュニケーションが減少している。負（－）のフィードバック
    - メンバー → （＋）課題：メンバーからの課題を吸い上げることができずに課題が増加します。正（＋）のフィードバック

● 課題 →（－）リーダー：課題が増加すると上司にとっても問題が山積みになるため、負（－）のフィードバック

● **自己強化型ループ：コミュニケーション不足は全体を通して負（－）が偶数（2つ）になり、リーダーのコミュニケーション不足は課題に対して自己強化される力が働きます**

実際には、ここにメンバーのモチベーションの低下などのメンタルモデルの観点も入ってくるためもう少し複雑になりますが、全体を通してコミュニケーション不足による影響は多岐に渡ることがわかります。

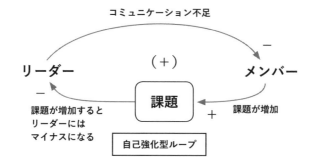

コミュニケーション量と課題

4-5-4 商品レビューにおける購買数の因果ループ図

次は事業観点での因果ループ図を見ていきましょう。ECサイトなどでよくある商品コンテンツに関するレビューが購買率にどのような影響を与えるかを考えていきましょう。ここでは商品Aといった1つの商品に関する購買率を考えていきます。

● **変数：レビュー、新規購入数、総購入者数**
● **フィードバック**
  ● レビュー →（＋）新規購入数：レビューが増えると商品の詳細がわからずに購入を躊躇していたユーザーが購入する機会が増加する。正（＋）のフィードバック
  ● 新規購入数 →（＋）総購入数：商品Aの新規購入者が増えると同時に商品Aの総購入数も増加する。正（＋）のフィードバック
  ● 総購入数 →（＋）レビュー：総購入数が増えるとレビューを書いてくれるユーザー母数も増えるため購入数が増加する。正（＋）のフィードバック
  ● 自己強化型ループ：全体を見ると負（－）のフィードバックが偶数（0）のため自己強化型ループになりレビューが増えれば増えるほど商品Aの購入数が増加する循環となります

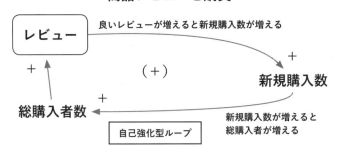

ただし、これに関しては見方を変えれば、低評価のレビューが増加することで悪循環になることも考えられます。上の例では商品Aは良い商品であるため、高評価のレビューがつくことを前提にしていますが、不当に低評価のレビューを投稿するユーザーも一定数います。その場合は以下のようなフィードバックになります。

- 変数：レビュー、新規購入数、総購入数
- フィードバック
  - レビュー →（−）新規購入数：悪いレビューが存在することによって、購入しようとしていたユーザーが購入をやめるため減少します。負（−）のフィードバック
  - 新規購入数 →（＋）総購入数：ここは変わらず、商品Aの新規購入数が増えると同時に商品Aの総購入数も増加する。正（＋）のフィードバック
  - 総購入数 →（＋）レビュー：ここも変わらず、総購入数が増えるとレビューを書いてくれるユーザーの母数も増えるため増加する。正（＋）のフィードバック
  - バランス型ループ：これも商品Aの総購入数増加の観点でいえば、同じく正（＋）のフィードバックです。しかし、全体を見ると負（−）のフィードバックが奇数（1つ）のためバランス型ループとなります。悪いレビューが増えれば増えるほど、総購入数が減ることはありませんが、伸びにくい傾向にあることを示しています。

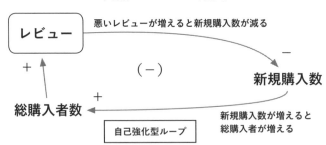

このように良い（高評価の）レビューであれば自己強化型ループに入りますが、逆に悪い（低評価の）レビューが増加するとバランス型ループに入るといったように、変数の値によって変わるケースもあります。

4-5-5 プロジェクトの遅れに関する因果ループ図

では、最後に氷山モデルで述べてきた「プロジェクトの遅れ」に関する因果ループを書いていきましょう。ここでは主にスケジュールの遅れによって開発者にどのような影響があるか、メンタルモデルの因果関係を可視化していきます。今回はループの数が複数になるのでループに名前をつけていきます。

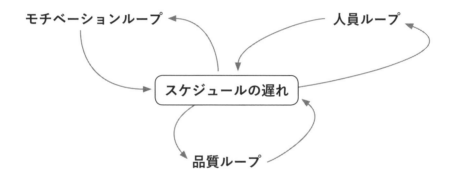

- **変数：プロジェクトの遅れ、スピード、品質、人員、モチベーション**
- **フィードバック**
  - ループ1：品質ループ（プロジェクトの遅れに対して品質がどうなるか）
    - プロジェクトの遅れ → （＋）スピード：プロジェクトが遅れだすとスピードが重視される。正（＋）のフィードバック
    - スピード → （−）品質：スピードが重視されると自ずと品質は下がる傾向があるため減少します。負（−）のフィードバック
    - 品質 → （−）プロジェクトの遅れ：品質を下げながらスピード優先で作業するとプロジェクトの遅れは緩和されます。負（−）のフィードバック
    - 自己強化型ループ：負（−）のフィードバックが偶数（2つ）のため自己強化型ループになります。プロジェクトの遅れは品質の面でいうと品質が上がるため悪循環になる傾向があります。

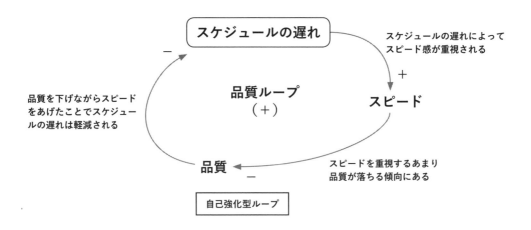

● ループ2：人員ループ（プロジェクトの遅れに対して人員の増減について）

- プロジェクトの遅れ →（＋）人員：ここは仮ですが人員を増加するとします。正（＋）のフィードバック

- 人員 →（＋）プロジェクトの遅れ：品質ループの部分でプロジェクトの遅れはスピードを重視して、あらゆる品質を下げながら開発している中で人員を増加したとしてもブルックスの法則に入るためスケジュール的な遅れが減少することはなく、さらに遅れる（増加する）可能性があります。正（＋）のフィードバック

- 人員 →（＋）コスト：人員が増加すると人件費がコストとしてかかり、プロジェクト予算に追加されます。正（＋）のフィードバック

- 自己強化型ループ：負（－）のフィードバックが偶数（0）のため自己強化型ループになります。プロジェクトの遅れを人員の追加によって減少させようとしても逆に遅れを強化させるような動きになってしまいます。

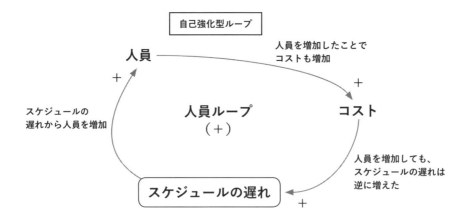

● ループ3：モチベーションループ（プロジェクトの遅れがモチベーションにどんな影響を与えるか）

　● プロジェクトの遅れ → （−）モチベーション：プロジェクトの遅れによって、開発者にも負担がかかり残業が増えることは往々にしてあります。またチームの雰囲気も悪くなり、モチベーションも低下していきます。負（−）のフィードバック

　● モチベーション → （−）生産性：もちろん、モチベーションが下がれば生産性は下がります。負（−）のフィードバック

　● 生産性 → （＋）プロジェクトの遅れ：生産性がモチベーションによって低下すると、プロジェクトの遅れも増加します。負（＋）のフィードバック

　● 自己強化型ループ：負（−）のフィードバックが偶数（2つ）のため自己強化型ループになります。やはり、プロジェクトの遅れはモチベーションの低下からくる生産性の低下のため、遅れを強化するような動きになります。

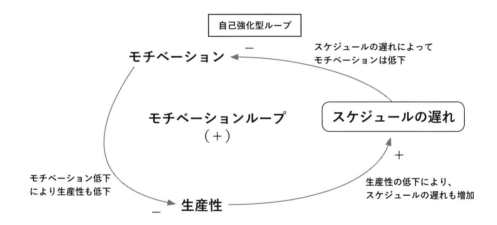

以上が「プロジェクトの遅れに関する因果ループ」ですが、これで終わりではいけません。次のアクションとしてプロジェクトの遅延を減少できるように自己組織化された組織になるには、どのようなループが良いのかを考えていかなければいけません。

4-5-6　あるべき姿を因果ループで記載して逆算して考える

まず、「プロジェクトの遅れ」という変数があったときにこれを減少させなければいけません。つまり、図のように「プロジェクトの遅れ」に対して最終的に戻ってくるフィードバックが、すべて正（＋）ではなく、すべて負（−）の状態で、スケジュールの遅れを抑制する流れをつくらなければいけないことがわかります。スケジュールの遅れがなくなるような「構造」をつくり出していく必要があります。

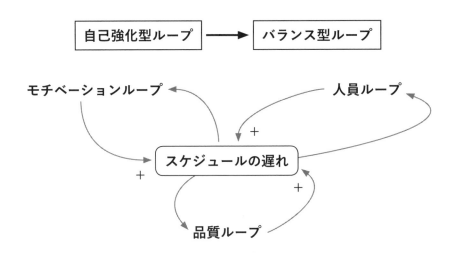

イメージしやすいように3つのループ（品質ループ、人員ループ、モチベーションループ）が「バランス型ループ」になるようにしていきます。条件をおさらいすると以下のとおりです。

1. 負（−）のフィードバックが奇数あればループを抑制する「バランス型ループ」
2. 変数に対して最終的に戻ってくるフィードバックが負（−）であれば「バランス型ループ」

わかりやすいように1つずつ見ていきましょう。まずは、品質ループです。負（−）のフィードバックの数を奇数にするためには、以下のどちらかを正（＋）のフィードバックにします。

● スピード →（−）品質
● 品質 →（−）プロジェクトの遅れ

改善の方法については、プロダクトの性質やその他の要因について変わってくるため、その都度考えていくべきですが、例えば、構造から見ればスピードを重視するということは品質を落としがちになります。ここをきちんと考え、「スピードを上げながらも、品質を担保する」ことで正（＋）のフィードバックを生み、結果としてスケジュールの遅れを中長期的には改善する方法が何かを考えていきます。そうすれば、スピード感を出しながらも品質を担保した良いプロダクトができます。

また、そうすることで人員ループについても追加する必要がなくなり、スピード感が出ることによってスケジュール的な余裕が生まれ、メンバーが追加になった際にもすぐに生産性が生まれるようなオンボーディングの整備に時間が取れ、良い循環が生まれます。

モチベーションループを構造的に解決するには、変数の変化は2つ考えられます。

パターン1

- プロジェクトの遅れ →（−）モチベーションモチベーション →（−）生産性
- 生産性 →（−）プロジェクトの遅れ
- バランス型ループ：負（−）のフィードバックが3つで奇数

パターン2

- プロジェクトの遅れ →（＋）モチベーションモチベーション →（＋）生産性
- 生産性 →（−）プロジェクトの遅れ
- バランス型ループ：負（−）のフィードバックが1つで奇数

パターン1とパターン2は、直感的にパターン2のほうが良いことがわかるでしょう。モチベーションが上がり、それによって生産性も上がることで結果的にプロジェクトの遅れが減少するという流れです。

全体像に戻るとプロジェクトの遅れをなくすためには、いくつかの構造的なポイントがあることがわかります。

品質とスピードについてはトレードオフがありながらも必要な部分はきちんと設計しながら両立するようにしていき、モチベーションも上げていくことで、最終的に生産性も上がっていくことが「構造」として捉えることができます。

学習できる組織をつくるには、自己組織化された組織となる必要があると述べてきましたが、このような因果ループ図を書くことで、「どのような構造にすれば組織が自走するようになるか」が見えてきます。組織の中の誰かだけが頑張るのではなく、構造によってパターンを作り出すことでチームを自走させ、自己組織化させる集団をつくることができます。

4-5-7 「遅れ・遅延」

因果ループ図の中で、「自己強化型ループ」「バランス型ループ」を見てきましたが、対象をシステムとして捉え、諸要素のフィードバック関係をループ図で表現する際にもう1つ考慮しなければいけないものが「遅れ」です。リードタイムといっても良いでしょう。
これは、Chapter3のバリューストリームの設計でも見てきたものです。

ここでいう遅れとは、変数Aと変数Bのフィードバック（原因→結果）の時間でしょう。例えば、プロジェクトの遅れに関する因果ループ図でいえば「人員ループ」の部分です。実際、人員を追加すると

きには採用をしなければいけません。そのために採用フローを整え、実際に複数人と面接をして採用します。短いケースでも数週間から数ヵ月はかかるでしょう。こういった遅れは複雑なループ図になればなるほど、影響が大きくなります。その影響を把握するためにも因果ループを書く際にはフィードバックの線に斜線を引く形で可視化していきましょう。

以上が因果ループによる「自己組織化」の説明です。自己組織化も概念ではなく構造として捉えることで理解の解像度が上がります。そこから、自己組織化を構造として捉えるためにシステム思考の因果ループを使いながら図解し、自己組織化には「自己強化型ループ」「バランス型ループ」があることを学んできました。

自己組織化された組織、はたまたタックマンモデルでいう機能期のチームを目指すには、因果ループを描きながらどうすれば「自己強化型ループ」「バランス型ループ」になるかを考えていきます。
その方法さえ理解できれば、そのループになるように改善を繰り返すことで、組織は自ら秩序（構造）をもとに自走していきます。

4-6　戦略的Unlearnにするには「型」への適応と「ゆらぎ」の場をつくることが必要

組織は、タックマンモデルの中でうまく形成期や混乱期を乗り越え、いち早く機能期（自己組織化）に向かう必要があります。
自己組織化された組織をつくり上げるためには、開放システムのように外からさまざまなインプットをしながら、不規則で不安定な「ゆらぎ」をつくる必要があります。

また、再現性をもちながら「ゆらぎ」をつくるために、戦略的にUnlearnできる環境をつくる必要があります。この活動を「戦略的Unlearn」と名付けます。

混乱期などでは、他者同士（メンバー同士）でそれぞれの価値観を相互作用させて落とし込み、チームという集団の中で価値を出していくためには、コミュニケーションを取る中で今までの固定概念を捨てる場面が沢山あります。混乱期をうまく乗り越え、統一期や機能期経の向かうには、メンバー同士の価値観を相互作用させる中で生まれる不安定な「ゆらぎ」のプロセスをつくり出す必要があります。さらに、そのゆらぎの中で、組織としてUnlearnをしながら知識の積み上げを行っていくことでより強い組織へ進化していきます。

ただし、何も意識せずにUnlearnはできません。戦略的に進める必要があります。戦略的Unlearnを行うには、以下の2つのアプローチが必要です。

1. 「型」といった体系的な学びを組織に注入して、不安定な「ゆらぎ」をつくる
2. そのゆらぎを継続的につくり出す「場」をつくる

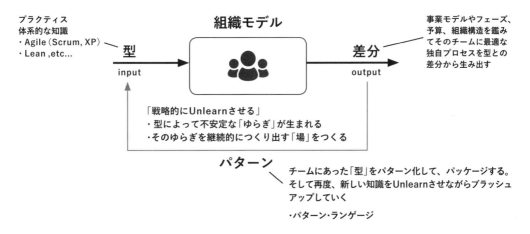

まずは全体像を捉えていきましょう。組織が、知識を蓄積していきながらもUnlearnしていく構造や仕組みを見ていきます。

4-6-1 型 → 組織

まず、（自己組織化の流れから）何もないところから「ゆらぎ」は生まれません。そのため世の中のプラクティスとされている「型」をまずは注入していくのが良いでしょう。例えば、開発プロセスでいえばアジャイル型の開発手法であるスクラムやXP（エクストリーム・プログラミング）です。

次のChapterではこの2つを組織に適応することで、「ゆらぎ」を戦略的に動かしていきます。詳しくは後述しますが、この2つの「型」には「ゆらぎ」を生むための仕組みや場がフレームワークとして散りばめられています。

一方、入力は知識体系の型だけではなく、外部からさまざまな情報を組織の中に注入していく必要があります。仮説検証プロセス、ユーザーからのフィードバックや予算、事業フェーズの変化といったあらゆるデータです。

4-6-2　組織 → 差分

「ゆらぎ」を使いながら組織のUnlearnをつくり出すためには、メンバー同士が相互作用する中で生まれてくる「暗黙知」の適応が必要となります。暗黙知とは、簡単にいえばとても主観的で感覚的なまだ言語化されていない知識のことです。その対となる用語として「形式知」があります。形式知は暗黙知のような知識を言語などで輪郭をつくることで説明可能にした知識体系のことです。

暗黙知の重要性については、例えば運動を例にして「ボールを投げる」という行為を考えてみます。いくら世の中のノウハウとして「肘の角度は90度で、下半身に体重をうまく乗せながらボールを投げると早く投げられる」という形式理論的なものが頭で理解できていても実際はすぐにできるものではありません。

必ず頭で理解したことを実践しながら、体に馴染ませていく過程があります。または自分が参考にしている人のボールの投げ方を観察しながら感覚的に実践するケースもあるでしょう。こうした「身体でわかる」という感覚的な暗黙知を大事にしていきます。

つまり、「型」という世の中のプラクティスが、そのまま綺麗に組織にピッタリ当てはまることはほぼありません。事業モデルや事業フェーズ、使える予算、組織の方向性、そこにいる個々の価値観によって最適解は変わってきます。プロダクト開発の流れは標準化するべきではなく、さまざまな要因からその組織にあったプロセスがあるはずです。

一方、プロダクト開発の現場を見ると、現行のプロセスにそのまま形式知的な「型」を取り込み、ピッタリとはまらないものは良くないものとして組織から除外してしまうケースが多く見られます。そうではなく、パッケージ化された型の表面を見るのではなくそれがつくられた思想や概念から学んだ上で組織へと注入し、現状のやり方やプロセスとの違和感（不安定なゆらぎ）を発生させていきます。このようにつくり出したゆらぎの中で、組織は暗黙知を大事にしていきながら「差分」を出していきます。その差分こそが、チームにあったベストプラクティスのヒントとなります。

4-6-3　差分 → パターン → 型

ここでは、「差分」という名の暗黙知を言語化してパターン化（パッケージ）しましょう。それによって「言語」として全員の認識を合わせることが可能になり、うまく組織に浸透します。何かに名称をつけると愛着が湧くのと同じで、対象物を言語化して認識できるようになると可能性が広がっていきます。

そこで終わりではなく、このサイクルを日々回していきます。差分によりつくり出されたオリジナル

の「型」を、再度さまざまな情報（仮説検証プロセスの結果や新しいプラクィス）をinputして、知識を積み上げていきながらも「ゆらぎ」「暗黙知」を使ってさらにアップデートしていきます。

Chapter3で述べてきた「流れを思考する」といった部分でもバリューストリームを設計することの重要性を述べてきましたが、組織がある分だけバリューストリーム（開発プロセス）はバラバラになるため最適化していきます。

4-7 アジャイルとUnlearn

ここまで見てきて戦略的Unlearnで大事になる、ゆらぎを継続してつくる「場」と、ゆらぎの中の「暗黙知」を共有しながら相互作用し、成長する活動はアジャイルの概念と近いことに気が付いたでしょうか。

4-7-1 「場」をつくるアジャイル

「場」という観点は、アジャイルでは一定のイテレーションの感覚で、「いま」を振り返るさまざまなイベントが用意されています。後述するアジャイル型開発の1つであるスクラムは、毎日お互いの成果物や進捗を共有して、イテレーションの感覚で成果物を確認し、あらゆる「振り返り」の型を使いながらチームやプロダクトのことを振り返るイベントを行います。

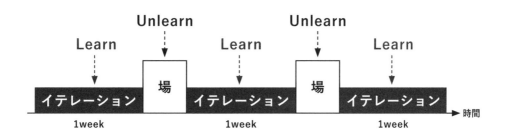

4-7-2　群れるアジャイル

また、ゆらぎの中で暗黙知を共有しながら組織を成長させていくという観点で、アジャイルでは「Swarming」という概念があります。Swarmingとは「群れる」という意味です。

アジャイル型の開発は、課題や問題に対して"群れながら解決する"というアプローチが良くとられます。優れたアジャイルチームはすぐに群れます。暗黙知をチームとして常に共有しながら前に進むことで、価値観やビジョンの伝達が早くなることや、メンバー同士のスキルレベルが統一されてくることで生産性が安定することを知っています。メンバーがそれぞれ単独で並列に動いたほうが良いのではないかという意見も存在しますが、よりチームとして成長してチームとして価値を出すことを考えると、群れながらも暗黙知をもとに相互作用させて、問題解決をしたほうが良いでしょう。

アジャイルの文脈では、Swarmingは特定粒度のプロダクトやアイテムを群がって改善する様子を示します。アジャイルのどこを切り取っても、「群れてつくる」ことを前提にできています。

"群れて"つくるからこそ、チームは自律的で秩序をもち自己組織化された集団でなければ破綻しますし、コミュニケーションもうまくいきません。逆に言えば、群れてつくっていないのであれば、それはアジャイルではないでしょう。

それぞれが単独で動き、コミュニケーションも少なく、ただイテレーションで区切って開発していてもそれはアジャイルではありません。イテレーションで区切って開発をするということは、ただの形式なので「スクラムイベントをしているから、うちのチームはスクラム開発だ！」と言っているのと何も変わりません。

"群れる"ことの本質は、何かの対象に対して集団が相互作用（協力）しながらも、自然と同じ方向を向いて、前に進んでいるということであり、個々がそのメリットを体系的に理解していることといえます。本能的に「ひとりで進むよりも皆と協力して"群れながら"進んだ方が死なない」と判断できている状態です。

生物学的に見ても、強い敵が目の前に現れたとき単独で行動するよりも、統一された集団行動によって、1対1では敵わない敵に勝てるかもしれないということを本能的に知っています。

そのためには、相互の間に秩序が必要となり指示待ちではなく、自律的にスピード感をもって動いた方が強い敵に勝てることを徐々に学習して理解していきます。そうした行動の副次的作用としてアジリティ的な要素も集団の中に生まれてきます。

例えば、ゲームでも敵わない敵に何度か挑戦することで、相手の弱点や勝ち筋が見えてくるのと同じです。あれはアジャイルでいうイテレーティブな改善と同じで、ユーザーに機能を何度も提供しているうちにユーザーが本当に欲しているものが効率的な学習によって次第にわかってくる可能性が高くなります。アジャイルの内的要因は、プロダクト開発の現場で、群れてつくることをうまく体現できるようなプラクティスとして優れています。

4-7-3 チームの距離感と暗黙知

一方、暗黙知というのは身体的な部分での距離の近さも大事になってきます。昨今は1つの場所に集まらないリモートチームが増えてきたため、同じアジャイル型のプロセスにも変化が生まれていることでしょう。逆にリモートになってチームの状況が微塵も変わらないのであれば、それはアジャイル開発をしていない可能性が高いです。もしくはチームメンバーが見えておらず物理的な距離によるコミュニケーション不足の可能性があります。

群れるアジャイルの核は、「場」をうまく観察しながら機能させていくことです。そのため、個々のコンディションを音声とテキストから読み取る必要があるため、リモート時代ではかなりの想像力が必要になります。

集団の中に自律的な秩序（プロセス）を新たにつくるには、それぞれのメンバーの納得感や意見の吸

い上げ、価値観の把握が必須になりますが、リモートではその難易度が非常に高くなります。音声とテキストだと個々が能動的に発しないとわからないため、「この子は何か言いたそうだな」「なんとなく納得してないな」というのが、こちらからキャッチアップしづらいため、既存のマネジメントだと歯が立たなくなってきました。

そうなるとある程度、能動的にコミュニケーションを取り、暗黙知を共有できるような仕組みづくりが必要となります。普段の会話や1on1、雑談という「場」を活かしながら、コミュニケーションの質と量とタイミングを普段よりも高めていかなければいけません。

4-7-4　リモートチームから見る、学習できる組織の必然性

昨今のプロダクト開発におけるリモートチーム体制が多くなる現状を踏まえても、「学習できる組織」の重要性は高まっていると感じます。

上で述べたように、アジャイルにおいても物理的な距離の欠如による、チームメンバー同士の情報伝達の幅は狭くなっている可能性が高いです。そのため、自分で考えて行動する自律的な動きが求められるようになりました。メンバーやリーダーからの指示を待っているだけではバリューが出せない時代になり、会社にいるだけの人に価値がなくなり始めています。

ある意味、プロダクトをつくる上で必要な情報を外部から獲得できたオフライン型の組織よりも、オンライン型の学習できる組織のほうが難易度は高くなったと感じます。

自分自身の問題ならまだしも、チーム全体でアジャイルに自己組織化する方向性をメンバーごとに考え、Swarmingするような環境をリモート環境でも整えていかなければいけません。ここに関しての1つのアプローチとして、次のChapter5で説明する戦略Unlearnによる組織モデルの構築も1つの事例となるでしょう。

以上がアジャイルとUnlearnの関係性です。次のChapter5では、本格的に戦略的Unlearnを進めるにあたって、一番はじめの型を注入するといった部分の説明でアジャイルの具体的な「型」である「スクラム」と「XP」の2つを通して、もう少し考えて行きたいと思います。

4-8 Unlearnとダブルループ学習の違い

最後に、Unlearnとほぼ同じ意味で使われる「ダブル・ループ学習」を紹介します。これも学習論としてのものになり、対になる言葉として「シングル・ループ学習」があります。

はじめにシングル・ループ学習について、わかりやすくいうとPDCAになります。計画があり、それを実行して結果を受け取るというシンプルな学習方法です。一方、ダブル・ループ学習は、行動から生まれる結果に対して、前提の方針などに立ち戻り、疑うプロセスです。

ダブル・ループ学習

方針・戦略　　　　　行動　　　　　結果

シングル・ループ学習

なぜ、こんなことをするかというとシングル・ループ学習のような行動→結果→行動を繰り返しているだけでは、そもそもの前提が間違っていると意味がなくなってしまうことが理由です。
そのため、事業改善でいえば、前提の仮説の立て方や事業モデルの分解などが間違っていた場合、いくら特定のKPIに対して改善を回しても結果としてKGIの数値が変動しません。

Unlearnとダブル・ループ学習の違いについてですが、個人の解釈だとUnlearnは知識創造の学習方法の話で、ダブル・ループ学習は、そういった学習の方法を「型」としてパッケージ化したものだと考えています。

Chapter 4 まとめ

- 不確実性が高い事業環境下では、柔軟に変化へ適応できる組織が必要
- 昨今のリモートチームの流れでも、情報伝達の観点から学習できる組織が必要になる
- 仮説検証サイクルを効率的に回すために学習できる組織が必要
- 戦略的Unlearnによって学習できる組織をつくる
- 戦略的Unlearnは、暗黙知によって自己組織化を目指し、世の中にあるベストプラクティス（型）を導入することでゆらぎをつくり出す
- ゆらぎからそのチームにあったプロセスの差分を出す
- その差分をパターン化し、型として再度サイクルを回してアップデートする戦略的Unlearnとアジャイルは親和性が高い

参考文献

- Peter M.Senge 著「学習する組織」（英治出版、2011）
- 小田 理一郎 著「「学習する組織」入門──自分・チーム・会社が変わる 持続的成長の技術と実践」（英治出版、2017）
- 広木 大地 著「エンジニアリング組織論への招待〜不確実性に向き合う思考と組織のリファクタリング」（技術評論社、2018）

Part 1
事業を科学的アプローチで
捉え、定義する

Part 2
強固な組織体制が
データ駆動な戦略基盤を
支える

Part 3
データを駆動させ、
組織文化を作っていく

1
2
3
4
5
6
7
8

Chapter 5

戦略的Unlearnによる
組織モデルの構築

Chapter 5

戦略的Unlearnによる組織モデルの構築

このChapterでは、Unlearnしながら学習する組織を形成するための活動について見ていきます。まずは、戦略的Unlearnを復習していきましょう。

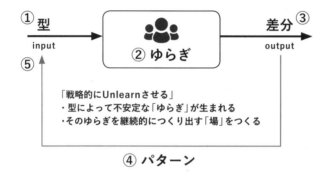

組織に「ゆらぎ」をつくるためには外部からの情報をインプットしていく必要があります（①）。ゆらぎとは、組織における力学に近いものがあります。組織という物体に対して、どういった力が働くとどのような相互作用が生まれて変化していくのかを観察していきます。

そのゆらぎを生むためには、対象に対して何かしらの力が働く必要があります。そのため、はじめは世の中にあるプラクティスを一種の「型」としてインプットしていきます。

そうすることで少なからず「ゆらぎ」が生まれてきます（②）。その多くは、既存の知と新しい型の知との間で起きている不安定な揺れです。場合によっては、逆効果が生まれ組織の生産性が下がるかもしれませんし、今よりもさらに良い効果を生み出す可能性もあります。

不安定さを肯定していく形で組織へ取り入れていきます。型 = パターンを銀の弾丸として組織に導入し、結果として「うちのチームには合わなかった」と切り捨ててしまうケースが往々にしてありますが、それはもったいないことです。世の中のあらゆるプラクティスは、形式知としてもともとの思想を広く共有できるためにパッケージ化したものが多い。そのため、そのパッケージがすべての組織に当てはまるとは限りません。その型ができた「状況（Context）」があり、それに対する「解決

（Solution）」には必ず主観が入ってきます。

型を理解して適応するのではなく、きちんと思想や価値観、それができた背景から理解しましょう。どういった問題があって何を解決するためにこの「型」がつくられたのかを理解すると、機械的な手段としてではなく、組織文化として浸透していきます。そして、型をそのチームに合った形でカスタマイズすることで差分を出していきます。

④で、その差分をもとに、バリューストリームを設計しながら良いプロセスがつくられたら、そのチーム独自のパターンもつくりだしていきます。それが自分たちの型になります。そして、そのパターンをほかのチームに広げることで組織全体が良いプロセスへと変化していき、強い組織へと変化していきます（⑤）。差分の多くは、その組織の構造や事業フェーズ、ガバナンスなどの影響によって変化していきます。

さらにパターンをつくったチームは、再度インプットとして型を取り込み、ゆらぎをもとにそこからアップデートしていきます。これを繰り返すことで、強い組織になる土台ができてきます。

5-1 戦略的Unlearnの着想は、XP（エクストリーム・プログラミング）である

戦略的Unlearnでの組織学習の流れは、アジャイル型開発手法の1つであるXP（エクストリーム・プログラミング）に大きな影響を受けています。そのため、まずはXP（エクストリーム・プログラミング）を説明していきます。XPの思想のどこに影響を受け、どこを発展させているかを見ていくことで、理解を深めていきましょう。

5-2 XP（エクストリーム・プログラミング）の「型」

XPは、1990年代後半、Kent BeckやWard Cunninghamらが提唱したソフトウェア開発手法です。XPの着想について、建築家であるChristopher Alexanderが提唱した建築理論に大きな影響を受けているとされています。また、パターンと呼ばれるパターン・ランゲージやデザインパターンとの関

連性が高いことでも有名です。

代表的なXPに関する書籍として、ケント ベック、シンシア アンドレス著、角 征典 翻訳「エクストリームプログラミング」（オーム社 2015）や、江渡 浩一郎 著「パターン、Wiki、XP〜時を超えた創造の原則」（技術評論社 2018）があります。源流や周辺知識について詳しく書かれていますので、興味のある方は是非ご覧ください。

世の中では、XPのスコープが「ソフトウェア開発 ＝ 開発作業」に絞った話だと思われがちですが違います。たしかに開発者の目線で書かれていますが、技術力に限定した話ではありません。ビジネスとして成功させるためには何が必要かを考えていきます。

XPでソフトウェア開発を成功に導くためには、「優れた技術力」と「良好な人間関係」が必要とされています。いわゆる技術力があれば良いのではなく、良好な人間関係が必要で、その良好な人間関係やコミュニケーションを開発者がつくるには技術力が必要であるという解釈もできます。

この2つは決して分かれてはいけません。よくある開発現場の例として、開発チームの型は「XP」を採用して、その外側にある組織的なマネジメントフレームワークは後述する「スクラム」で行っているケースが多く観測できますが、そのアプローチはおすすめできません。

良好な人間関係というのは、例えばチームメンバーとの関係性です。

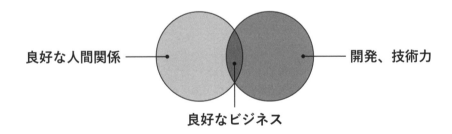

5-2-1　XPの思想

XPを説明する際に次に説明する「価値・原則・プラクティス」といった理論構成に注目しがちですが、この3つを見ていく前に、まずはその理論構成に至った思想について見ていきましょう。

XPのパラダイム「注意して、適応して、変更する」

XPには正確な「型」もなく、正解もありません。これを実践していればエクストリーム・プログラミングを実践している、と言えるものはないでしょう。

しかし、XPのパラダイム（捉え方）として一貫しているのは「注意して、適応して、変更する」です。

XPでは運転を例にしています。運転というのは車を正しい方向に走らせるのではなく、常に注意を払いながら、こちらに行ったら少し戻して、あちらに走らせてしまったらまたこちらに戻して、と「小さい軌道修正」をしていくものです。

ソフトウェア開発の周りにあるものは常に変化を続けています。事業環境も組織にいる人も、つくるべきものの要件の変化やソフトウェア技術の変化などが存在する中で、私たちが考えるべきことは、周辺の変化ではなく、その変化にどのように対応していくかでしょう。

ソフトウェア開発における変化への対応で大事なことは、新しいプラクティスを身軽に試せる環境です。また、常に新しい変化を柔軟に取り入れ、自分たちを変化させる中でフィードバックをもらい、積極的に改善を受け入れることが重要だとXPでは主張されています。

継続的な改善と聞くと、絶え間なく連続的に改善を続けていると思われがちですが、そうではありません。継続的に注意して、適応して、そこからフィードバックをもらい、積極的に改善を受け入れる準備体制ができていることが継続的な改善です。

改善は、その方法がわかったときに行います。それまでは適応してその効果を観察し、フィードバックを受け取りながら考えていく、という習慣を定着させましょう。XPでは、開発チームが止まるのではなく、常に動き続けているというプロセスの重要性を説いていて、その改善結果について担保しているわけではありません。

XPの理論構成には、「価値」「原則」「プラクティス」の3つがあります。特にプラクティスの部分についてはあらゆる問題の改善アプローチが用意されています。

その理由は、開発チームが継続的改善のプロセスをやめさせないことだと考えられます。何もない状態で、自ら改善策やアプローチ方法を見つけ出すことは難しく時間がかかります。そんなときは、XPで用意されているプラクティスをその価値を理解した上で、自分たちの問題点と照らし合わせてみて適応し、変更してみましょう。そこから出てきたフィードバックをもとに学習していけば良いの

です。

たとえ、結果としてチームのパフォーマンスが下がり、うまくいかなかったとしても、改善のプラクティス自体が悪いわけではありません。その改善をはじめる開始時点の文脈に影響されており、改善を試すこと自体が不可能なわけではありません。適応するタイミングが悪く、その改善に必要な技術力がチームになかったからかもしれません。その課題が明確になっただけでも、学習する組織へと進化しています。一番いけないことはチームが停滞することです。

このように継続的にデプロイを行い、小さい軌道修正を繰り返すためには、継続的改善に耐えうる環境づくりが必要です。まさにその環境こそが「優れた技術力」と「良好な人間関係」によってつくり出されることでしょう。

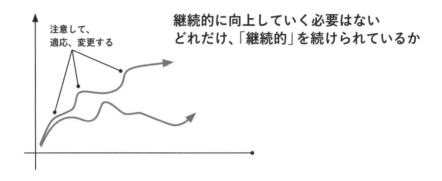

この継続的改善の話は、本Chapterのテーマである「継続的にゆらぎをつくり出すことでチームを動かし続ける」に類似する点が多くあります。また、こうしたXPの思想についてはシステム理論にも通じる部分があります。実際にXPの参考文献などにもシステム理論やサイバネティクスがあることから少なからず影響を受けていると考えられます。

エクストリーム（極端）に考え、活動する

XPのエクストリームとは、「極端」という意味です。

Kent Beckは、常にエクストリーム（極端）に考えようと言っています。これは、XPがソフトウェア開発の「制約」に対応するアプローチとして、世の中のプロダクト開発のほとんどは資金や時間、スキルが潤沢にあるわけではない状態のときにどうするか、という問いに対する答えです。

XPのチームは全力で目標達成に向かうべきだといい、仮に資金や時間がないことをはじめから言い

訳にして妥協したプロダクト開発をしてはいけない、と言っています。常に「時間が十分にあったら、どうしますか？」という問いをしながら、開発を進めていき最善を尽くしていきます。

- **（仮に）時間があったら、判断は変わるか？**
- **（仮に）資金が潤沢にあったら、どうするか？**
- **（仮に）自分のスキルレベルが高かったら、どうするか？**
- **（仮に）チームメンバーのスキルが高かったら、どうするか？**

このように自問自答を個人に対しても、チームに対しても行っていきます。必ずしもエクストリームにしなければならない（極端を実行する）のではなく、エクストリームな状態になったらどうするかを考えていく必要があります。

XPの中で「完璧（perfect）は、動詞である」という言葉があります。世の中に完璧という名の銀の弾丸はありません。ここまでやれば必ず成功する、というものもありません。完璧なソースコード、完璧なプロセス、完璧な設計はありません。
しかし、私たちは「完璧にやる」「最善を尽くす」ことはできます。

XPとは、常に理想を掲げながら自分たちのエクストリーム（極端）を考えた上で、その理想に基づいて行動するための方法であるともいえます。そのためには、あらゆるものを捨てていく覚悟が必要です。常に習慣を見直し、いままで自分たちを守ってきたものであっても、妨げになっているものは捨てていきます。常に注意して、適応し、変更を繰り返していくことが大事です。

5-2-2　XPの理論構成

XPの思想を理解した上で、本格的にXPの理論を見ていきましょう。理論の構成としては、以下の3つがあります。

- **価値**
- **原則**
- **プラクティス**

XPの思想の部分で、チームが継続的改善を通して「小さい軌道修正」を繰り返すことで、より変化に強い組織をつくり出すという考え方を述べました。XPでは、その価値観を支える形で、さまざまなプラクティスが用意されています。いわゆる改善方法の「型」のようなものです。このプラクティス

群をもとに導入することで、チームを動かしていきます。

ただし、プラクティスにはそれができた背景や価値観があります。メンタルモデルともいえます。これをXPでは、「価値(value)」と呼んでいます。

その価値を明確に理解することが大事です。価値がなければ、プラクティスはすぐに機械的な作業になってしまいます。プラクティスそのものが目的となり、現状のやり方に無理やり「型」をはめ込もうとしてしまいます。そのプラクティスが「なぜ」必要なのかを説明する必要があります。価値とはプラクティスの根拠ともいえます。

具体的な価値については後述しますが、非常に抽象的です。価値の抽象度に対して、プラクティスの具現化が広すぎるので、そのギャップを埋める「原則」という役割があります。価値に基づいた行動の指針のようなもので、プラクティスへの橋渡しをしてくれます。

5-2-2-1 価値

XPでは、チームが大事にするべき価値について、5つ定義しています。メンタルモデルとしてチームがもつことでXPの思想を体現できるでしょう。

- コミュニケーション(Communication)
- シンプリティ(Simplity)
- フィードバック(Feedback)
- 勇気(Courage)
- リスペクト(Respect)

コミュニケーション（Communication）

チームで活動する上で、コミュニケーションは大事なものです。自身の困りごとの解決方法は、すでに誰かが知っていることが多いでしょう。問題に直面した際には、それは「コミュニケーションの欠如によるものか」を自問自答すると良いでしょう。

シンプリティ（Simplity）

システムは、できるだけシンプルに保ちます。ムダをできるだけ排除して、現段階で必要なものだけをシンプルにつくっていきます。将来の予想を考えすぎて、「いま」の状態で不必要なものを詰め込むことはやめましょう。状況は変化します。長期的なことを見越してつくっても、その予想は外れることが多くムダが発生します。それであれば、変更に耐えうるシステムをシンプルに考えていきましょう。

また、シンプリティはコミュニケーションによって生まれる側面もあります。人と人の関わり合い、会話によって、「これはいま必要なのか」「時間的猶予はあるのか」といった判断基準の幅ができ、意図的な遅延ができるようになります。シンプリティを保つためにはコミュニケーションが必要です。

フィードバック（Feedback）

XPでは、できるだけ早くフィードバックをつくり出していきます。ユーザーからのフィードバックだけでなく、制作中にも早期にフィードバックをもらうという観点も含まれています。

チームはフィードバックのプロセスの中で、学習し、改善策を出し、適応・変更を繰り返すことで小さな軌道修正を繰り返していきます。フィードバックを早くに得られれば、素早く適応できます。

フィードバックにも、シンプリティが必要になってきます。フィードバックからの改善策では、もっともシンプルなものを選択しましょう。システムがシンプルになれば、その分早く効率的にフィードバックを受け取れます。

勇気（Courage）

プロダクト開発の中では、うまくいっていない点、改善したほうがいい点は勇気を持って言及、修正できることが重要です。また、改善することがあればその根本を覆して「捨てる勇気」を持ちましょう。その勇気を持つには、コミュニケーションが必要です。勇気を持って改善したことによりシンプリティ

にもなります。

リスペクト（Respect）

これまでの4つの価値の根底にあるものは、チームメンバーへのリスペクト（尊重）です。互いに興味関心がなければ、チームである意味がなく、ただ個別に動いているだけです。リスペクトがあることで暗黙知による学習が進みます。

以上が5つの価値です。これらの価値は、チームである以上前提であり、チーム独自の価値があって良いでしょう。そのチームがどんな価値をもとにプロダクトをつくっていこうとしているのかを認識していることが大事です。

一方、この価値だけでは「何をすべきか」といった部分を明らかにするには抽象的すぎます。次に価値とプラクティスを橋渡しする「原則」について見ていきましょう。

5-2-2-2 原則

価値は抽象的なためプラクティスへと落とし込むときには文脈の整理と原則の考慮が必要です。

チームへの「情報共有」のプラクティスとして、Wikiを書くという行為があります。これはメンバーとのコミュニケーションによる情報伝達が目的ですが、一方、直接会話をするというプラクティスでも情報伝達の役割を果たせます。この2つのどちらが良いかは、文脈と原則によって変化していきます。

原則として「人間性（Humanity）」というものを考慮した上で考えてみます。対人間への情報共有という観点ではWikiによる伝達は一方的なものになります。また、正しい情報が伝わるかも不透明です。

一方、会話をして情報を共有するというプラクティスは、双方向です。伝わるかは別としても、相手に共有したい内容について、直接話すことで把握してもらえるはずです。また、フィードバックという点でも会話のほうがリアルタイムで素早くもらえるでしょう。Wikiでは、こちらからフィードバックへ干渉できないため、情報共有速度が遅くなる可能性もあります。

「人間性（Humanity）」という原則をもとにした情報伝達を目的とするのならば、直接会話をするほうが良いということがわかります。しかし、これは異なる原則の面から見ても、文脈によって結果は変わってくるでしょう。

XPでは、現在14の原則を用意しています。ただし、これがすべてではなく、14の原則を参考にしながらそのチーム独自の原則をつくっていきましょう。ここでは簡単に14の原則についてイメージをつけていきましょう。

- 人間性（Humanity）
- 経済性（Economics）
- 相互利益（Mutual Benefit）
- 自己相似性（Self-Similarity）
- 改善（Improvement）
- 多様性（Diversity）
- 振り返り（Reflection）
- 流れ（Flow）
- 機会（Opportunity）
- 冗長性（Redundancy）
- 失敗（Failure）
- 品質（Quality）
- ベイビーステップ（Baby Steps）
- 責任の引き受け（Accepted Responsibility）

人間性（Humanity）

プロダクト開発は、「人」が行っているということを意識するべきです。その多くは、人間の強みを活かしきれてないし、弱みを認めていません。人がつくっていることを無視して、プロダクトをつくる1つのマシーンと捉えてしまったら人間性が失われてしまいます。

必ず、人がつくっているという原則を忘れずにしていきましょう。

経済性（Economics）

事業をつくるということは、必然的に経済的な面が存在します。わかりやすいのは売上でしょう。この原則なしで、考えていては単なる技術的な満足をしていることになります。

その事業がどのようなモデルで、どのような収益モデルで売上を上げていくのか、それを実現するためにはどのような機能が必要なのか、トラフィックはどのような想定なのかなど、あらゆる経済的な制約をもとに開発者はシステムの特性を考えていかなければいけません。

相互利益（Mutual Benefit）

相互利益とは、すべての活動が全員の利益になることを目指すものです。これが最も重要であり、しかし最も難しい原則です。どんな問題の解決であっても、利益に感じる人と不利益に感じる人は必ずいます。時には極端に進みつつ、バランスを見ながら活動していきましょう。

自己相似性（Self-Similarity）

自己相似性とは、どんな部分でも拡大すると、もとの形と同じ形をしている状態で、部分と全体が相似となる性質ということを指しています。別の言い方では、フラクタルともいいます。一部が全体と「自己相似」な構造をもっている状態です。

例えば、下図は有名な図で全体的に見ても三角形の形をしていますが、ズームインしても同じ形のものが続きます。こういった図形のことを「フラクタル構造をもっている」といいます。

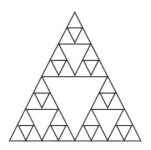

プロダクト開発でも、自己相似性を意識していきます。1週間のイテレーションで生産性が高まったプロセスを2週間のイテレーションで行ってもうまくいく可能性は高いでしょう。ある規模でうまくいったことをコピーして異なる規模の現場でも試したらうまくいったということはよくあります。

とはいえ、すべての活動が自己相似的にうまくいくわけではありませんが、まずはそこからはじめても良いでしょう。そこからはじめて、差分をしっかり認識して改善の仕方を軌道修正していきます。

改善（Improvement）

これは前述した、「完璧（perfect）」は形容詞ではなく、動詞であるということです。世の中に完璧はないが、自分の中で完璧にやることは可能です。常に最善を尽くすように改善を繰り返していきます。

多様性（Diversity）

チームには多様性が必要です。同じ価値観やスキルの人たちが、集まって活動していくことは居心地が良いかもしれませんが成長が促せません。いかに外から多様な情報をインプットして、さまざまな観点から改善を進めていけるかが長期的に見たときに良いチームになるために必要です。

振り返り（Reflection）

チームを振り返る時間をつくりましょう。いま、問題になっていることは何で、どうすれば改善するかを考えていきます。それを週単位、日単位で行い、チーム全員で改善方法の糸口を探していきましょう。また、振り返りは1人でもできます。自分自身を振り返り、自己成長を促していきましょう。

流れ（Flow）

流れ、リズムを大事にしていきます。XPは、不連続な流れではなく、連続的な流れを好みます。ウォーターフォール型のような開発スタイルではリリースの頻度をあえて下げ、大きなかたまりをつくりそれを一度でリリースしていきます。

XPの場合は逆に、連続的な流れとして1週間に必ず1回リリース、1ヵ月に必ず1回リリースする、などのリズムを好みます。リリースだけで見ても、2つの考え方があります。

- 計画型リリース
- 周期型リリース

計画型は、事業やチームによって「どこまでできたら一度リリースするか」を議論し、かたまりの大きさを決めていきます。一方、周期型リリースは、「1ヵ月に1回リリースを行う」といった形で、そこまでにできた機能をリリースしていきます。周期型リリースは流れができるため、時系列で見ると次々と改善が適応され、フィードバックの流れができます。

機会（Opportunity）

問題は、変化できる機会としてポジティブに変換しましょう。問題をマイナスなものとして捉え、他責にするのではなく自分ごととしてチームに価値を出していきましょう。

冗長性（Redundancy）

冗長性とは、同じ振る舞いをするものをあらかじめ用意して、何かあったときのために待機させておくことです。

問題に対しては、複数の改善策を用意しておきましょう。問題や課題という欠陥は、1つのプラクティスですべてが解決することは難しくXPでは、あらゆるプラクティスで対応していきます。

失敗（Failure）

問題に対する改善策は複数必要です。一方、複数案の中でPDCAのPlan（計画）に時間をかけるなら、すべて実行してしまいましょう。

そこから、フィードバックを受け取って学習すれば、ムダにならず時間の節約にもなります。ムダなものをつくりたくないがために議論に時間をかけすぎて、結果として何もできていないのでは本末転倒になります。

品質（Quality）

できるだけ、高い品質を求めましょう。スピードを優先しすぎて、品質を一方的に下げることは中長期的なメリットがありません。質とスピードのバランスを考えながら開発していきましょう。

常にイテレーション単位で振り返りを行い、プロダクトの質とスピードのバランスが間違った方向に向かっていないか確認していきましょう。品質に関しては時間が経つにつれて負債は大きくなります。コンスタントに軌道修正していきましょう。

ベイビーステップ（Baby Steps）

何をするにも、大きく変更をするのではなく、小さなステップを踏みながら改善を繰り返していきましょう。それが結果として大きな変更になっていれば良いのです。大きな変更を一気に実行すると危険です。できるだけ小さな改善を細かく積み上げていき、その都度出てくる課題をこまめに潰して行きましょう。

責任の引き受け（Accepted Responsibility）

責任は、押し付けるのではなく引き受けてもらうものです。自主性を大事にしていきます。
また、責任には権限が伴わなければいけません。チームでコミュニケーションや議論を進めるにあたって、誰に最終的な決定権があるのかなどを明確にしなければ議論が終わらないこともあるでしょう。感情を責任によってコントロールする場面もあります。

以上が、XPにおける14の原則です。原則は、どのプラクティスを使えば良いのかわからなくなったときや、そのチーム独自のプラクティスをつくっていくときに使うと良いでしょう。そのプラクティスがどういった文脈なのか、どういった考え方で成り立っているのかを原則は教えてくれます。

5-2-2-3 プラクティス

では、具体的なプラクティス = 型を見ていきましょう。前述したとおり、このプラクティスはチームが継続的な改善を行うための手助けとなるプラクティスであり、絶対的に正しいものではありません。

型を取り入れたことによる、チームの変化をキャッチして独自のプラクティスへアップデートすることも大事です。

プラクティスは、チームの状態に依存します。いまのチーム状況、メンバーのスキルによってプラクティスを選択していくことになります。ただし、プラクティスは変えても「価値」を変えてはいけません。また、プラクティスは複数の組み合わせによっては、さらに効果が生まれてくるでしょう。

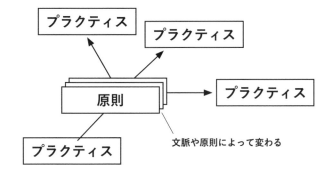

XPでは、プラクティスを4つのカテゴリーにわけて、紹介しています。各プラクティスについて、簡単に見ていきましょう。

- 共同のプラクティス
- 開発のプラクティス
- 管理のプラクティス
- 顧客のプラクティス

共同のプラクティス

まずは、共同プラクティスについてです。チーム全体で活用できるプラクティスです。

反復

イテレーションと呼ばれる短い期間に区切って開発を進めていきます。その中で、開発からテスト、

リリースまでを行い、できるだけフィードバックを受け取れるようにします。

共通の用語

コミュニケーションをする上で、相手と共通の言語を使っていることは大事なことです。プロダクト開発では、そのプロダクト特有の用語を決めなければいけません。きちんとリファレンスとして残しておく必要があるでしょう。

オープンな作業空間

チームメンバー同士が、近い距離で作業に集中できることが大事です。また、その環境を用意することも必要です。近い距離で暗黙知を共有しながら、作業効率を上げていきます。

一方、このプラクティスは物理的な距離が遠いリモートチームでは難しい部分です。ただし、物理的な距離自体が目的ではなく、コミュニケーションが取りやすい環境や距離であることが大事です。できるだけ、物理的に離れていてもコミュニケーションが取りやすい環境づくりをしていきましょう。

回顧

回顧とは、過ぎた過去を思い返すことです。つまり「振り返り」を行います。よくあるのはイテレーションの単位で、振り返りを行っています。そこで得た、フィードバックをもとに次のイテレーションなどで適応していきます。

開発のプラクティス

開発者よりになりますが、開発作業におけるプラクティスについても見ていきましょう。

テスト駆動開発

ソースコードを書いてシステムを構築する際には「テスト」を書いていくことが多いです。テストでは、ソースコードで表現されたシステムがきちんと正しい挙動をしているか、反対に正しい挙動ではないときにエラーを出すかを担保していきます。
その際、テストを先に書いていき、その後にテストをパス（テストをクリアする）するように実装をしていきます。そうすることでわかりやすく、ムダなくシステムの振る舞いを表現できるようになります。この手法のことをテスト駆動開発（TDD）といいます。

ペアプログラミング

文字通り、ペア（二人一組）でプログラミングをしていく手法です。今ではとても有名になった手法ですが、XPが提案したプラクティスです。

同じ作業環境を使いながら、1つの画面で一緒にプログラミングしていきます。1人が、ナビゲーターとなり設計や方針などを話しながら、もう1人がドライバーとして実際にソースコードを書いていきます。

メリットとしては、暗黙知を作業しながら共有できることに尽きます。作業効率が上がることやチームの生産性が一見下がるように見えても上がるなどの議論はありますが、一番のメリットは普段から尊敬している人と一緒に作業することで、その人や作業の仕方や何を考えながらプログラミングをしているのかという体験ができることであると考えています。

これをチームの初期フェーズで行うと、コミュニケーションが活発になり、かつスキルの差が埋まっていくため良いでしょう。

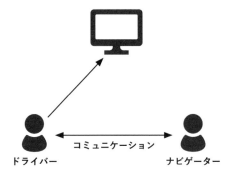

リファクタリング

プロダクトは一度つくったら終わりではありません。当然システムも次々と変化していきます。一度リリースした後も、沢山の機能追加や施策を実行する中で、一度完成したソースコードに対して改良を加えていきます。

何も考えずにソースコードを追加していくと、徐々に変更点を追加しにくい構成になっていきます。技術的負債と呼ばれることもありますが、ソースコードを継続的に少しずつ、小さく改良していくことで、仮説検証スピードが上がっていきます。

その中で、よく用いられる手法として「リファクタリング」があります。ソースコードの改善を進めるたびに、ユーザーに提供している機能の振る舞いが変わっては事業として影響が大きいでしょう。

そこで、振る舞いは変えずに内部構造だけを変えていく手法のことをリファクタリングといいます。

リファクタリングは、「事業活動には一切影響を及ぼさない」という制約のもとで進めるため、開発プラクティスの1つ目である「テスト」が重要な要素になってきます。テストをすべてパスする = システムは正常な動きをしている、という根拠になります。リファクタリングで内部構造を改善していく際には、テストをすべてパスすることが鉄則です。

逆にテストがないシステムだと、何をもって正常に動いているのかがわからなくなり、実際にリリースしてからでないと正しい挙動なのかがわからなくなります。

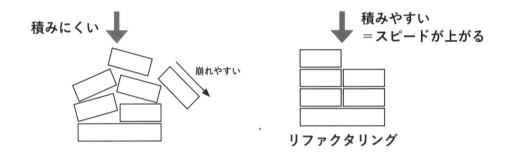

ソースコードの共同所有

システムを構築するソースコードは、チームメンバーであれば誰でも修正を加えられるような仕組みを用意しておきます。チームなのに特定の誰かしか触れないソースコードがあっては改善が加えられません。

ソースコードのまとまりはリポジトリと呼ばれる仕組みで管理されることが多く、バージョン管理ができます。バージョン管理を導入することで、いつ誰がどのような変更を加えたかがわかるようになります。

継続的インテグレーション

継続的インテグレーションとは、Continuous Integration（CI）と呼ばれています。ソースコードの変更がリポジトリにマージされる度に、自動化されたテストを実行します。小さなサイクルで継続的なインテグレーション（統合）を繰り返し、インテグレーションのエラー（フィードバック）を素早く修正するというプロセスをつくっていきます。

YAGNI

YAGNIとは、"You Aren't Gonna to Need It."という意味です。解釈はさまざまですが、実際に必要となるまでは機能追加はしない方が良い、ということです。先を予測して、現段階では不要な機能を盛り込んで実装することで、ムダが発生します。できるだけ、シンプリティを大事にして「いま」必要なもののみを対応して、随時必要なものをリファクタリングしながら追加していきましょう。

管理者のプラクティス

開発チームを管理する側のプラクティスについて説明します。

責任の引き受け

できるだけ、開発者が主体的に動けるようにストーリーの見積もりや実現方法についての権限や裁量を渡していきます。

擁護

管理者としては、チームがストーリーを実現するために阻害するようなものを排除しましょう。例えば、ステークホルダーとの関係性や予算などが該当します。

四半期ごとの見直し

イテレーションという短い期間での振り返りは直近の改善を振り返り、フィードバックを受け取っていきますが、近視眼的になりがちです。そのため、四半期単位に中長期的な振り返りを行っていきます。この先、数ヵ月単位でこのチームで何をしていくのか、どういった方向性、戦略で進めていくかを決めていき、その結果を振り返っていきます。

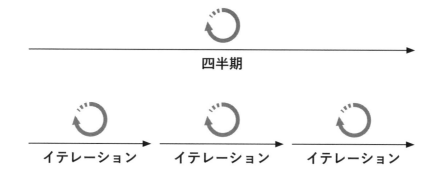

ミラー

いわゆるチームの見える化です。あらゆる状態を計測して、見える化することで、チームがいま順調なのか、課題が多いのかなどを全員が参照できる形にしておきます。

最適なペースの仕事

働き過ぎはよくありません。チームが最適な成果を出すために必要な労働時間を守りましょう。人は、機械ではないため、働く時間を増やせば増やすほど生産性が増えるものではありません。きちんと最適な稼働量をチームで確認するべきでしょう。

顧客のプラクティス

開発チームも顧客目線を持ちながら、開発を進めていくためにユーザーを意識したプラクティスが用意されています。

ストーリーの作成

何をつくるべきかをストーリーとして定義していきます。「ストーリーカード」と呼ばれる短い文章で要件を書いていき、全員でユーザーを意識しながら開発していきます。

リリース計画

ストーリーカードをもとに、どのストーリーをいつリリースするか、そこからどのイテレーションで行うかを決定していきます。優先順位は、基本的にユーザー価値が高いものからリリースしていきます。

受け入れテスト

各ストーリーが、本当に完了しているかを担保していきます。そのためにきちんと受け入れ条件を策定して、品質を担保していきます。要件と違うものが成果物としてできあがっていないか、逆に機能を盛り込み過ぎていないか、その品質（ユーザービリティー）は問題ないかを見ていきます。

短期リリース

ユーザーからのフィードバックを重視していくため、できるだけ短期的にリリース計画を立て、数回以内のイテレーションでユーザーの価値をつくるようにしていきましょう。

以上が、XPのプラクティス一覧です。特に利用されるのが、開発のプラクティスです。ここまで見てくると、アジャイル型の開発手法として、スクラムとXPの親和性を感じるでしょう。

XPでいう「反復（イテレーション）」は、スクラムでは「スプリント」ですし、回顧（振り返り）はスプリントレトロスペクティブと同義語でしょう。

5-2-3 XPを始めよう

では、XPでの開発プロセスを見ていきましょう。といっても、後述するスクラムのような決まったイベントがあるわけではありません。あくまでも価値を意識しながら、チームにあったプラクティスを選択して独自のパターンをつくっていきます。

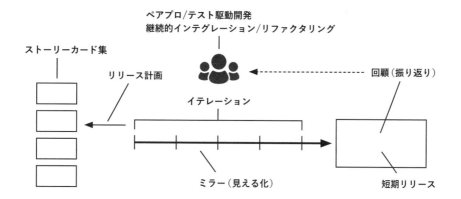

ユーザーストーリー（ストーリーカード）をもとに開発者は、リリース計画（どのユーザーストーリーをいつリリースするか）をもとに、そのイテレーションで開発するべきものをpullしていきます。開発の流れとしては、イテレーション単位で進めていきます。かんばんを使いながらミラーによる見える化を進めていき、常に誰が何を行っているかがわかるようにしていきます。また、開発者はペアプログラミングを導入しながら、リソース効率ではなくフロー効率を意識しながら、開発していきます。

あとは、短期的なリリースを行うために継続的インテグレーションを導入したり、リファクタリングによってイテレーティブな改善をしやすい環境をつくり出したりします。最後は、きちんと回顧で振り返りを行いがら、チームへとフィードバックを繰り返していきます。

以上がXPの型の説明です。XPで形式的に学んだだけではダメで、実際の現場で試してこそ意味があります。そのために軽量なフレームワークとしてすぐに試せるような配慮があります。とにかく、チームを停滞させずに継続的改善を続けるために、比較的とっかかりやすい、XPのプラクティスをもとにチームへ導入して暗黙知を大事にしていきながら適応と変更を繰り返していきます。XPのプラクティスを型として、その価値を感じつつ、そのチーム独自のパターンを作り上げていきましょう。

5-2-4 XPと戦略的Unlearnについて

では、ここからXPと戦略的Unlearnの2つについて、どこに影響を受けているか、さらにそこからの発展などを見ていきましょう。

XPのパラダイムは、「注意して、適応して、変更する」の3つを落として、プロダクトを改善していくやり方です。この3つを効率よく回していくために、あらかじめプラクティスという名の「型」を多く用意してくれています。その型を導入することで生まれる変化をすばやくキャッチすることでパラダイムをつくり出していきます。

用意されている数多くのプラクティスもただの方法論として捉えるのではなく、「価値 → 原則 → プラクティス」の順序を辿って背景や思想から理解することで、組織に適応する際の浸透度を上げていきます。さらにそこから、プラクティスをそのまま適応するのではなく、適応したチーム独自のプラクティスへとアップデートせよ、というメッセージが込められています。書籍を読んで学習しただけでなく、それを体系的に組織に取り込み、そこから生まれる違いを感じて最適化していきます。

一方、戦略的Unlearnに目を向けると、組織をシステム理論でいうシステム系として捉えていきます。これは、「XPの思想」の部分でも述べたとおり、XPも一般システム理論やサイバネティクスから影響を受けていることから類似する点は多くあります。

戦略Unlearnはそこから、プラクティスを「型」として取り込んだ後の動きを定義しています。不安定な「ゆらぎ」を場の利用によってつくり出し、チームの暗黙知的な知識体系を通して知識化し、戦略的にUnlearnさせることで型をブラッシュアップしていきながら、さらに別の組織へパターンとして広げるといったアプローチを取ります。詳しくは、このChapterで後述していきますが、XPから影響を受けている部分、相関する部分についてまとめると次のようになります。

- 組織をシステム系として捉える
- 入力として多くの情報を「型」「プラクティス」として導入し、刺激を与える
- その刺激が、組織が学習するチャンスであり、組織と人が変化する
- 戦略的Unlearnでは、それを「ゆらぎ」と呼ぶ。ゆらぎの中では戦略的にUnlearnを繰り返す必要がある
- 戦略的にUnlearnする「型」として、例としてはスクラムがある
- 「型(プラクティス)」をそのまま導入した後には、必ず最適化を行う
- すべての組織が「型」のとおりにカチッと当てはまることはなく、必ず違い(＝差分)が生まれる
- その違いを独自のパターンとして定義し、さらにブラッシュアップする。場合によっては他組織

へパターンを広げる
- XPもアレグザンダーのパターンランゲージと呼ばれる「パターン」から大きな影響を受けている
- そこからさらに別のパターンが生まれ、次々と知識化が進化していく

では、戦略的Unlearnについてこれから詳しく見ていきます。まずは、なぜ「型」が必要なのか、そしてその事例について見ていきましょう。

5-3 なぜ「型」を学ぶのか

自己組織化するには、閉じたシステムではなく開放システムが必要であると散逸構造理論の部分で述べました。組織モデルというシステムに対して外からあらゆる刺激を与えて、組織に「ゆらぎ」の力学をつくり出します。

閉鎖システムとして外部からの情報をシャットダウンしてしまうと、自力で「ゆらぎ」をつくり出すことは難しく、組織に動きがなくなってしまいます。そのため学習する組織になりにくく、既存の考えを一度捨てて学びほぐすUnlearnも難しくなるでしょう。

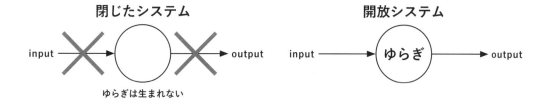

つまり、何もないところから組織が動くことはなく、変化も起きにくくなります。そのため、まずは世の中のベストプラクティスの「型」を適応していきましょう。それから前述したとおり独自の型をつくり出していきながら、パターン化して広めて、再度ブラッシュアップしていきます。

世の中にはさまざまなプラクティスと呼ばれる「型」があります。BMLループの仮説検証プロセスもどのように仮説検証を回せばよいかという型です。
では、今回は、「組織（チーム）」でモノをつくるという観点での「型」を見ていきます。比較的、戦略的Unlearnとの相性が良いアジャイル型の開発手法からスクラムを採用していきます。

5-4 スクラムの「型」

ここでは、スクラムについて見ていきます。アジャイル型の開発手法として一番使われている手法だと言っても良いでしょう。アジャイルソフトウェア宣言にあるような遠い未来の地図を描きながら開発していくのではなく、経験主義的プロセスを採用してイテレーションの中で小さく動きものを徐々に形づくりながら、その都度フィードバックをもらって改善を加え、その感触を手元で随時確認していくようなプロセスです。スクラムの特徴として、開発プロセスの型を提供しているだけでなく、どのような組織構造でモノをつくっていけば良いのか、それぞれの役割が何をすれば良くて、どこの「場」をつくり上げていくのかといった組織論のフレームワークであることが挙げられます。

戦略的Unlearnと結びつけるのであれば、「ゆらぎ」を継続的につくり上げる「場」が、随所に用意されています。その「場」を使い、経験的プロセスを大事にしながらプロダクトをつくっていきましょう。

5-4-1 スクラムの着想

まずはフレームワークの源流をとおして、思想を見ていきましょう。スクラムとは1990年代半ばにJeff SutherlandやKen Schwaberが提唱した開発手法です。

その際、スクラムのフレームワークをつくるときに着想を得たといわれる1つの論文があります。1986年に竹内弘高、野中郁次郎が書いた"The New New Product Development Game"という論文です。これは、日本で行われていた新製品開発のプロセスをNASAなどの米国のプロセスと比較した論文でHarvard Business Reviewにも掲載されています。

スクラムについて初めて書かれた書籍であるKen Schwaberらの「Agile Software Development with Scrum（2001）」、日本語訳の書籍である「アジャイルソフトウェア開発スクラム（2003）」の冒頭にはこのような論文が引用されています。

> 今日では新製品開発の動きが速く、競争率の高い世界では、速度と柔軟性がとても重要である。企業は新製品開発に直線的な開発手法は古く、この方法では簡単に仕事を成し遂げることができないことを徐々に認識し始めている。
> 日本やアメリカの企業では、ラグビーにおける、チーム内でボールがパスされながらフィー

> ルド上を一群となって移動するかのように、全体論的な方法を用いている」
> ※Harvard Business Reviewの許可による再掲。「The New New Product Development
> Game」竹内弘高、野中郁次郎 1986年1月

つまり、バトンパスのようにリレー形式で各工程を担当して新製品を開発するのではなく、ラグビーのようにチーム内でパスを回しながら開発していくといったことが書かれています。各工程に専門的なスキルをもっている人がいたとしても、それが1つのチームになって徐々にパスを回しながらゴールへと向かっていくように新製品を開発していきます。この論文は引用文を見てもわかるとおり、昨今のスクラム開発に大きな影響を与えています。

少しこの論文について見ていきましょう。

https://www.agilepractice.eu/wp-content/uploads/2016/09/Product-Development-Scrum-1986.pdf

この論文の中でまず生産プロセスの例として以下の図が紹介されています。

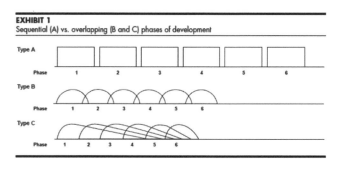

https://www.agilepractice.eu/wp-content/uploads/2016/09/Product-Development-Scrum-1986.pdf

TypeA、TypeB、TypeCまであります。これはプロセスの種類を表しているわけですが、TypeAはNASAのプロセスを例にとっています。ゴールまでに必要な工程が洗い出された状態で、工程がしっかり分かれており、それぞれの専門家がまるでバトンパスのようにリレーして製品をつくり上げてい

くことを意味しています。TypeBは富士ゼロックス、TypeCはホンダとキヤノンの生産プロセスを例として出しており、それぞれの工程が少しずつ隣の領域に関与していきます。

特にTypeCは、全工程のメンバーが1つのラグビーチームかのようにボールを回しながらゴールへ向かっていることを意味しています。そして、この論文ではTypeCのようなチームを"Scrum"と名付けました。

新製品開発（New Product Development）といった不確実性の高い現場において、各工程が独立した状態でリレーしていては駄目で、スピード感をもって柔軟に市場の変化に対応するには、自律的な動きをする自己組織化されたチームでなければいけないと書かれています。

このTypeA、TypeBとTypeCの比較に関して、前述しているアジャイル型やウォーターフォール型との相似点を感じる方も多いでしょう。TypeAはウォーターフォール型の開発で、要求→要件定義→設計→開発→テストなど、工程が決まっており、要件もある程度固まっていることから手戻りすることをあまり想定されていません。

一方、TypeCのように全工程の「なぜつくるか」と「どのようにつくるのか」までをチーム全員で考えながら、よりスピード感をもって柔軟に機能を開発していくアジャイル型開発の印象を受けます。つまり、一番はじめの工程である「なぜつくるのか」を考えた人は最後まで残り、なぜこのプロダクトや機能が必要なのかを暗黙知として伝え続けることの重要性を説いています。

論文の中では、TypeC（Scrum）のチームの特徴として6つの項目を定義しています。

- Built-in instability：不安定さを保つ
- Self-organizing project teams：自己組織化されたプロジェクトチーム
- Overlapping development phases：開発フェーズを重複させる
- Multilearning：マルチ学習
- Subtle control：柔らかなマネジメント
- Organizational transfer of learning：組織で学習を共有し合う

Jeff Sutherlandが定着させた"Scrum Development"は、"The New New Product Development Game"から大きな影響を受けているわけですが、この6つの特徴と現在の"Scrum Development"はとても近い関係にあり、スクラムに引き継がれています。

それぞれの特徴について見ていきましょう。論文の翻訳については、平鍋健児、野中郁次郎 著「アジャ

イル開発とスクラム 顧客・技術・経営をつなぐ協調的ソフトウェア開発マネジメント」から引用していきます。

Built-in instability : 不安定な状態を保つ

> 新製品開発は、トップマネジメントが不可能なくらい大きな目標を掲げてキックオフする。
> そこでは、明確に記述された新製品のコンセプトの企画書や開発計画書が手渡されるわけではない。
> 逆に、簡単には出来そうもないほどのチャレンジングな課題が与えられ、その代わり、やり方はチームに任される。
> 新製品開発は、「計画どおり実行すれば完成する」ような計画書ベースの活動ではなく、最初から不安定な活動だと言えるだろう。
> チームメンバーには高い自由裁量と同時に、極端に困難なゴールが与えられ、これがスタート地点となる。

ウォーターフォール型の開発に代表される、ある程度要件が固まっていて、つくるものの精度が高くはっきりしているケースとは違い、ある意味「何も正解がわからない」といった状況 (不安定) になることが重要だといっています。それは、次の「Self-organizing project teams」の部分でも述べられているとおり、組織を自己組織化させるためには必要なことです。トップダウンで情報が降りてくることで、行動が制御されるのではなく自立して考え、秩序をつくりながら前に進んでいきます。これは「ゆらぎ」と一緒で、不安定な状態の中をチームとしての暗黙知を大事にしながら自己組織化させていく流れに近いものを感じます。

スクラムやアジャイルでも同様に少しずつインクリメンタルに形づくり、ユーザーからの反応 (データ) をヒントにプロダクト開発をしていくため、共通した価値観が見えてきます。

Self-organizing project teams : 自己組織化されたプロジェクトチーム

> 不安定な環境から、チームの動的な秩序が生まれる。
> チームが自ら組織化を始めるのだ。自己組織化されたチームの状態には、
> ①チームが自律しており、②常に自分たちの限界を越えようとし、③異種知識の交流が起こる、という特性がある。
> マネジメント層ができるだけ口を出さないようにすることで、スタートアップ企業のような

> 危機感と活気が同居したムードがチームに起こり、チーム自身が最初に設定された目標を超
> えて新しいゴールを設定するようになる。開発だけでなく生産や営業の人間をチームに交え
> ることで、境界を越えて交流が起こるようになる。
> 例えば富士ゼロックスでは、FX-3500の開発チームを作る際に企画、設計、製造、販売、流通、
> 品質保証のそれぞれのグループからメンバーを集め、多機能チームとして全員を一つの場所
> に集めた。いわゆる大部屋だ。こうすることで、自然に情報が共有化され会話が起こる。
> しばらくすると、自分一人の立ち位置だけでなくチーム全体としてのベストな決定は何かと
> いう視点で考えるようになる。
> 全員が他人の立場を理解することで、それぞれが他人の主張に耳を傾けるようになる。

ここでは、自己組織化に関する説明をしています。危機感から個々が「チームとして成果をあげなく
てはいけない」といった意識から、普段だったら関与しない領域まで各々が関心を示すようになり
TypeCのような開発プロセスが生まれてきます。

スクラムでは、このような自己組織化が生まれやすいようなチーム構成が推奨されています。詳し
くは後述しますが、1つのドメイン（機能）とスクラムチームが1対1になるように役割が定義され、
職能横断的に各工程が専任性にならないような自律性や主体性を促すような仕組みが用意されてい
ます。

Overlapping development phases : 開発フェーズを重複させる

> 自己組織化されたチームは独自のリズムを作り出す。
> 開発と製造では、もともとスケジュールの考え方が異なっているのに、それが一体となって
> 全体のゴールを目指すことになる。
> Type Aのように工程を逐次通過する手法（リレーアプローチ）では、前工程の要求事項がす
> べて満たされてはじめて次の工程に移る。
> 次工程へと移るチェックポイントごとに、ゲートを設けてリスクをコントロールする仕組み
> だ。しかし、この手法は上流で全体の自由度を過度に奪ってしまい、決定が後戻りができな
> い欠点がある。また、ある工程で障害に出会うと流れが止まってしまい、そこがボトルネッ
> クになって全体の進行を阻んでしまうこともある。
> 一方、工程が重なり合ったType BやType Cのような手法（ラグビーアプローチ）では、発
> 生する障害を全員でなんとか解決しようとする。
> 様々な知見を持つメンバーが、チーム全体として問題解決に取り組み、ラグビーのようにボー

ルを前に押し進めようとするのだ。

富士ゼロックスの例では、米国の親会社から継承したType Aの手法を改良し、工程を六つから四つに縮めるとともにサプライヤーもチームに巻き込んで情報をオープンにしながら開発した。

また、ホンダの新製品開発の例では、プロジェクトの中心メンバーはプロジェクトの最初から最後までずっとチームに残留し、すべての工程に責任を持つという。このように、Type Aで問題になる成果物の引継ぎ（リレーでいうバトンパス）を、文書で行わずに、人が行うことでスムーズにしている。

文書ではなく、「人」が情報を運んでいるのだ。

さらに、ラグビーアプローチでは開発期間短縮という「ハード」なメリットのほかにも人材育成に関わる「ソフト」なメリットもある。

責任を共有しながらほかのメンバーと協調すること、自分から積極的にプロジェクトに参加すること、さらに問題解決思考、専門外スキルやリーダーシップの育成、市場に関する知見の獲得、といった人材開発の要素がそこには多く含まれている。

逆に、デメリットとしてはプロジェクト全体を通して膨大なコミュニケーションが必要になること、また、異種の分野から集まった参加者の考え方の違いで、チーム内に衝突が多く起こることがあげられる。

ここで語られているのは、情報の透明性における重要度です。ウォーターフォール型のように各工程が区切られ、領域が絞られていると、情報はその工程の領域のみで完結していれば良いため情報の透明性は限りなく高くなります。

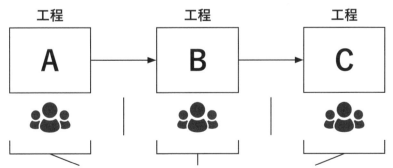

各工程で専門性が高いので情報が閉じている

一方、ここで述べられているようなすべての工程に他メンバーが協調するような現場で一番の問題となるのは情報の透明性から派生するコミュニケーションの問題です。

参画するメンバーが多ければ多いほど、コミュニケーションルートが増えるため、1つの情報をほかの全員に共有するのには多くのコストがかかります。さらに自己組織化されたチームは暗黙知を中心にした情報伝達を大事にしていくため、単純なドキュメントの展開だけでは意図や背景などが伝わりにくくなります。できるだけ直接的なコミュニケーションによって問題解決をしていく必要があります。そのため、情報の透明性をどこまで高めるか、情報を参照できる仕組みをどこまで用意するかは十分に考えていく必要があります。スクラムでは、プロダクトバックログといった成果物と同期したリストを用意するなどして、あらゆる情報を透明性を高めるための仕組みが用意されています。

Multilearning：マルチ学習

様々な次元で「学び」が起こることを「マルチ学習」と名付けており、「多層学習」（個人、グループ、組織、企業といった複数のレベルで学習が起こること）と「多能力学習」（別々のスキルを持った人が集まることで、専門外の知識についての学習が起こること）の二つを指している。

多層学習では、プロジェクト内の「学び」は、個人とグループという二層で起こる。

個人レベルの学習はもちろんのこと、グループレベルでの学習がさらに重要になる。

例えばホンダの小型自動車「シティ」プロジェクトのチームは、コンセプト開発工程が行き詰ったときに、三週間「ヨーロッパで何が起きているか」を見るためだけに海外視察へ派遣された。そこで彼らが目にしたミニクーパー（これはその時点から10年以上前に英国で開発されたもの）が、シティのデザインに大きな影響を与えたという。この例では、全員が同じ体験を通して学んでいることが重要で、個々の学びの総和ではなく、その体験の中で交わされた会話や議論を含めて、グループ全体があたかも一つの生命体のように獲得した学習が成果だといえる。さらに、グループを超えて組織レベル、企業レベルの学びも多層学習に含まれる。日本の企業が多く採用し、進化を遂げたTQC(Total Quality Control)がより広い組織での学びの例だ。

多能力学習において、プロジェクトに参加するメンバーは、自身の専門分野だけでなく、専門外でも学習を積むことになる。例えばエプソンミニプリンタープロジェクトの事例では、電気電子系の知識が少ない機械系エンジニアが、プロジェクト中に並行して大学で二年間電気電子の勉強を進め、必要な知識を得ていたという。リーダーは「二つの技術、二つの分野（例えば設計とマーケティング）に精通するように」とチームに言った。「我々のように技術特化した会社であっても、市場を捉えて開発を見通す力が必要だ」という。

さらに、企業の人事部の役割の重要性にも言及している。

人事部は、個人個人が積極的に体験から学ぶ姿勢（Learning by Doing）を育てるとともに、最新技術にキャッチアップする手助けをしなければならない。こういった施策は、企業全体が組織変革に向かうムードを支える「文化」となるのだ。

ここは、Unlearnの文脈やダブル・ループ学習と近い学習論の話です。個人の知ではなく、組織として価値を出すために必要な「集合知」を学習するアプローチが必要だと説明しています。個人で知識を積み上げていることと、組織の知識が積み上がることはイコールではありません。

スクラムでは、チームとして再学習するような「場」が多く用意されています。しかも、それがイテレーション（スクラムでいうスプリント）単位で存在するため、効果的に実践できればうまく自己組織化されたチームに育ちやすい土壌ができます。

Subtle control : 柔らかなマネジメント

スクラムチームは自律的に運営されてはいるが、まったくマネジメントがない訳ではない。マネジメントの役割は、不安定さと曖昧さが混沌に陥らないよう、微妙なラインでチームを管理することだ。

ただし、創造性と自主性の芽を摘んでしまうような、硬直化した管理を行ってはならない。「自己マネジメント」、「相互マネジメント」そして「愛情によるマネジメント」の三つを総称して「柔らかなマネジメント」と呼ぶ。

新製品開発の中での柔らかなマネジメントには、七つのポイントがある。

1. 正しいメンバーを選ぶ。そして、プロジェクト途中でもグループダイナミクスを観察し、必要であればメンバーを入れ替える。
2. 専門を超えて対話が起こるような、オープンな仕事環境をつくる。
3. 顧客やディーラーがどんな意見を持っているか、エンジニア自身がフィールドに出て行って聞くように仕向ける。
4. 人事評価、報酬制度を、個人ではなくグループ評価を基本とする。
5. 開発が進行していく中で、リズムの違いをマネジメントする。
6. 失敗を自然なこととして受け入れる。ブラザーの例では、「失敗は当たり前。鍵は、早期に間違いを見つけ、すぐに修正すること」、3Mの例では「成功よりも失敗からの方が学べることが多い。ただし失敗するときには、創造的に失敗すること」という言葉が引用されている。
7. サプライヤーに対しても、自己組織化を促す。設計の早いタイミングから参加してもらうのがよいだろう。サプライヤーに細かな作業を指示してはいけない。課題を提示してどのように解決するかは任せる。

トップダウンでマネジメントせずに各々のチームが自己組織化を目指す必要性を1つ目の「Built-in instability」と2つ目の「Self-organizing project teams」で述べてきましたが、かといって何もしないと無法地帯になってしまいます。

スクラムでは無法地帯とならないためにスクラムマスターと呼ばれる、チームにスクラムの価値や定義を伝えながら良いチームをつくる手助けをする役割があります。しかし、その役割では足りない部分（人事制度など）もあるため、組織全体で溢れる部分については対応していかなければいけません。

Organizational transfer of learning：学びを組織で共有する

「マルチ学習」で触れたように、学びは多層に（個人からグループへ）、多能力に（複数の専門領域へ）積み重ねられるが、この学習をさらにグループを超えて伝え、共有していく活動が見られる。

一つの新製品開発が終わった後に、次の開発につなげる活動や、ほかの組織へと伝える活動である。

研究した組織の中にはこの知識伝達活動を「浸透的に」行っているものがあった。つまり、キーパーソンを、次のプロジェクトに入れることによって、やり方を浸透させるのである。

あるいは、プロジェクトのやり方を組織標準へと昇格させる方法もある。組織は、自然と成功したやり方を標準化して制度化する方向へと向かう。

ただし、これが行き過ぎると逆に危険だ。外部環境が安定している場合には、過去の成功を「先人の知恵」として言葉で伝えたり、成功事例を元に標準を確立したりすることはうまくいく。

しかし、外部の環境変化が速いと、このような教訓は逆に足かせになることがある。

自己組織化したチームの再現性を考えていきます。それぞれのスクラムチームは独立性をもって開発を進めていきますが、それだけではサイロ化が生まれてしまいます。サイロ化とは、情報伝達が限定されてうまく連携されていない様子のことをいいます。

1つのチームでうまくいったプロセスがあれば、それを他チームにも伝達し、実践することで組織全体が強くなります。しかし、スクラムではこの部分に関しては多くが語られていません。

本Chapterのテーマである戦略的Unlearnでは、それらのうまくいっているプロセスをパターン化して伝達することの重要性を説いていきます。

以上が、スクラムの源流となっている論文の解釈でした。では、具体的にスクラムのプラクティスの

型を見ていきましょう。スクラムには、スクラムガイド（Scrum Guides）と呼ばれる教科書にあたるものが存在します。スクラムの概念を提唱したJeff SutherlandとKen Schwaberが展開しています。また、時代の流れによって何度かアップデートされており、現時点での最新版は2017年10月に公開されたものになります。

> The Scrum Guide（https://www.scrumguides.org/docs/scrumguide/v2017/2017-Scrum-Guide-Japanese.pdf）

そのスクラムガイドをベースに補足説明を加えながら述べていきます。

5-4-2　スクラムのプロセス

スクラム開発の流れを支えるプロセスは、3つの柱による経験的プロセスによって成り立っています。

- **透明性**
- **検査**
- **適応**

スクラム開発は、遠い未来を予知しながら開発を進めるウォーターフォール型の開発ではなく、着実に目の前の小さい課題や、やるべきことを検査して適応していくことで「学習する」という反復性をもたせた経験的プロセスです。

そのためには、まず「透明性」が必要となります。透明性というのは、そこに参加しているメンバーの共通認識を見える化することです。これから同じ問題や課題に対して一緒に経験していくのに、前提認識がぶれていると効果的な学習によるモノづくりができません。

例えば、用語です。プロダクト開発の中で使っている用語の意味が、各々で理解が違えばそれは致命的なものになります。特に新規の事業開発だと新しい用語が出てきた際にそれが時間の経過とともに変化することはよくあることです。開発作業レイヤーの抽象度を上げるデータベースのテーブルのカラム名は、さまざまな過程の中で最適化されていくので一週間前に決めた名前が、変わることはよくあります。それが一部の関係者だけで共有されている場合、のちに認識のズレが起こります。用語の認識のズレによっては手戻りなどが発生するケースがあります。特にはじめのうちは多いため、愚直ではありますが用語集を用意してドキュメント化するなど、マスターデータとして管理していくことが大事になってきます。その他にも、プロダクトにおけるインクリメント（成果物）の完成イメージ

の共有認識を見える化することも大事になってきます。つくるべきものが、チームの中でぶれている場合、いくらチームとして経験を積み重ねたとしても効果的な学習はできません。

しかし、これは基本的な部分なのですが、意外にもやってみると難しいことがわかります。プロダクト開発は不確実性が高いがゆえに、どうしても情報を抽象的に伝えがちです。例えば、要求を伝える人が「このプロダクトには、柔軟な検索機能が必要だと思っていて、UIデザインはユーザーが検索しやすいような形でお願いしたい」といった要求があったとしましょう。さすがにここまで抽象的なことは少ないですが、人や経験によって、このレベルの抽象的なものを具現化できる能力には差異があります。

同じチームで長年一緒に仕事をしている人であれば、このぐらいのざっくりとした要求でも、今までの経験と要求元との相互主観的部分で、完璧に要求を実現することができるかもしれません。しかし、それではあまりにも不安定になるため、きちんとユーザーストーリーの完成イメージを具現化して全体の共通認識になるぐらいには深く説明する必要があります。さらにそれを「完成の定義」として全員がいつでも見える状態にしておくことが重要です。

この透明性を担保するには、ほか2つの項目ではある「検査」と「適応」が重要になってきます。スクラムのインクリメントや開発の進捗プロセスなどをより短い間隔で頻繁に検査していきます。プロダクト開発に認識のズレや問題はつきものです。それを小さい間に認識し、解決（適応）するというサイクルを回すことが大事です。
はじめは小さな問題だったとしても時間が経てば経つほど、大きくなります。

一方、これは検査のタイミングが難しくあまりにも頻繁に行い開発作業の時間を短くしては本末転倒です。例えば、メンバーの作業進捗を1日のうちに何回もヒヤリングするような検査は逆効果でしょう。

5-4-3　スクラムの価値基準

さらに、この透明性、検査、適応を促進させる価値基準が5つ用意されています。この5つを推し進めることで、スクラムの柱を支えることができます。

- 確約（commitment）
- 勇気（courage）
- 集中（focus）
- 公開（openness）
- 尊敬（respect）

〈**透明性**〉　透明性という部分では、スクラムチームが向かう方向性、ゴールを「確約（commitment）」しなければいけません。そして、そのゴールに対する課題を「公開（openness）」しなければいけません。

〈**検査・適応**〉　一方、検査・適応という面では、プロダクトをつくる中でいくつもの問題や困難が目の前に現れます。その対処をスクラムチームとして「勇気（courage）」をもって取り組まなければいけません。そのためには、目の前の作業と確約されたゴールに対して全員が「集中（focus）」し、お互いの能力を個として「尊敬（respect）」しなければいけません。

この5つの価値基準は、スクラムのフレームワークを促進させるためには重要な暗黙知となってきます。

そして、スクラムは、この透明性、検査、適応のプロセス、それを促進させる5つの価値基準を効果的に実現するためのフレームワークとして、「役割」「成果物」「イベント」の3つの側面で定義しています。

スクラムの全体像を捉えるとこのようになります。

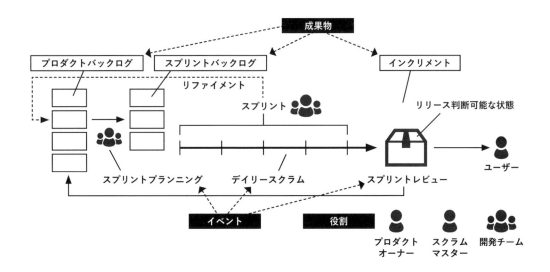

詳しくは後述しますが、役割としては、プロダクトオーナーと呼ばれプロダクトに責任を持つ役割、次に開発チームと呼ばれる実際に成果物をつくるチーム、そしてスクラムマスターと呼ばれるスクラムの理念を伝達してチームをスクラムチームへと導く役割があります。この3つの役割が存在するチームを「スクラムチーム」と呼びます。

また、その成果物についても3つあります。最終的な成果物は「インクリメント」と呼ばれますが、その前に「プロダクトバックログ」「スプリントバックログ」というものが2つあります。それぞれ、成果物になる前の要求/要件一覧といったイメージですが、実際にはもう少し狭義に理解していく必要があります。ここについては後述していきます。

そして、最後にイベントです。スクラムの価値である「透明性」「検査」「適応」の中で「検査」「適応」の部分を司ります。いわゆる「場」をつくることで、スクラムチームの問題点や課題をすぐに発見することを主な目的として、解決へと向かいます。
ここが、戦略的Unlearnでいう「ゆらぎ」をつくり出す場として機能する側面が多くあります。イベントの種類としては「スプリントプランニング」「デイリースクラム」「スプリントレビュー」「スプリントレトロスペクティブ」の4つがメインとしてあります。このイベント群を毎日行うものもあれば、タイミングの周期を決めて行うものもあります。

では、まずは「役割」の部分から見ていきましょう。

5-4-4　スクラムチーム

スクラムには、「プロダクトオーナー」「開発チーム」「スクラムマスター」の3つの役割が存在します。この3つの役割が存在するチームを「スクラムチーム」と呼びます。スクラムチームは、自己組織化することが理想とされており、機能横断的に職能を跨いだチームになります。スクラムチームは、担当するプロダクトに必要なメンバーで構成されています。つまり、役割やメンバーをチーム外にアウトソーシングするのではなく、チーム内のメンバーで完結させることでスピード感をもちながら自己組織化を目指していきます。プロダクトを開発していくに当たって、自己組織化されたチームの外から指示を受けてプロダクトをつくっていくのではなく、スクラムチームの中でプロダクトの機能を完成させ提供可能にしなければ、自己組織化は難しくなります。スクラムチームの中には、職種に囚われることなくプロダクトをつくり出すために必要な専門性をもったメンバーが存在しなければいけません。

例えば、スマホアプリをつくるスクラムチームの構成を考えるとこのような構成になります。

- **プロダクトオーナー**：1名
- **スクラムマスター**：1名
- **開発チーム**：
  - iOSエンジニア：2名
  - Androidエンジニア：1名
  - UIデザイナー：1名
  - サーバーサイドエンジニア：2名
  - マーケティング：1名

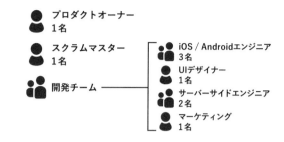

このようにプロダクトの事業モデルを把握した上で必要な技能を1つのスクラムチームで完結させることが大事です。事業モデルからモバイルアプリを提供しているのであれば、モバイルアプリをつくるのに必要なスキルをもったチームでなければいけません。Webサイトをサービスとして展開しているのであれば、Webアプリケーションをつくるスキルをもったチームであることが必要です。

一方、スクラムチームは「プロダクトをつくる」という面のみで完結させていきます。"The New New Product Development Game"の論文でも記載のあるとおり、実際の開発現場を見てみると人事的な部分やチーム外への干渉は必須であり、プロダクト開発におけるすべての活動がスクラムチームのみで完結することは難しいでしょう。必ず溢れる部分は出てくるため、スクラムチームの中で「完結させる部分はどこなのか」をしっかり見極めて、型にはまり過ぎないようにしましょう。

プロダクトオーナー

プロダクトオーナーは、プロダクトの価値の最大化に責任をもちます。そのプロダクトが市場やユーザーにとってどういった意味、価値をもつのか常に考えていきます。それだけでなく、何をつくるべきか、なぜつくるべきか、開発チームをリードする形で伝達しながら、スクラムチームがつくり上げたものをどうやってユーザーに届けて使ってもらうかということまで考えていきます。

価値の最大化の1つとして、投資対効果の最大化があります。これは、ROI（return on investment）と呼ばれ、投資に対する利益のバランスを考えながら価値を最大化していこうという考え方です。Return（利益）÷Invest（投資）でROIは求められます。ROIという範囲で考えるならば、R（利益）を最大化するか、I（投資）を最小化するかの2択でバランスをとっていきます。

プロダクトオーナーは開発者に対して闇雲に機能作成を依頼するのではなく、ROIやKPIモデルといった指標をもとにWhyとWhatを伝えていかなければいけません。こうした指標を無視した形で次々と要件を盛り込むと開発者は疲弊していきます。

こういった指標を加味し、何をつくるべきかをリストで表現したものを「プロダクトバックログ」といいます。プロダクトオーナーは、プロダクトバックログの管理に責任をもつ1人です。プロダクトバックログとは一見、機能一覧に見えますが、プロダクトの「状態」を管理するものです。いわばプロダクトがこれから何をしようとしているのかを示し、常に動き続けているべきものです。

従来の機能要件を一覧化したものとは違い、プロダクトが生きている限りはプロダクトバックログも動き続けます。逆に言えば、スクラムにおいて「プロダクトバックログが何も変化をしていない＝プロダクトにも何も変化がない」ということになります。

その中で、プロダクトオーナーは「プロダクトバックログ」に対して2つのアプローチをしていきます。

- プロダクトバックログアイテムを明確に表現する
- 事業をいち早く拡大させるためにプロダクトバックログアイテムを並び替える

プロダクトバックログ

プロダクトバックログは、プロダクトバックログアイテムと呼ばれる一つひとつのアイテムの集合体です。プロダクトオーナーは、何をつくるべきかをアイテムとして明確化し、プロダクトバックログをつくり上げていきます。

その際に一つひとつのアイテムで何を期待しているのか、なぜ必要なのか、どういったインクリメント（成果物）が欲しいのかをきちんとスクラムチーム全員が理解できるように表現していきます。ここがズレていくと、プロダクトオーナーと開発チームとの間で成果物が違ってくるため、必ず手戻りが発生します。そうなるとリードタイムもかかってくるため、プロダクトオーナーによっては大きな責任の1つとなります。

そして、もう1つの役割で、明確に表現されたプロダクトバックログアイテムの優先順位付けがあり

ます。どの順番でインクリメントをつくれば、より効果が高そうか判断して並び替えていきます。

プロダクトバックログは、スクラム開発において一番の肝です。そのプロダクトバックログに大きな責任があるプロダクトオーナーというものは重要な役割であることがわかるでしょう。いくら、開発チームが生産的で高品質なものをつくり上げたとしても、ユーザーにとっては必要ないものをつくってしまう可能性も多く、何をつくるべきかを判断しているプロダクトオーナーの責任になります。

開発チーム

次に開発チームです。プロダクトオーナーを含めたスクラムチームが定義したプロダクトバックログアイテムをリリース判断が可能なプロダクトを完成させることに責任をもちます。インクリメントを作成できるのは、開発チームだけです。

開発チームは機能横断的でなければいけません。これは開発チームの全員が横断的に作業できなければいけないわけではなく、例えば、マーケティングに強い人、iOS開発に強い人、データアナリストなど、それぞれに専門性をもった個人がいてもよく、むしろ強みを集合させて、プロダクトに貢献し合うことが大事です。もちろん、その垣根を超えて横断的な技能をもった人がいてもよく、そういった強みを持ったメンバーが集まりスクラムチームとして自己組織化することで、より変化に強い組織になります。

開発チームは、プロダクトをつくるにあたって必要な役割が揃っており、全員がインクリメントをつくることに責任をもちます。人数的な規模については、3〜9名の範囲が良いといわれています。これはあくまでも目安の数値ですが、プロダクトをスプリントと呼ばれる1週間から1ヵ月という区切られた期間で、リリース判断が可能なプロダクトを完成させることができる人数であるべきです。これはスキルにも大きく影響するため、一般的にあまりにも人数が少なすぎるとスキル不足などでインクリメントが出来上がってこないこともあります。一方、大人数すぎると経験的な暗黙知の伝達が難しくなり、コミュニケーションコストが膨大にかかるため、逆にプロダクト開発が遅くなる可能性があります。そのため、人数はメンバーのスキルやプロダクトの難易度によって最適化していく必要があります。

同じ文脈のわかりやすい例としてAmazon創業者のJeffrey Bezosが提唱した「The two-pizza rule」があります。これは「社内のすべてのチームは、2枚のピザを食べるのにピッタリなサイズでなければいけない」ということです。あまりにも人数が少なすぎても全て食べられないですし、逆に多すぎても（10名以上）もの足りない可能性が高くなるというのはイメージしやすいのではないでしょうか。

The two-pizza rule

スクラムマスター

最後にスクラムマスターという役割を説明します。スクラムマスターとは、今まで述べてきたようなスクラムの定義をプロダクトオーナーと開発チームに伝達して、理解してもらうように支援していく役割をもちます。

これは、コントロールではなく支援です。トップダウンで指示を出してはいけません。スクラムチームをコントロールする形では、自ら考えて学習する自己組織化する流れが生まれません。そういった意味で、組織の価値を最大化するための取り組みをスクラムマスターがしなければなりません。別名サーバントリーダー（成果を上げるために支援や奉仕をするリーダーのこと）ともいわれ、スクラムという枠組みの中でメンバーが成果を上げるための支援や、障害物を取り除くことが主な仕事となります。

スクラムマスターは、スクラムのプロセスである「透明性」「検査」「適応」を向上させることをミッションとしています。個々の集まりだった集団を「スクラム」という枠組みのプロセスに乗せながら自己組織化を促進する役割をもつため、とても大事な役割になります。

そのため、プロダクトオーナー、開発チームにそれぞれ働きかけなければなりません。例えば、プロダクトオーナーに対してプロダクトバックログの管理方法を支援したり、開発チームの進捗を妨げるものを除外したり、最終的に自己組織化するように意思決定をサポートしたりします。

時には、プロダクトオーナーから開発チームを守らなければいけないケースさえあります。無理がある機能要求や完了の定義が不安定なものを開発チームにアイテムとして落とし込ませる前にプロダクトオーナーとコミュニケーションを取りながら支援し、改善することを促します。スクラムを伝達する場としては、後述するスクラムイベントといった会議のファシリテーションが多く、そこでスクラムの理念などを伝達することがはじめは多いでしょう。

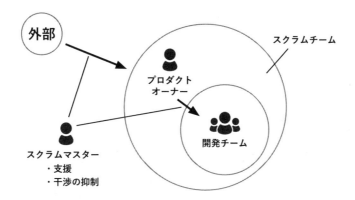

スクラムマスターの不在問題

スクラム開発をする上で、スクラムマスターの存在なしにはスクラムを全員が理解することは難しいでしょう。一方、組織的な課題としてスクラムマスターはスクラムに関する知識がある経験者であることが望ましいですが、組織にそこまでの経験者がいることは稀です。

さらにスクラムチームに「スクラムマスター」という役割があるということは各スクラムチームにある程度のリソースを割ける人材がいなければいけません。しかし、組織が大きくなればなるほど、各チームに専任のスクラム経験が豊富なスクラムマスターを用意することが難しくなります。

1つの手段としては外部からコーチを受け入れ、組織内部からスクラムマスターを育てることが挙げられます。スクラムは経験的プロセスであるが故に、いきなり書籍といった形式的なものでスクラムを学習して急に優秀なスクラムマスターになることは少なく、スクラム経験者から体系的に学ぶことが一番効果的だと考えられます。

スクラムマスターを不在にするのがチームのゴール

一方、スクラムマスターの目的は、自らがいなくてもスクラムチームが回ることです。スクラムの理念を伝えながら、チームの自己組織化を促し、自律的な秩序をもちながら自走できれば、スクラムマスターはいらなくなります。

実際のスクラムチームの現場ではスクラムマスターがいらなくなることは少なく、その基準（いらなくなる基準）も判断が難しいですが、スクラム開発を長く続けているとチームの中にスクラム経験者が多く存在してくるのも確かです。チームメンバーのほとんどがスクラムマスターの経験者という環境もあったりします。

企業は新しいサービスが立ち上がったり、または撤退したりと、チームの組成 / 解体を繰り返していきます。そうすることで社内での人の動きが流動的になり、スクラム経験者が次第に増えていきます。

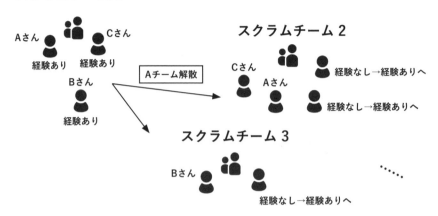

5-4-5　スクラムイベント

次にスクラムにおけるイベントです。スクラムチームがより良いプロダクトをユーザーに届けるために透明性、検査、適応を担保していく必要がありますが、その検査・適応の部分についてスクラムイベントが有効に働いてきます。

スクラムという「型」において、継続的にゆらぎをつくり出す「場」として、このスクラムイベントが機能していきます。スクラムイベントとして4つのイベントが用意されています。

- スプリントプランニング
- デイリースクラム
- スプリントレビュー
- スプリントレトロスペクティブ

この4つのどれもが、組織に動きをもたらしていきます。スクラムでは、この4つの「場」を使いながら、透明性、検査、適応という価値をUnlearnしていきます。

5-4-6 ゆらぎを継続的に生み出す「場」としてのスクラムイベント

戦略的Unlearnを目指すにあたって、ゆらぎの「場」を継続的に生み出す仕組は大事なことです。外部からの刺激によって生まれるチームメンバーとの不安定なゆらぎの中で互いが相互作用しながら自己組織化を目指すには、初めのうちは、ある程度の強制力をもったゆらぎをおこす「場」をつくることが大事でしょう。

そういった意味で、スクラムには豊富にUnlearnさせるイベントがあります。ここをゆらぎのおこる「場」として機能させます。スクラムという「型」では、透明性を担保するためにスクラムイベントをとおして検査・適応を行うというアプローチを取ります。各スクラムイベントには、それぞれ目的が違った透明性を担保するため検査・検知方法があります。

スプリント

まず、4つのスクラムイベントの説明の前に「スプリント」という概念について理解しておく必要があります。スクラムは、いわば一定の反復性をもった開発プロセスの上に成り立ちます。特にスクラムチームは、反復をする中でスクラムの透明性、検査、適応を繰り返していき自己組織化を目指してプロダクトを完成させていきます。

この反復の単位を「スプリント」といいます。このスプリントの期間は、1週間から4週間の期間（タイムボックス）で設定していきます。スクラムチームは、このスプリントの期間で、後述する「スプリントバックログ」といった、その期間でつくるべき機能一覧から、動作するインクリメントをつくり出していきます。

そして、このスプリントという期間の中で、スプリントプランニング、デイリースクラム、スプリントレビュー、スプリントレトロスペクティブといわれる4つの「場」を適切な「タイミング」と「長さ」で実施していきます。

スプリントの期間が1週間だとすると各イベントの「タイミング」は、デイリースクラムは毎日決まった時間に行い、ほかのスプリントプランニング、スプリントレビュー、スプリントレトロスペクティブはスプリントの期間の中で1回だけ実施すれば良いでしょう。

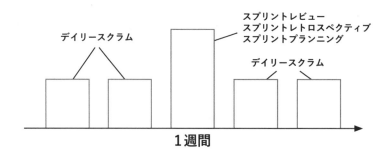

「長さ」という観点では、デイリースクラムは15分程度、スプリントプランニングは最大でも2時間、スプリントレビューは最大1時間、スプリントレトロスペクティブに関しては最大3時間です。これはあくまでも目安にはなりますが、これ以上時間がかかる場合には、プロダクトをつくる時間を圧迫してしまう可能性があるため注意が必要です。時間の長さに関しては、スプリントの期間が倍になれば、その分振り返る成果物の量も倍になるはずなので、スクラムイベントの時間も長くすれば良いでしょう。デイリースクラムに関しては、会話をする内容が1日分なのである程度一定で良いでしょう。

スクラムイベントのタイミングと長さを意識することは生産性にも関わってきます。例えばスクラムイベントのすべてを毎日やった場合、開発チームがプロダクトをつくる時間が物理的に少なくなります。そのため、適切にスクラムチームとして検査、適応を行う必要があります。

スプリント単位の長さも、1週間から最長でも4週間と述べましたが、できるだけ1〜2週間が良いとされています。1ヵ月だとあまりに長く、課題や問題を検査するタイミングが遅れてしまいますし、向き直りにも時間がかかります。基本的にプロダクト開発の周辺は常に変化しているため、1ヵ月先の未来を予測することはなかなか難しく、例えば2週間後に問題を発見したとしても、その軌道修正はさらに2週間後になってしまいます。スクラムイベントは、実施するタイミングが決まっているため1ヵ月というスプリントの長さであれば、スプリントプランニング、スプリントレビュー、スプリントレトロスペクティブも1ヵ月に1回となります。さらにスプリントの期間が長いほど、課題の量や振り返る内容も肥大していくため、スクラムイベントの長さも長くなりがちです。

できるだけ、課題は早期に発見して、小さい間に解決していくのが良いでしょう。そういった意味だと、スプリントの期間は長いことは問題が多いですが、短い分には良いでしょう。

経過時間と課題の肥大化が比例しているとすると、問題の検査、適応は短いほうが良いでしょう。そのため昨今では、スプリントの単位を最短1週間ではなく、1日とするチームもあります。その分、それぞれのイベントの時間は短くなる傾向にあるため、成果物の性質やチーム状況などにあった最適なスプリント期限を設けられます。

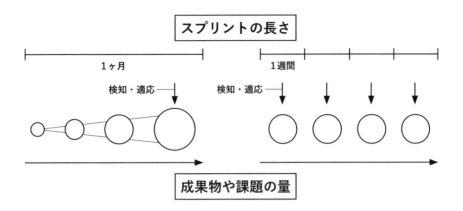

スプリントの中止

スプリントの補足として、プロダクトオーナーは、スプリントのタイムボックスが終了する前に中止を宣言する権限が与えられています。中止にする要因はさまざまですが、このままでは作業を進めていてもスプリントにおけるゴールには到底達しないと考え、作業の向き直しが必要と判断した場合にスプリントを中止して、完成した機能は受け入れ、未着手のものは再見積もりをするなどして、次のスプリントの準備をしていきます。一方、スプリントの中止はスクラムチームの精神的な負担にもなり、再度スクラムイベントを1から行う必要があるため時間的負担も多くなります。そのため、開発チームやステークホルダーを含めて中止するかどうかを考える必要があります。基本的には滅多に発生することがないイベントでです。

スプリントの中止は、スプリントの期間が長ければ長いほど起きやすくなります。不確実性が高い状況下でスプリントの初めには想定していなかったものが、途中から緊急で必要になった場合には当初予定していた成果物が完成しないことは明白なため、中止するケースが多くなります。

これも、スプリントの長さが短ければ柔軟な対応が可能になります。スプリントの締め切りまで「あと1日」の状態で、緊急の差し込みが入ってきたとしても、スプリントの影響度は少なくそのスプリントでつくるべき成果物が完成していれば、リソースを分配して対応すれば良いでしょう。

一方、スプリント期間を1ヵ月にしていた場合で、スプリントの開始数日で、緊急度の高い差し込みが来た場合には再計画のコストもかかるでしょう。

スプリントプランニング

では、ここから具体的に4つのスクラムイベントの説明に入っていきます。まずは、スプリントプラ

ンニングです。

このイベントでは、プロダクトバックログから、次のスプリントで何をどこまでつくるのか、どのようにつくるのかをスクラムチーム全員で計画しながら考えていきます。プロダクトオーナーを中心に作成してあるプロダクトバックログから選択して「スプリントバックログ」と呼ばれる機能リストをつくっていきます。

ただ闇雲に上から選ぶのではなく、スプリントが終わる頃にはリリース判断が可能なインクリメントが出来上がっていることが理想となるため、ある程度ストーリー単位でアイテムを選択していく必要があります。例えば、このスプリントでは「検索機能を提供したい」や「決済機能を提供したい」といったスプリント単位で目標を定めていきます。これを「スプリントゴール」という形で明記していき、スプリントの終わりにきちんと実現できているかを確認していきます。

生産性の指標

スクラムチームは、スプリントゴールを設定する際に「このスクラムチームはどこまでできるか」をある程度予測しなければなりません。スプリントごとにつくられるスプリントバックログを反復的に繰り返すことで、動くソフトウェアをつくっていきます。その際、どのぐらいのスピード感をもってスプリントバックログを消化できるかを予測すること = ユーザーへ価値提供できる時期感がイメージできます。

そこで役に立つ指標として、ベロシティーがあります。ベロシティーとは、1つのスプリントで得られる生産性の指標です。スプリントバックログの1つのアイテムには、ストーリーポイントと呼ばれる見積もりがつけられ、その合計値がベロシティーとして計上されます。「このスクラムチームは、1回のスプリントでこのぐらいのストーリポイントを消化することができる」という指標となります。なぜ消化したアイテムの数でベロシティーを図らないかというと、それぞれのアイテムで重さ・作業量が異なるためです。

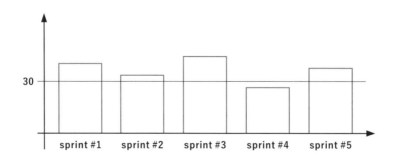

ストーリーポイントによる計測の予測

ここでストーリーポイントという概念が出てきました。ストーリーポイントとはユーザーストーリー（プロダクトバックログアイテム）を見積もるための架空の単位です。つまり、作業量の定量化です。ストーリーポイントは、何に対する見積もりかというとストーリーが「完了」するためのすべての作業に対するものです。ユーザーストーリーが実装されたということは、ユーザーに提供できる状態であり、もちろん本番の環境で利用可能であるということです。

見積もりの方法として、一番有名なやり方はフィボナッチ数列の値で表現するものです。フィボナッチ数列は、1,2,3,5,8…などで表現していきます。

これは、相対見積もりの一種でアイテムの「重さ」を表しています。架空の単位なので、チームメンバー間で限定した価値間の単位です。この手法の肝となる部分は、圧倒的なサンプル数による相対的な見積もりであることです。相対的なサイズの比較といっても良いでしょう。

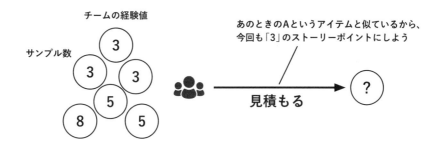

定量化の流れとしては、スプリントゴールとして「検索機能を提供したい」というスプリントがあり、そのスプリントバックログアイテムとして、A、B、Cといったアイテムを完了させる必要があったとします。そうなると見積もる対象は、A、B、Cです。まずは、Aのアイテムに対して開発チーム全員で各々が思うストーリーポイントを提示していきます。このときに重要なことは、「前回のスプリントで行った作業と同じぐらいの重さで、このチームでの「2」とつけたから今回も「2」でいこう」という経験知から来る提示を各々が行い、それが開発チーム全員の共通認識として一致することです。

その次にBのアイテムを見積もる際に、Aのアイテムの大体2倍ぐらいの作業量がありそうだということで「5」をつけるといった形で、スプリントバックログアイテムに対して見積もりをつけていき、このストーリポイントの合計値が、次のスプリントでスクラムチームが消化するべき生産性の指標となります。

一方、単位が架空なので、そのチーム限定の価値観となります。チームが解散して他チームでもう一度スクラムを行うことがあれば、また1からそのメンバーと価値観をつくり直していきます。つまり、スプリントを始めた頃は、ポイントによる見積もりにチームメンバー同士の価値観の積み上げがないため、精度が低くなるケースが多くなります。

そして、スプリントの終わりに必ず結果としてどのぐらいストーリポイント（ベロシティ）を消費したかを確認していきます。それが実際に予測した消費ストーリーポイントの予測とズレがないかを見ていきます。このズレは初期のスプリントだと必ず起きます。スクラムチームの生産性については、経験的プロセスの中でスプリントを反復的に繰り返すことでベロシティーからの計画予測の精度が高くなっていきます。

ベロシティーが安定してくると計画の予測ができます。実際、ベロシティーを上げるために何かをするというよりも安定させることで「予測ができる」ということが、スプリントプランニングでは大事になります。
例えば、このスクラムチームは1スプリントで30ストーリーポイントが消化できることがわかれば、「3スプリント後には、この施策が実施できそうだな」という計画をプロダクトオーナーがイメージすることができます。
そのためには見積もり精度の向上が必要になってきます。

No-Estimates（見積もりしない）というアプローチ

ストーリーポイントによる見積もりの課題として挙げられるものは、スプリントプランニングの時間が長くなる傾向にあることです。一つひとつのアイテムに対して開発チーム全員で見積もりをしていき、ズレがある場合にはそこで議論が始めるため、会議時間が長くなります。
特にスクラムチームが組成されてすぐの形成期や混乱期では、各々のスキルレベルや価値観も違うためズレが発生し、議論も白熱していきます。

一方、チームが成熟してくると「見積もりをする」という作業が必要なくなる傾向があります。

いわゆる、開発チーム全員が思う、各ストーリーポイントのイメージが統一されている状態です。例えば、ストーリーポイント「3」をつけたアイテムの作業量やアウトプットの量、質ともに全員の頭の中で一致している状態です。
この領域までチームをもっていければ、自己組織化に等しい状態といえます。

一つひとつのアイテムに対する作業量・質の感覚的な暗黙知が開発チームのメンバー同士で共有でき

ている状態です。これは、形式的に頭ではわかってもなかなかできないことで、スクラムチームとして近い距離で暗黙知を高めながら開発を進めたことによる賜物でしょう。そのため、チームが成熟していない状態で導入しても、統一された暗黙知がないため生産性が安定せずに予測が難しくなります。

見積もりをしないアプローチのことを「No-Estimates」といいます。これは本来「見積もりをするな」ということではなく「見積もりに踊らされるな」というメッセージです。スクラムに限らず、開発することで大事なことはベロシティーを上げることではなく、ユーザーに価値を届けることです。

No-Estimatesにおける生産性の指標は、消化ストーリーポイント数ではなく、消化アイテム数になります。そのため、チームが一番作業しやすい粒度の作業量のイメージを共有して、1つのアイテムを作成するようにします。例えば、1つのアイテムはストーリーポイントが「3」ぐらいのイメージで作成しましょう、という認識が揃っていれば、生産性をアイテム数で計算しても認識が合います。

見積もりによって得るべきもの、失うもの

そもそも、"見積もりをする"という行為は、"見積もりの精度を高くする"ことが目的ではありません。

- 意思決定する
- 信頼を獲得する

この2つのために見積もりをします。これを忘れてしまうと「見積もりの精度が高い。ベロシティーが安定している！」ということに満足してしまいます。本来はそこが目的ではありません。

「意思決定する」とは、アイテムの優先順位を決めていくことです。「アイテムの価値（消化したときのインパクト値）」と他アイテムとの相関関係を考えた上での「ボトルネック」に探りを入れることで、アイテム同士の優先順位をつけていきましょう。

例えば、Aというアイテムはスプリントゴールを達成するためには必須の機能（価値）で、これを完了させることで後続のアイテムが出てくる（他アイテムの相関関係）、かつAというアイテムは時間がかかるという制約が見えれば、自ずと優先度を上げて対応するべきものとわかります。

そうした判断材料の1つとして見積もります。そして、見積もりと実際の結果の「予実」から学習していきます。

もう1つの「信頼を獲得する」とは、プロダクトオーナーやステークホルダーから、チームへの信頼

です。ここに関しては見積もり＝計画の予測という文脈になりますが「このチームは計画どおりに開発できるのか」「生産性はどうか」といった疑問に対して、見積もりの精度を上げることで、信頼を獲得していきます。

プロダクトオーナーやステークホルダーに対して、「このプロジェクトやこの施策を2ヵ月かかります。完了させるべきアイテムを洗い出して見積もった結果がこちらです」という会話はよくあります。

逆に言うと、チームに対しての信頼度が高くなり、繰り返し正確な予測で安定した生産性を出していれば、何も言われなくなります。「あのチームは、生産性と予測の乖離がなく安定しているので、もう計画書なんていらないよ」となれば、良いチームといえます。

失うものは、時間と心理的安全性です。特にこなしたスプリント回数が少ない頃は、不透明な部分が多く精度の高い見積もりができません。そうするとどうなるかというと

PO：このストーリーってどのぐらいで終わりそうですか？

Aさん：あと1スプリント（1week）で終わります！

やるべきことは、Issueに書いておきました！　1時間程度、調査して見積もりました。

PO：承知しました！それで計画立てておきます。

～1週間後

Aさん：すみません、追加でやるべきことが判明したので、あと2日程度ください！　進捗は80％ぐらいです。

PO：承知しました！

～2日後

Aさん：すみません、設計的に問題があることがレビューでわかり、今後のことを考えてもう少しリファクタリングさせて完了とさせてください！リファクタリングを考慮して、進捗は80％ぐらいです！

PO：進捗80％が2回...

となります。これはAさんが悪いわけでもPOが悪いありません。不確実性が高いから起きてしまうことなのです。これによってチームの雰囲気も悪くなり、再見積もりの時間もかかります。

自己組織化していれば、見積もりはいらなくなる。

いわば、見積もりの考え方というのは、チーム状態と比例しています。
そのチームが安定しているか成熟していて、既に成果を出しているのか。また、その事実を周りが知っているかにもよります。

そもそも、自己組織化したチームは見積もりはどうでも良くなる傾向があります。自分たちがスプリントで安定した成果を出せることを、「自分たち自身」も「周り」も知っているからです。

一概にはいえませんが、タックマンモデルをもとに見積もり方法をマッピングするとこのような形になります。チームを組成して、まだ価値観の積み上げが行われていない場合には、信頼を獲得し意思決定のブレをなくすためにストーリーポイントで大幅に失敗しないようなコントロールが必要になるでしょう。

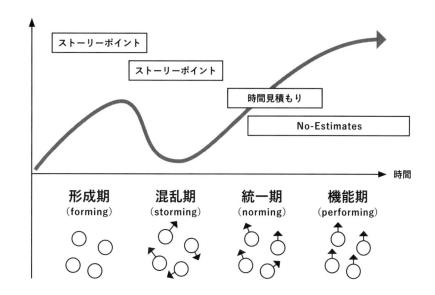

デイリースクラム

スプリントのイテレーションの中で、唯一毎日行うスクラムイベントがあります。それはデイリースクラムです。15分という時間を使いながら、同じ場所、同じ時間という環境の中で、開発チームの状態を可視化していきます。

計画という側面からデイリースクラムを捉えると、スプリントプランニングはイテレーションが例え

ば1週間であれば、次の1週間でやることを計画するのに対して、デイリースクラムは次の1日を計画していきます。より短いスパンで検査を行うことで、問題の複雑化を防ぎ、短い時間で問題の解消へと導いていきます。また、スプリント計画の妥当性もデイリーという単位で見直すことで柔軟な軌道修正を実現できるようにしていきます。

デイリースクラムでは、開発チームに対して以下の問いをしていくことで、検査を行っていきます。

- 開発チームがスプリントゴールを達成するために、私が昨日やったことは何か？
- 開発チームがスプリントゴールを達成するために、私が今日やることは何か？
- 私や開発チームがスプリントゴールを達成する上で、障害となる物を目撃したか？

この問いを開発チームの一人ひとりが答えていくことによって、メンバー同士の相互作用が生まれていきます。困ったことの共有やこれからやろうとしている作業のコンフリクトを防いだりします。そして、何と言ってもスプリントバックログアイテムをベースにした作業の完了を宣言する場は、デイリースクラムです。全員がいる場で、アイテムの完了報告をすることで達成感が生まれてきます。

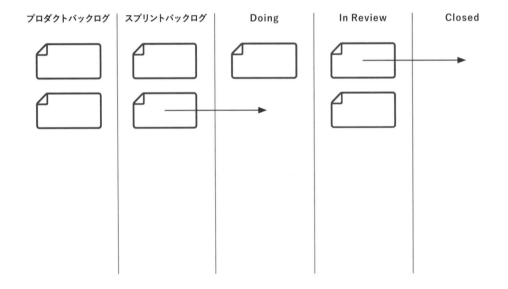

スプリントレビュー

スプリントの終了時にインクリメントの検査を行うことを「スプリントレビュー」といいます。スプリントの終わりに実施していき、スクラムチームとプロダクトオーナーが招待した重要なステークホルダーも参加するイベントです。

開発チームは完成したものをプロダクトオーナーと招待したステークホルダーに対してデモをしていきます。検査という観点だと、スプリントレビューはプロダクトの検査に重きを置きます。
「完成」の定義にプロダクト機能のリリースが含まれていれば、それらをレビューしてもらうことでフィードバックをもらえます。さらに、スプリントでうまくいったことや直面した課題点を共有して、どのように解決したか共有する必要があります。

例えば、ステークホルダーには、企画、マーケティングなどさまざまなケースが存在します。いつも関係者全員を呼ぶのではなく、そのスプリントにおけるスプリントゴールなどに合わせて、必要な時に必要な人を呼んでいきます。たとえ、その場にステークホルダーが来れなくても、別途確認を取る形でも良いので直接フィードバックをもらう場面をつくり出すのが良いでしょう。そうせずにスクラムチームのみで完結し、次のスプリントへ進んでしまうと後々になって、合意形成のズレがステークホルダーとスクラムチームの間で生まれ、大きな手戻りが発生する可能性があります。

よくあるデモの例としては、施策の結果を共有することがあります。そのスプリントで実施したA/Bテストをもとにその仮説があっていたかを確認していきます。仮に新パターンが勝った場合には、それを本導入するか、または新パターンが負けたらどこが要因かを議論して学習していきます。

一方、大きい機能改修などは1スプリントで完了するケースは少ないため、機能を司る一部のアイテムが完了していたとしても、全体を通して機能がリリース可能な状態になったらスプリントレビューへと持っていきます。

一方、プロダクトオーナーがスクラムチームやステークホルダーに対してレビューを行うことがあります。まずはデモを受けて、プロダクトバックログアイテムの中で「完成したもの」と「完成していないもの」について説明していきます。さらに、その進捗からリリース時期の目標を予測していきます。スプリントレビューの結果を踏まえて、次に何をするべきかをステークホルダーも含めて議論していきます。

スプリントレトロスペクティブ

スプリントレトロスペクティブは、スクラムチーム自身の検査と次のスプリントの改善計画を作成していきます。いわゆる「振り返り」と呼ばれるイベントです。タイミングとしてはスプリントレビューが終わって、次のスプリントプランニングが始まる前に行っていきます。

検査の対象は、人・関係・プロセス・ツールです。スクラムチームとしての人同士の関係やプロセス、ツールなどさまざまな角度から「振り返り」を行い検査していきます。振り返りの手法については後

述しますが、どの手法もうまくいった項目や課題の洗い出し、今後の改善が必要な項目を整理していき、次のスプリントへと活かしていきます。

問題の検査ではなくモチベーションの向上

スプリントレトロスペクティブの活動において、問題の検査からの改善に重きを置くケースが多いですが、スクラムチームが次のスプリントへと向かう意欲の向上に務めることも大事なことです。

実際、スプリントにおける問題の検査や改善は、デイリースクラムで行っていきます。さらに、問題の検査からの改善はデイリースクラムが適しています。デイリースクラムにより、問題が小さなうちに発見でき、その場で解決する糸口を全員で考えることができます。そのため、スプリントレトロスペクティブの場で、課題と向き合う必要がなくなります。実際、羅列されるものは、デイリースクラムで改善したものが多くなります。

逆にデイリースクラムをうまく活用できていないスクラムチームは、スプリントレトロスペクティブ時に課題が多く浮き彫りになり、議論の時間が長くなる傾向があります。具体的な「振り返り」の方法は後述していきます。

以上が、スクラムイベントの説明になります。

5-4-7 　スクラムの成果物

スクラムチームにおけるスクラムイベントを通じて、どのような成果物が出てくるのか説明していきます。スクラムの成果物は透明性が大事になってきます。スクラムチームおよびステークホルダー全員が成果物の価値を理解し、共通理解とすることで、意図しない成果物が生まれないようにしなければなりません。

プロダクトバックログ

1つ目は、「プロダクトバックログ」です。プロダクトを動くソフトウェアとしてつくり出すために、すべての要求が詰まった機能の一覧ことをいいます。プロダクトバックログの一つひとつの項目のことを「プロダクトバックログアイテム」といいます。その中には、機能・要求・要望・修正・テスト実装などあらゆるものが存在します。

プロダクトバックログは、常にプロダクトと同期している

プロダクトバックログは、プロダクトがこれから何をつくるのか、どんな価値を提供しようとしているかを示しているものです。プロダクトにおける要求は市場の変化やニーズの変化などから、常に完成することはなく絶え間なく変化していきます。それと同期する形でプロダクトバックログも変化に対応していく必要があります。新たな機能要求が生まれればプロダクトバックログアイテムとして起票されていきます。

プロダクトに対する変化は、このプロダクトバックログから始まります。そのため、常にプロダクトの状態やこれからの価値提供について表現しなければならず、かつ開発チームに対してそれが「透明性」の観点で完全に伝わっていなければいけません。プロダクトバックログの透明性を担保する取り組みとして、「リファインメント」という活動をする必要があります。作業内容としては、プロダクトバックログのアイテムに対して以下の作業を行っていきます。

- このアイテムで実現したことを詳細に追記していく
- アイテムの見積もり
- アイテム同士の並び替え

この3つの作業をプロダクトオーナーと開発チームが協力しながら行っていきます。この作業は、透明性を担保しながら、効果的な経験主義のプロセスの促進に繋がります。イテレーションの間隔が、例え1週間であっても変化は絶え間なく起こるため、スプリントの始めに行うスプリントプランニングでの予測は外れることが多いです。

スプリントの最中にステークホルダーとの会話の中で、アイテムが実現したいことが足りていないと、その要求について追加で詳細な説明を追加したり、それによって見積もりが多くなったり、スプリントの途中でも常にプロダクトバックログアイテムを更新したりしなければなりません。また突然、緊急度の高い依頼が来たりすると消化できると思っていたアイテムが消化できず、アイテムを並び替えながら、一部のアイテムの優先度を落としてスプリントゴールを目指さなければなりません。

こういったリファインメントの作業はいつ起こるかわからないため、その都度スクラムチームとして合意を取りながら取り組んで行きます。

また、プロダクトバックログはアイテムベースですべてに優先順位付けされ、並び替えが行われています。基本的に、スクラムチームはプロダクトバックログアイテムを上から順に実現していけば、プロダクトは完成していくのですが、すべてのプロダクトバックログアイテムに対して、詳細化や並び

替えが行われている必要はありません。

リファインメントからもわかるとおり、スクラムは経験的プロセスを経ることで透明性を担保していきます。そのため、本来は1,2ヵ月後に行うプロダクトバックログアイテムの詳細化に現段階でリソースを割くのではなく、ある程度仕様や要求が固まっているものから明確な詳細を追加していきます。しかし、どこまで先のアイテムを詳細化するかの塩梅は難しいところで、少なくとも直近のスプリントで行うことがあまりにも抽象的では開発チームが何を実現すれば良いかわからず、見積もりもできません。そのため、次のスプリントで行うために必要なプロダクトバックログアイテムは詳細化されているべきです。

プロダクトバックログの実態を見てみると、並び順が上のプロダクトバックログアイテムほど明確で詳細になります。並び順が下のアイテムほど不正確で詳細ではないことが多いです。

未来の不確実性が高いためアイテムの一つひとつを詳細化ができないという反面、そのアイテムの開発に着手する必要が出てくる頃には、そのアイテム自体が不要となっている可能性もあるため、着手すべきではないという側面もあります。無理に詳細な説明や正確な優先順位付けにリソースを割くのは得策ではないと言えます。

完成(Done)の定義

プロダクトバックログアイテムの構成についても見ていきましょう。その中で一番大事なことは、「完了の定義」です。つまり、「完成」のイメージについて可視化したものです。これをスクラムチーム全員が共通認識として理解していきます。このアイテムは何を実現して欲しいのかを表現するものなので、ここにブレがあると透明性が担保できずに認識の齟齬が生まれてきます。それをもとに開発チームが見積もりをしていきます。人によっては誰がこのアイテムを担当しているのかということも可視化していく必要があるでしょう。

「完成の定義」の中身は、スクラムチームによってさまざまですが「完成している」と全員で判断する条件となります。例えば、以下のような形でアイテムによってバラバラです。

- **検索機能が実装されていること**
- **開発チームのコードレビューが通過されていること**
- **開発環境にデプロイされていること**

この「完了の定義」は、スプリントプランニングの際に明文化されている必要があり、開発チームは

その定義/要求に対して、見積もりをつけていきます。詳細化する前提として「Readyの定義」という概念があり、これが整っていることが「完了の定義」を詳細化できる条件となります。例えば、「検索機能を実装する」というアイテムがあったときにどういった条件で検索できるべきかという要件が固まっていなければ実装ができません。例としては「ジャンルで検索できるようにする」といった要件があり、そのジャンルについてもどんなジャンルがあるかなど、きちんと詰めた上で「検索機能を実装する」というアイテムが着手可能となります。

一方、Readyの定義が整い「完了の定義」が詳細化できたとしても、スプリントの最中に何かしらの要因で外部環境などが変更になるケースがあるため、リファインメントを通じて常に詳細化されていきます。

インクリメント（成果物）

インクリメントは、アイテムの中で完成したと判断されたものです。つまり「完成の定義」をクリアしている必要があります。
前述したとおり「完了の定義」は、スクラムチームとして完成したといえる状態を明文化したものですが、すべてのアイテムに共通して言えることは、プロダクトオーナーがリリースする/しないの判断が常に可能になるように、開発チームは動作可能な状態にしておかなければなりません。

スプリントバックログ

スプリントバックログは、プロダクトバックログアイテムの中からスプリントゴールに合わせて選択されたアイテムのリストです。
例えば、スプリントゴールとして「検索機能が欲しい」といった目標設定であれば、プロダクトバックログアイテムから対象のアイテムをリスト化してスプリントバックログをつくっていきます。

スプリントバックログは、開発チームが管理します。開発チームがスプリントゴールを達成するために必要な作業がすべて盛り込まれており、例えばプロダクトオーナーと別に少し先を見越して継続的な改善のアイテムを入れることも可能です。
例えば、前回のスプリントレトロスペクティブの振り返りで出てきた優先順位の高いプロセスの改善策を少なくとも1つは含めておくことが良いとされています。
また、現在進行中のスプリントのスプリントバックログアイテムに関しては、Readyの定義と呼ばれる、着手に必要な作業がすべて完了していて、完了の定義も詳細に最新化されている必要があります。

5-4-8 スクラムを始めよう

最後にスクラム全体の流れを掴んでいきましょう。

今回は、例として新規開発するケースで考えていきます。スクラム開発およびアジャイル開発をしているとさまざまなプラクティスが登場してきます。

例えば、作業の可視化のための「かんばんボード」やスプリントレトロスペクティブで行う「振り返り」の手法などがあります。今回はスクラムの流れの中でどんなプラクティスが登場するかも合わせて見ていきましょう。

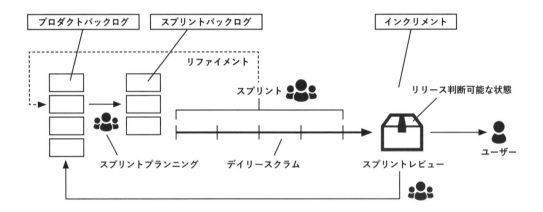

スプリントゼロ

当たり前ですが、スクラム開発を始める際には、何もないところから始まります。1つあるとしたら、まだ形になっていない事業モデルでしょう。

大きく分けて、スプリントを始めるために必要なものは、スクラムチーム、開発する環境、プロダクトバックログの3つです。その他にも予算の確保やインセプションデッキと呼ばれるプロダクトにおける概要やトレードオフをまとめたドキュメントなどもありますがここでは、一番大事なプロダクトバックログから話をはじめていきます。

そのため、前提としてスクラムチームや開発する環境は準備されているとします。こういったスプリント#1を始める準備期間のことを「スプリント#0（ゼロ）」と言います。

プロダクトバックログをつくる

まずは、プロダクトを表現したプロダクトバックログをつくっていく必要があります。

これはプロダクトオーナーの目線でつくっていきます。プロダクトバックログをつくるにあたって必要なものは、ユーザーストーリー単位で分解していきます。それを、Chapter3で述べたユーザーストーリーマッピングに落とし込んでいくことで、プロダクト全体を通して何をどの順番でつくれば良いかをイメージしていきます。

再掲になりますが、同じくECサイトのユーザーストーリーマッピングを見ていきましょう。

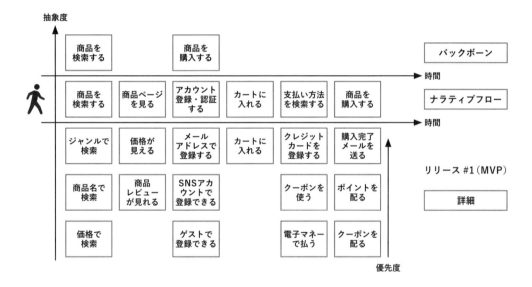

まずは、ユーザーストーリーを整理していきます。アクティビティとしてユーザーストーリーを大きく分けていきます。

〈バックボーン〉
- **商品を検索する**
- **商品を購入する**

この2つをユーザーストーリーとして見ていきます。その次のステップとして「商品を検索する」「商品を購入する」というユーザーストーリーに対して、ユーザーの物語であるナラティブフローを記載していきます。

〈**ナラティブフロー**〉

- **商品を検索する**
  - 商品を検索する
  - 商品ページを見る
- **商品を購入する**
  - アカウント登録・認証する
  - カートに入れる
  - お支払い方法を選択する
  - 商品を購入する

さらにそこから、細かい仕様の部分を洗い出していきます。

〈**詳細**〉

- **商品を検索する**
  - 商品を検索する
    - ジャンルで検索
    - 商品名で検索
    - 価格で検索
  - 商品ページを見る
    - 価格が見える
    - 商品レビューが見える
- **商品を購入する**
  - アカウント登録・認証する
    - メールアドレスで登録する
    - SNSアカウントで登録できる
    - ゲストで登録できる
  - カートに入れる
    - カートに入れる
  - お支払い方法を選択する
    - クレジットカードで登録する
    - クーポンを使う
    - 電子マネーで払う
  - 商品を購入する
    - 購入完了メールを送る
    - ポイントを配る
    - クーポンを配る

ここまでユーザーストーリーが分解できたら、おおよそ必要になるプロダクトバックログアイテムをつくれます。ユーザーストーリーマッピングでバックボーンからナラティブフローを可視化することで、このプロダクトをつくるために必要なユーザーストーリーが見えてきます。今回は、さらにナラティブフローからユーザーストーリーの詳細まで分解しましたが、ここは不確実性が高く現時点で不確定なものは無理をして分解しなくても良いでしょう。

プロダクトバックログ

商品を検索する	商品を検索する	ジャンルで検索する
		商品名で検索
		価格で検索
	商品ページを見る	価格が見える
		商品レビューが見える
商品を購入する	アカウント登録・認証する	メールアドレスで登録する
		SNSアカウントで登録する
		ゲストで登録する
	カートに入れる	カートに入れる
	支払い方法を選択する	クレジットカードを登録する
		クーポンを使う
		電子マネーを使う
	商品を購入する	購入完了メールを送る
		ポイントを配る
		クーポンを配る

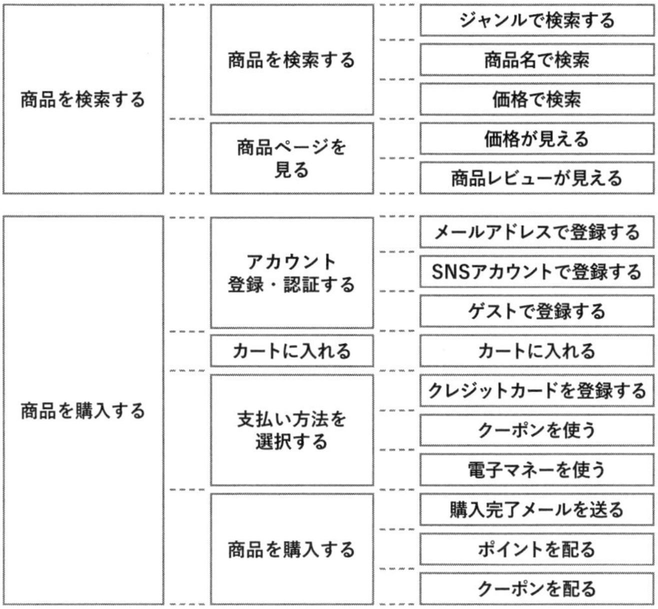

そして、次に初期MVPをどこに置くかを決めていきます。仮説が検証できる最低限の機能要件をつくっていきます。機能を盛り込みすぎず、しかしユーザービリティーも考慮して考えていきます。今回は、下図の矢印の線を仮説検証するためのリリースボーダーラインとしました。

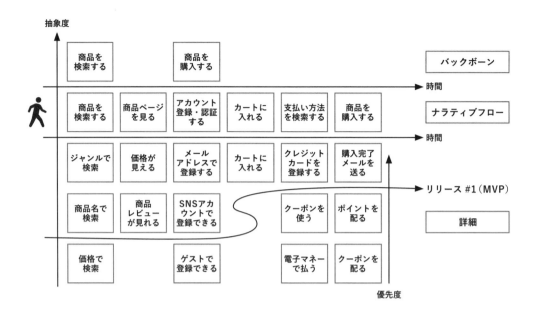

ここまでできれば、プロダクトバックログに戻りアイテムの整理と優先順位付けをしていきます。

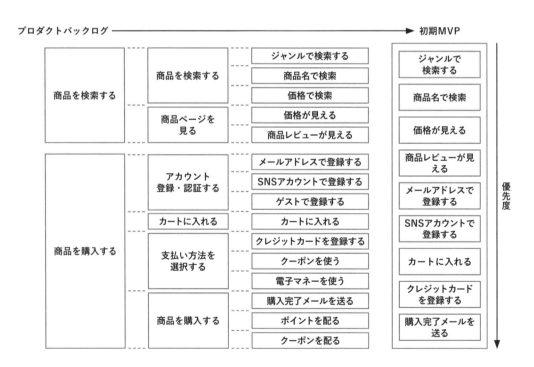

ここまで来れば、プロダクトバックログ自体は一旦完成で良いでしょう。あまり、先の未来のことを

考慮してスプリントゼロのタイミングでアイテムの詳細化や正確な並び替えは必要ありません。経験的プロセスの中で、直近のアイテムのみの透明性を確保しながら、検査、適応を繰り返し徐々にプロダクトバックログの精度を上げていけば良いでしょう。

スプリントゼロでは、開発できる段階まで行えば良いでしょう。ユーザーストーリーマッピングからプロダクトバックログが可視化されれば何をつくるべきかをリスト化できるため、開発がはじめられます。もちろん、ほかにも開発メンバーを集めるフェーズや、開発環境の構築、インセプションデッキと呼ばれるプロジェクトの概要をまとめた資料の用意、チーム全員で共通理解をつくる作業があります。

スプリント #1

スプリントゼロを経て、スクラムチームでスプリントを開始する準備が整いました。

一番はじめに行うことは「スプリントプランニング」です。スプリントゼロでユーザーストーリーマッピングからつくり出したプロダクトバックログからスプリントゴールをつくっていきます。

しかし、はじめはスクラムチームがどのぐらいの生産性を出せるかが未知数のため、希望的観測からスプリントゴールを設定していきます。ここでは仮に「商品を検索する」の中から、下の2つをリリース判断可能な状態にするというのをスプリントゴールとしましょう。

● ジャンルで検索
● 商品名で検索

ここでの合意は、開発チームおよびプロダクトオーナー、ステークホルダーと取りつけましょう。

次に、そのスプリントゴールを実現するために必要なプロダクトバックログアイテムを選択して、今回のスプリントバックログをつくっていきます。必要となるのは、「ジャンルで検索」「商品名で検索」の2つです。
スプリントバックログは、開発チームがメインで管理していきます。プロダクトオーナーとしては「ジャンルで検索」「商品名で検索」がリリース判断可能な状態になっていれば良いので、その他の開発チームが必要としている作業があれば、スプリントバックログアイテムに追加していきます。
例えば、リリース作業の自動化や成果物を公開する環境構築といったアイテムです。

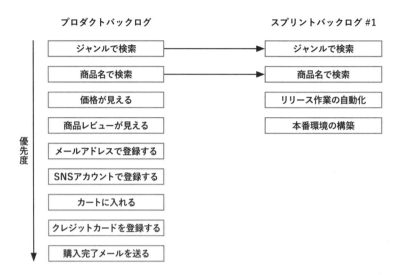

また、この時点で「完了の定義」が詳細化されていない部分があったため、プロダクトオーナーが中心となりこの場で記載していきます。大事なのは合意です。スプリントを始めるこの時点で「完了の定義」がスクラムチーム全体で認識が取れていることが大事で、ここがブレてしまうと成果物は違う状態のまま開発が開始されてしまいます。

特にスクラムチームが組成されてすぐのスプリントは、まだ互いのことや価値観もはっきりとわかっていないため、コミュニケーションをうまく取りながら慎重に進めていきましょう。

また、スプリントバックログが出来上がったら、次に開発チームが見積もりをしていきます。今回は、フィボナッチ数列を使い開発チーム全員で認識を合わせ、一旦ストーリーポイントを「5」としました。これは相対見積もりでつけています。

これでスプリント開始に必要なものが出揃いました。スプリントのタイムボックスは1週間です。

かんばんで透明性を高める

かんばんボードとは、開発チームの作業の状態を可視化したものです。スプリントバックログの中で、どのアイテムが進行中なのか、逆にどのアイテムが完了しているのかを一気通貫して可視化します。そうすることで透明性が担保され、残りのスプリント期間でどのぐらいアイテムを消化しなければならないのか、そして現段階の状態がわかります。

典型的なかんばんボードは、主に4つのレーンに分かれています。

- スプリントバックログ：まだ未着手のスプリントバックログ
- Doing：現在、進行中のもの
- In Review：レビュー中や質問中といった作業をしておらず、待ちの状態
- Closed：「完了の定義」をクリアして完了したアイテム

スプリントプランニングによってできたスプリントバックログをはじめとして、開発チームのメンバーが自発的にレーンにあるアイテムを取り、Doingのレーンへ移動させます。そして、コードレビューなどを通過して「完了の定義」を満たしたタイミングで、Closedのレーンへ持っていきます。これが基本的な動きです。

このかんばんボードは、非常にシンプルなタスク管理です。可視化方法としては、物理的なホワイトボードの使用やツールの使用が考えられます。どちらもメリット・デメリットがあるため、どちらを採用するかはチームの判断となります。

ただし意識するべきことは、スクラムチームとして独自のやり方や自律的な動きによって自己組織化を促すため、必ず「余白」というものが必要になるということです。その余白が「ゆらぎ」による差分になってくるため、かんばんボード1つとっても、チーム色を出しやすくレーンをカスタマイズしたり、ちょっとしたことをかんばんボードに書き込めるスペースがあったりすることで、独自に変化させられるようになります。特にかんばんボードはスクラムチームが一番参照する箇所でもあります。そのため、変化に柔軟に対応できるだけの余白をつくりましょう。

問題の検査・適応を行うデイリースクラム

スクラムイベントの中で一番重要となるものがデイリースクラムです。

開発チームは、スプリントバックログを上からアイテムを取っていき開発していきます。次のイベントは毎日決まった時間と場所で行われる「デイリースクラム」です。そこでは、問題の検査が行われ

ます。開発チームの全員に対して、3つの質問をしていきます。

- 開発チームがスプリントゴールを達成するために、私が昨日やったことは何か？
- 開発チームがスプリントゴールを達成するために、私が今日やることは何か？
- 私や開発チームがスプリントゴールを達成する上で、障害となる物を目撃したか？

ここで、あるメンバーから「アイテムの中で「完了の定義」には書かれていないことをやる必要があることがわかりました。そのため、当初の予定より見積もりをオーバーするかもしれません」という問題提起がありました。同様にほかのメンバーからも同じような声が上がっており、スプリントゴールが達成できないかもしれない、という懸念がでてきたため、スクラムマスターは、プロダクトオーナーと開発チームに提案をして「リファインメント」を行うことにしました。
プロダクトオーナーは「完了の定義」をさらに詳細化した上で「Readyの定義」に漏れがないかを確認して、それをもとに開発チームとスクラムマスターが再度見積もりやアイテムの分解を行いました。

スクラム開発を行っているとリファインメントはある程度、頻繁に行う場面が出てきます。それは、頭で考えているときよりも実際に手を動かして開発を進めていくことで、後から気づくことが出てくるためです。

スクラムのフレームワークは、こうした経験によって得られるものをうまく適応していく活動できるような仕組みが多く用意されています。デイリースクラムを4日間の開発の中で毎日行うことで、小さい問題の検査から解決していきます。同時にその日に完了したアイテムをスクラムチーム全員で確認し合いながら、達成感もチームで共有していきます。

また、デイリースクラムは問題の検査に重きを置いています。一方で、問題の解決をしようとするとデイリースクラムは長くなる傾向があります。デイリースクラムのタイムボックスは15分です。そのため、議論になりそうになったら一度デイリースクラムは終わらせて、その後関係者だけで再度議論する場を設けることが必要となります。

スプリント終了　スプリントレビューへ

スプリントのタイムボックスが終わりを迎えたタイミングで「スプリントレビュー」を行っていきます。スクラムチームとプロダクトオーナーが招待したステークホルダーも参加します。スプリントの期間で、終わったアイテムをもとに開発チームはデモを行います。

今回は、スプリントゴールであった「ジャンルで検索」「商品名で検索」について、機能としては完成

したためデモを行います。

流れとしては、そこからプロダクトオーナーおよびステークホルダーからフィードバックをもらいます。ここで「検索窓をクリックしたタイミングで検索候補のサジェスト（キーワード候補）を出すのかどうか」という意見が出ました。

結果としてこれは、スクラムチームとして採用となりプロダクトバックログへ起票されました。

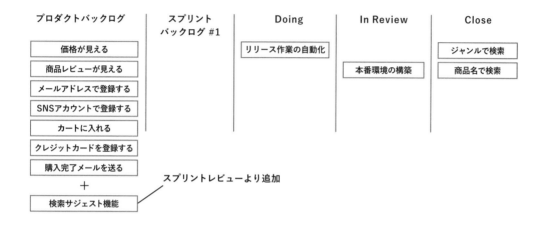

このあとプロダクトオーナーは、プロダクトバックログアイテムの中で今回のスプリントで「完成したもの」とまだ実装できてない「完成していないもの」について説明していきます。

今回の進捗から、次は商品詳細ページの実装も完了できそう、と判断して何をつくるべきかを説明しました。

向き直りを行う　スプリントレトロスペクティブへ

スプリントレビューが終わったら、次に「スプリントレトロスペクティブ」を行っていきます。今回のスプリントをスクラムチームで振り返っていきます。ここではプロダクトに対するだけではなく、スクラムチーム自身の検査を強く意識していきます。スクラムのプロセスや価値基準をチームとして理解しながら進められているか考えていきます。逆にプロダクトに関する課題の検査・適応はデイリースクラムで行っているため、この場で改めて大きな問題が出ることは少ないでしょう。

振り返りの「型」にはさまざまな方法があります。振り返り方によって、検査したい内容も変わってきます。

今回は、代表的な2つの「振り返り」を見ていきます。

- YWT
- Fun/Done/Learn

まずは、YWTから見ていきます。

- Y：やったこと
- W：わかったこと
- T：次にやること

特徴としては、個人の主観的な言葉が出てくることです。振り返りを行う際に、メンバーによっては
なかなか項目が出てこない人もいます。それは振り返りのハードルが高くなっていることが多く「チー
ムの問題点を見つけて良い改善点を出さなくては！」となってしまっているためです。

一方、YWTはハードルが低く、どんなメンバーでもスプリントの中で「やったこと」は必ずあるはず
です。そこから少しでも「わかったこと」があり、「次にやること」を出していきます。経験に基づく
振り返りのため項目が沢山出てくるという利点があります。しかし、スプリントの初期だと、まだチー
ムが完成していないことや、そこまで見る余裕がないメンバーも多いことから、なかなか項目自体が
出てこない傾向にあります。

はじめは、主観的で個人的な項目を出しやすいYWTがおすすめです。

続いて、Fun/Done/Learnです。

- Fun：楽しかったこと
- Done：完了したこと
- Learn：学んだこと

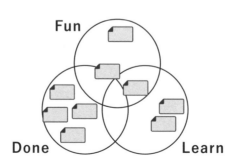

Fun / Done / Learnは、主に「楽しさ」を共有できる振り返りです。さらに副次的にチームの傾向を可視化できます。基本的にやり方は同じでメンバーは付箋に振り返りを書いていきます。そのあとは、チームもしくは個人がその付箋がどこに属するかを決めます。まずは、ファシリテーターが中心に全員の意見を求めながら、付箋が所属しそうな場所を決めていきましょう。

出てくる項目の傾向としては、ポジティブな内容が多くなります。課題が出てきても、そこから学んだこと（Learn）は何かを考えて出していくためでしょう。単にマイナスなことを書いてもFun/Done/Learnのボード上には、貼る箇所がありません。

また、副次的に付箋が集まっている箇所から現在のチームの状態を可視化できます。3つのパターンを簡単に見ていきましょう。

〈**最高のパターン**〉　私が思う最高のパターンは以下のとおりです。今回のスプリントは、楽しかった(Fun) + 完了もした(Done) + 学ぶことも沢山あった(Learn)という状態です。

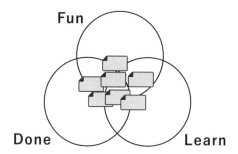

〈**楽しい（Fun）が、結果何も終わっていないパターン**〉　これは、新しい技術を導入した際などにありがちで、はじめは学びもあり刺激的なのですが、プロジェクト全体からみるとDoneしていないのでこの状態がずっと続くとチームとしては厳しい状態になるでしょう。

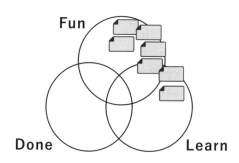

しかし、これはチームの状態として何を重要視するかによって解釈が変わってきます。

いくら、Doneが多く生産性が上がっていたとしても、楽しく（Fun）なければチームの心理的安全性は担保できていないともいえます。一方、このスプリントは集中してDoneをこなしていくことが必要にも関わらず、FunとLearnが多く、Doneが少ない場合には問題になります。逆にDoneだけが多めであっても、チームの共通認識として「いまは楽しさや学びよりも、とにかく生産性をあげていくべき」という指針があるのであれば、FunやLearnが少なくても問題はありません。

さて、YWTでもFun/Done/Learnでも振り返りで出た項目から、問題があればその内容の深堀りや課題を明確化することはスクラムマスターの役割となります。また、振り返りの手法はチーム状況やメンバーの特性、事業フェーズによって変えるべきなので、定期的に見直しをかけても良いでしょう。

振り返りを通じて、今回のスプリントの良い点、課題点の深堀りが完了し、チームの解像度を上げていきます。振り返りの場は、仕事をしている中で一番リラックスするべき「場」です。堅苦しく緊張感のある、振り返りの場では、言いたいことも言えません。ここで問題の深堀りができなければ、どんどん溝が深くなるため雑談を通じながら、気軽に思っていることや悩んでいることをスクラムチーム全員が発信できるような場づくりをしていきましょう。

次のスプリントで活かしたい点をチームで再確認できたら、無事スプリントは終わりです。

そして、次のスプリントへ

振り返りが終われば、あとは次のスプリントで必要なアイテムをプロダクトバックログから選択し、スプリントバックログをつくっていきます。ここがスプリントの締めになります。

スプリントをこなすたびにスクラムチームは学習してアップデートされていきます。それは技術的なスキルはもちろん、チームとして成果や価値を出すためにはどうすれば良いかをスプリントの回数を重ねるごとに認識していきます。

5-4-9 スプリントを計測する

スプリントレビューが終わり、スプリントレトロスペクティブでスプリントを振り返ったら、次はスプリントプランニングという流れですが、どこかのタイミングで今回のスプリントが正常だったかどうかを計測する必要があります。

かんばんを中心に、開発プロセスをトラッキングして定量化していくことで、データ駆動な開発プロセスを実現していきます。

- **チーム状態の傾向を検査（Fun/Done/Learn）**
- **チーム生産性が安定しているか（ベロシティー）**
- **生産性のボトルネックはないか（累積フロー図）**

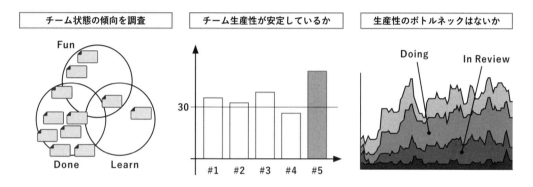

振り返りについては、Fun/Done/Learnを利用することで、チームの状態を検知します。正確に数値化するというよりも、あくまでもチームの傾向を見ていきましょう。

ベロシティーについては、チームの生産性にブレがないかを可視化することで、計画の予測を変更するべきか、そのままで問題ないかを観察していきます。あまりにもベロシティーの数値が上下していると見積もりの精度に改善の余地があるので、検査していきます。

そして、最後にかんばんボードのパイプライン（Doing、In Review...）の移動時間をトラッキングしていきます。パイプラインとしては、SprintBacklogからDoingのパイプラインに移動させます。そして、「完了の定義」を実現したら、チームメンバーへレビュー（In Review）を依頼し、それが完了したらClosedへ移動させることで、正式に1つのアイテムが完了になります。

そこで例えば、チームのベロシティーが下がっているという問題が発生しました。この場合、単純に各メンバーの生産性が低いと決めつけるのではなく、どのパイプラインで遅延しているのかを観察していく必要があります。これを計測するためには、累積フロー図を観察していきます。

累積フロー図によって「Doing → In Review」「In Review → Closed」の2つのレーン間のアイテム移動時間、およびアイテムがそのレーンに滞在している時間が分析できます。

これにより、「Doing → In Review」への移動、つまりアイテムを「完了の定義」に沿って終わらせる時間は短いことがわかりました。一方、「In Review → Closed」のレーン、つまりチームレビューを

通過して、正式にアイテムを完了へと移動させるパイプラインに時間がかかっていることが判明しました。ここがボトルネックです。これは、チームメンバーが作業に集中してしまい、他メンバーの成果物のレビュー作業にリソースを割けていない状態を表しています。

これでは、個人の生産性は上がるかもしれませんがチームの生産性は上がりません。このバランスを定量的に計測することで、個人ではなくチームとして価値を出すにはどのような活動をすれば良いかが見えてきます。

このようにスプリント全体を通して計測することで「透明性・検査・適応」がより鮮明に分析可能になっていきます。

以上が、スクラムという「型」の説明となります。スクラムは、3つの価値（透明性・検査・適応）を担保するために、開発のプロセスだけでなく役割や成果物、イベントといった部分までを包含したフレームワークであることがわかります。

5-5 暗黙知から差分を出す

戦略的Unlearnを生み出す構造について、これまで紹介してきたスクラムやXPといったプラクティスの型などを組織としてインプットしていきます。インプットはそれだけでなく、あらゆる外部からの情報も当てはまります。ユーザーからのフィードバックや他社サービスからの情報など、あらゆることを指します。その入力値によって、組織の中にある既存の知との差異から不安的な「ゆらぎ」が生まれてきます。
そこから学習する組織をつくるわけですが、そのゆらぎを継続的に起こす「場」が必要です。スクラムやXPの型にはそのプラクティスが用意されています。例えば、スクラムイベントがそれに当てはまります。XPの説明にもあるとおり、学習する組織へと自己組織化するための流れをつくるため、まずは既存のプラクティスを導入することで組織内に「ゆらぎ」をつくります。それから、既存の知と新しい刺激としてのプラクティスをうまく調和しながら、そのチームに最適化された型をつくり出していきます。

その型から「ゆらぎ」をつくり、既存の知と新しい知の「差分」を出していきます。そのときに大事なのは、組織が「知」というのものをどうつくり出していくかその「流れ」を見ていくことで、型からチームにあった形で差分をつくり出せるでしょう。

5-5-1 暗黙知と形式知

私たちが「知る」という行為には大きく分けて、暗黙知と形式知があります。

「暗黙知」とは、一言でいうと言語化されていない感覚的で身体的な知識のことです。経験知ともいい、経験として体に馴染んでいるが言葉として説明できない知識のことです。この暗黙知には、大きく分けて2つあります。メンタルモデルを代表とする「認知スキル」と、ノウハウや技巧、熟練といった「身体スキル」。

「身体スキル」は自動車の乗り方について考えるとわかりやすいでしょう。自動車の乗り方をいくら座学で学んだとしても、いきなり運転できる人は多くないでしょう。実際に自動車に乗り、ハンドルを握り、アクセスを踏む、などの体験を通じて運転を体に染み込ませていきます。アクセルやクラッチ、ハンドルを操作しながら運転する感覚はとても論理的に説明できません。
私たちはこうした感覚の知を沢山持っており、何度も失敗し、トライすることで体に覚えさせていきます。これは、スポーツやアートの世界でも言えることでしょう。天才的な身体能力や芸術性は、科学的に法則として言語化されたものを取り入れた部分もありますが、その多くは「どうやって習得したのかはわからない」といった感覚的なものです。

「認知スキル」の暗黙知には認知モデルの代表的な概念としてメンタルモデルがあります。これは、個々人が根深くもっている特定の物事に対するイメージやモデルのことを指します。
例えば、小さい頃に遊園地のお化け屋敷に行ってとても怖い思いをしたという経験をしたならば、その人は「どんな遊園地でもお化け屋敷は怖いものだ」というメンタルモデルが形成される可能性が高くなります。人はさまざまな意思決定をするときに過去の体験や経験をもとにしたメンタルモデルをもって行動することが多いとされています。

一方、「形式知」とは、言語化、理論化されている知識のことです。感覚的な知識を形式化して全員にわかるような形で知識を共有することができるようになります。世の中にはさまざまな理論があります。身近な例でいえば、アジャイル開発という概念も「形式知」の1つで、初めは暗黙知的な部分だったものを「アジャイルソフトウェア宣言」として言語化することで形式化し、広く知られるようになっていきます。形式知にすることで、暗黙知と違い広い範囲に自走して知というものを広げることができます。組織でいえば、マニュアルやルールなどが形式知の代表例でしょう。言語化された形式知があることによって、組織内に情報やビジョンが伝達していくために大事な知識体系になります。

この暗黙知と形式知の歴史を辿れば、もともと暗黙知と形式知の2つの知識形態は、ハンガリーの科

学哲学者Michael Polanyi 著「暗黙知の次元」で提唱された概念です。それまでは言語化されて参照できるような「形式知」のみを知識として捉えていました。しかし、すべての知識は暗黙的なものが根底にあるとし「暗黙知」を提唱しました。

ポランニーの用語を引用する形で、野中郁次郎がナレッジマネジメントの分野としての暗黙知と形式知を定義していきました。ポランニーの言う暗黙知と、野中郁次郎らの暗黙知は、厳密にいうと定義が異なります。ポランニーは「人は、言葉に出来るより多くのことを知ることができる」といい、言葉にできるものとできないものの両局面があり、後者の方が圧倒的に多いと言っています。そして、その暗黙知と形式知は相互作用することはなく、区別されていると言っています。つまり知識を言語化して形式知的に伝達するのが不可能な存在を「暗黙知」としています。

しかし、野中郁次郎はこの考えを再定義し、暗黙知と形式が相互変換して交わりながら知識が創造され発展していくと考えました。これをSECIモデル（セキモデル）として定義しました。

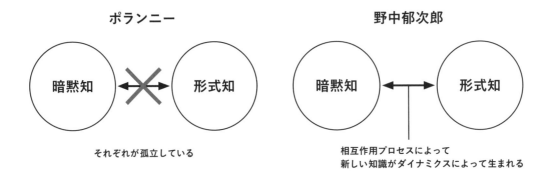

し SECIモデルで流れをつくる

5-5-2 SECIモデルで流れをつくる

SECIモデルとは、暗黙知と形式知の2つの知識形態が、相互作用して変換を繰り返すことで「知識変換」が行われ、新しい知識が創造され拡大するという集合知モデルの理論です。個人の知識モデルではなく、個人 → グループ（チーム）→ 組織といった範囲まで、暗黙知と形式知の相互変換によって「知」を広げていきます。また、SECIモデルのサイクルを重ねることで、徐々にその厚みが増していきます。その厚みが個からチーム、組織へとスパイラルに広がっていきます。

相互作用のプロセスには以下の4つがあります。

- 共同化（Socialization）（暗黙知→形式知）
- 表出化（Externalization）（暗黙知→形式知）
- 凍結化（Combination）（形式知→形式知）
- 内面化（Internalization）（形式知→暗黙知）

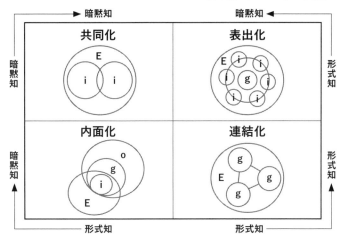

i＝個人、g＝グループ、o＝組織、E＝環境

共同化（Socialization）（暗黙知→暗黙知）

はじめは、共同化というフェーズです。「暗黙知」から「暗黙知」を生み出していきます。ここで大事なことは共感です。個人が組織の中で経験して蓄積した暗黙知をほかの誰かの暗黙知として伝達していきます。

組織の中でいうと、チームマネジメントがうまい人の近くにいると、その人の仕事の仕方や話し方などを五感によって感じ取った経験は誰しもあるかと思います。

そうした、身体的な近さ、五感で覚える「知」というものは言語化されているわけではなく、理論化されていない暗黙知というものをほかの人に伝達していき、共有していくプロセスです。特徴としては、伝達範囲は限りなく小さく、言語化されていないため広く組織に伝達することは難しくなります。

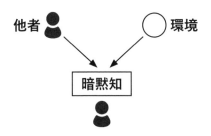

表出化（Externalization）（暗黙知→形式知）

次は、表出化のフェーズに移ります。共同化によって暗黙知の共有が小さい範囲の中で行われた後には、それを言語化して広く暗黙知を伝えることが必要になってきます。暗黙知→形式知の流れです。組織の中でチームマネジメントがうまい人のやり方を暗黙知として受けとったあとは、それをナレッジ化して、誰でも再現可能な状態にしていきます。ナレッジにして言語化してしまえば、あとはそのリファレンスを組織の人たちが参照して実践することで自走できる形が生まれてきます。この表出化で初めて「知」というものが形として誕生します。

ただし、これを完全に言語化することは難しいという点に注意しましょう。形式知としてアジャイル開発を見た際にでも、組織が「アジャイル宣言」に書かれていることを読んだとしても、言語化した人の意図どおりにアジャイル開発を実践できるとは限りません。大事なことは、このあとに出てくるフェーズを含めてどれだけSECIモデルを反復して回せるかということになります。

凍結化（Combination）（形式知→形式知）

次は「形式知」同士を組み合わせ、参照して新しい理論や物語をつくり出す、凍結化のフェーズになります。世の中には、たくさんの言語化されている形式知があります。自分たちが思いつく感覚的な暗黙知を形式知に成長させたとして、実はもう言語化されているケースや、共通項が多い形式があります。凍結化のイメージは既存の形式知をアップデートする形で新たな形式知をつくることで、形式知を組み合わせて新しい文脈をつくります。

世の中のほとんどの理論が、既存の理論を引用しながら組み合わせ、アップデートする形で成り立っています。
そのため、知識のアップデートが可能になるケースは、知識形態として「形式知」同士のときです。

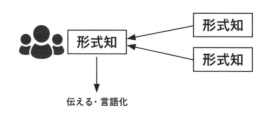

内面化（Internalization）（形式知→暗黙知）

最後のサイクルとして、形式知を再度個人に落とし込んで暗黙知を生む活動をします。形式知を作業のマニュアルとすると、実際にそのマニュアルをもとに実践して行動します。その際に体験を通じてきちんと馴染むかどうかを見ていく必要があります。

これは、「わかる」と「できる」の文脈でも同じことが言えます。頭ではマニュアルとして理解していたつもりでも、実際に行動してみたときにできるとは限りません。「知」のサイクルを考える際には、きちんと形式知を個や集団に落とし込み、それが暗黙知として体で理解できるかを実践していくことが大事になってきます。

以上がSECIモデルの概要です。どんな知識もはじめは、個人の暗黙知から始まり、小さい範囲で感覚として人に伝達されます。それを人に伝達するために、形式知となり言語化されることで、誰でも理解できる「知」となります。

さらに形式知同士が融合し、アップデートする形でさらなる形式知が出来上がります。

そして再度、個人に落とし込んだときにそれが「できる」ものとして浸透するか、それからさらなる暗黙知が生まれるかを見ていきます。

こうした「知」のサイクルを多く回すことは、個から組織へとスパイラル形式で拡大させ、組織学習を促進させることで自己組織化された組織になるための大きなヒントを与えてくれます。このSECIモデルのサイクルを合理的に高速で回すことができるということが、組織学習ができていることの指標の1つとなるでしょう。

戦略的Unlearnは、まさにSECIモデルを代表とする組織の中で、「知」というものをどのように循環させ、構築させていくかが重要になります。SECIモデルの中では、あらゆるところで「知の積み上げ」をする部分があります。自分の暗黙知を表出化する過程で言語化して形式知にすることや、逆に違うメンバーからの形式知を自分の中に落とし込む内面化の工程を通して、知識のアップデートをチーム全体で行っていきます。

あるメンバーが「今よりもいい方法を発見してドキュメントにまとめたのでこれをチームに導入したいです」といった会話でも、ドキュメントという形式知を自分の中に浸透させ、実践を通して「できる」ことにしていきます。

あるいは暗黙知が反応して、さらにアップデートを加えるかもしれません。その過程で、既存の知識を整理しながら積み上げるUnlearnの作業が全体をとおして必要になります。

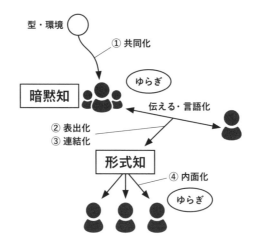

5-5-3 アジャイルと暗黙知

SECIモデルの暗黙知と形式知の相互変換プロセスにおける集合知モデルは、アジャイル型の開発と親和性が高いことはイメージしやすいでしょう。

アジャイル宣言からもわかるとおり、「個人との対話」や「動くソフトウェア」を重要視しています。これは形式化されたドキュメント「だけ」を重視するのではなく、動くソフトウェアをもとに対話するという行為は、暗黙知と型式知をチームの中で共有し、プロダクトに関する共感をつくり出すことだと言えます。共感なくして良いプロダクトはつくり出せません。これはチーム内はもちろん、ユーザーに対しても当てはまります。

> 私たちは、ソフトウェア開発の実践あるいは実践を手助けをする活動を通じて、よりよい開発方法を見つけだそうとしている。
> この活動を通して、私たちは以下の価値に至った。プロセスやツールよりも個人と対話を、

包括的なドキュメントよりも動くソフトウェアを、契約交渉よりも顧客との協調を、計画に従うことよりも変化への対応を、価値とする。すなわち、左記のことがらに価値があることを認めながらも、私たちは右記のことがらにより価値をおく。

暗黙知とアジャイルという観点では、Chapter4で前述した「群れるアジャイル」について言及しました。アジャイルのさまざまなプラクティスは、チーム単位で"群がって"行うことを前提としており、よりメンバーが近くで暗黙知を感じながら開発を進めることで、学習が進むような設計になっています。

モブプログラミングで暗黙知を共有する

ここで、アジャイル型のプロセスの中で、暗黙知が生まれやすいモブプログラミングという手法を紹介します。

モブプログラミングとは、ペアプログラミングのように一人二組ではなくチーム全体で群がって行うプログラミングです。そのため、その場でできた成果物は、全員のレビューを通過している状態であり、暗黙知がその場の全員に共有されることになります。

Chapter3で前述した「フロー効率」と「リソース効率」といった文脈では、モブプログラミングは「フロー効率」を重視して、各々が並列にアイテムを消費するのではなく、群がってアイテムを次々に消費していきます。当然、複数人で1つのアイテムに着手するため、人の稼働率は下がりますが、結果としてレビューが不要となります。また、モブプログラミングにプロダクトオーナーも参加していれば仕様のズレもなくなるため、結果としてプロセスの最小化に繋がります。

- **リソース効率** …… 各々の「人」に対してのリソースを最大限稼働させる
- **フロー効率** …… 各々の「プロセス」に対してのリソースを効率よく稼働させる

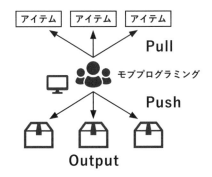

しかし、モブプログラミングはチームでは導入することが難しい、という話をよく聞きます。少し議論から外れて、なぜアイテムを分解してそれぞれの個人に割り当てるのかについて考えていきます。ここがモブプログラミングという型を組織に導入するという文脈でのUnlearnにつながるポイントでもあります。

まず、一番に考えられるのは「不安」というバイアスです。自分が何もタスクをもっていないことで周りに自分は何もしていないと思われるのではないかという不安的な側面が多く、これに派生して「個人の作業を可視化して監視しよう」といった、行動を取りがちです。アジャイル型のプロセスでは、チームとして価値を出せていれば良く、個人を監視する必要はありません。

次に「効率性」というバイアスです。いわゆるモブプログラミングは生産性が上がるはずがない！という先入観です。各々が並行してアイテムをつくったほうが効率は良いはずだ、という考えから導入を見送ってしまうケースもあるでしょう。

生産性については、実際に導入してみないとわかりません。結論はないですが、型をインプットしてゆらぎをつくりながら最適化させていきましょう。

群がる、のイメージとしてよく挙げられるのはシステム障害の場面です。各々がアイテムをとって開発していたとしても、プロダクトが障害を起こしダウンしたときのことを考えてください。その際は、自分がいま行っている作業の手を止めて、チーム全員で障害からの復旧を目指すでしょう。1つの「障害を復旧する」というアイテムを全員で行っていきます。原因を特定するメンバーもいれば、影響範囲についてステークホルダーに説明する人もいます。各々が役割を考えながら自律的に行動しなければ、いち早く復旧はできません。そこにメンバー一人ひとりがタスクをもっているか、いないかという不安のバイアスなどはなく、全員が1つの目標に向かっていくという姿勢が見られることでしょう。Swarmingしているとは、この障害を全員で復旧するためにはどうしたら良いかを考えるイメージにとても近いです。

5-6 パターン化して広げる

戦略的Unlearnの最後に、そのチームにあった形式知をパターン化する必要性について見ていきます。

5-6-1　パターンをつくる

パターン化とは、差分から生まれたその組織の独自プロセスを形式知として新たにつくり出すことです。

その形式理論的なパターンに関する背景や実現方法を言語化したものをパターン・ランゲージといいます。これは建築家のChristopher Alexanderが建築・建設の世界で提唱した知識記述の技法です。アレグザンダーは、町並みや建物に繰り返し訪れる関係性の様子を抽出して「パターン」と呼び、それを言語化（ランゲージ）するための記述・共有方法として、パターン・ランゲージをつくりました。私たちが町並みや建物に感じる「居心地がよい」などと感じるためには、何かしらの法則性、関係性があると考え、それを再現できないかを考えました。そして、アレグザンダーは253個のパターンとしてまとめたものを「パターン・ランゲージ」という書籍で発表しました。

デザインにおける経験知を「パターン」という小さい単位にまとめます。パターンを伝達するために必要なことは以下のとおりです。

- どんな「状況」のときに
- どんな「問題」が発生しやすい
- そんなときには、この「解決」を適用すれば改善するかもしれない

この「状況（Context）」「問題（Problem）」「解説（Solution）」の3つ記載した上で、「名前（パターン）」をつけていくことで、1つのパターンができあがります。

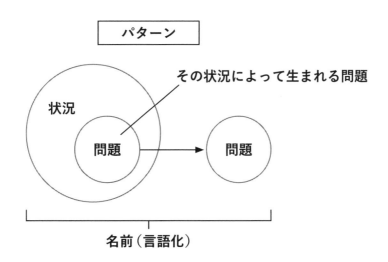

319

アレグザンダーが目指したのは、建築・建設の世界で利用者や作り手といった、誰もがデザインのプロセスに参加できる環境づくりでした。それをXPのKent BeckやWard Cunninghamらがソフトウェアの世界に持ち込みました。

暗黙知を抽象化させ、パターン化することで形式理論的に表現でき、他者と共有することができます。その後、デザインパターンと呼ばれるソフトウェアの設計ノウハウを知見化したパターンへと発展し、組織構造のパターンをまとめた組織パターンへと広がっていきました。

また、アレグザンダーは、そうした町並みや建物のいきいきとした様子をQuality Without A Name（無名の質、名もない質）といっています。これがまさに、ゆらぎの中から生まれる差分のイメージと類似する点でもあります。暗黙知を体験しながら表現していく中で、「名もない質」が次々と生まれてきます。

スクラムやXPのような暗黙知を大事にする型においては、「名もない質」がたくさん発生するようにできています。実際にスクラムには「Scrum Pattern Community」というコミュニティーサイトの中でパターンが定義されています。

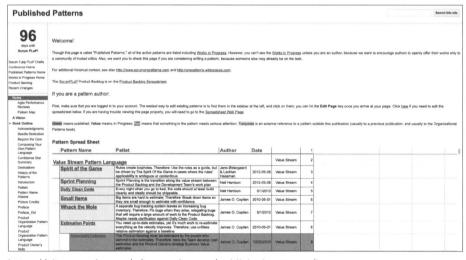

https://sites.google.com/a/scrumplop.org/published-patterns/home

チームにおいても、自分たちのパターン・ランゲージをつくりましょう。あらゆるパターンは、他者がつくったものです。そこには、それぞれの「状況」「問題」があり、それぞれの主観が入った「解決」があります。そのため、パターンをそのまま適用することを目的としているものではなく、既存パターンを参考にしながら、自分たちの「状況」「問題」にあったパターンをつくっていくことが価値になります。

5-6-2　統治分割でパターンを広める

パターンをつくったのならば、その型をつくったチームでブラッシュアップしていくのはもちろん、ほかのチーム、組織にも広げていきましょう。そうすることで、組織全体がより良くなるでしょう。

各々がパターンをつくっていき、それを型としてあらゆるチームや組織に落とし込み、ゆらぎをつくりながら暗黙知へ落とし込んでいきます。そして、それぞれの「状況」「問題」にあったパターンとしてアップデートしていき、それを違うチームがまた参照していくというサイクルを回していくことで、強い組織にしていきます。

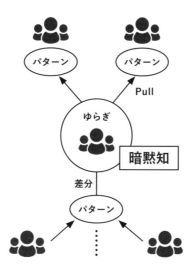

トップダウンではなくボトムアップで広げる

パターンを広めるときに注意する点は、トップダウンではなくボトムアップを大事にする点です。ここまで見てきてわかるとおり、根幹にあるのは「暗黙知」の重要性です。トップダウンでプロセスを標準化して、強制的にパターンを導入させるのは危険です。それぞれのチームが、保有しているプロダクトやチームメンバーによって生まれるゆらぎによる暗黙知を大切にして、それぞれに最適化したプロセスをつくる必要があります。

言い換えれば、「分割統治」と呼ばれる分割して統治（まとめる・おさめる）するのではなく、逆の「統治分割」で組織をつくっていきます。統治分割とは、個人やチームという閉じた単位で統治させ、そこで生まれたもの（パターン）を分割していくことです。

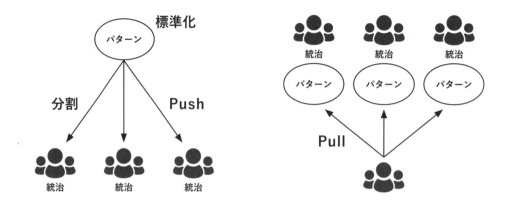

組織文化は個の影響度と多数決で決まる

パターンやスクラムが組織に浸透するかどうかは、実際、個の影響度と多数決で決まる（浸透する）ケースが多くあります。特に暗黙知を大事にしたようなパターンの場合、実際に経験者がいるかどうかが鍵となってきます。

例えば、良い成果が出ているチームAがいました。しかし、担当していたサービスがクローズしたため解散しました。チームAのメンバーは、それぞれチームB、チームCに配属されていったとします。

ここで大事なのは、成果が出ていたチームAのメンバーが、それぞれチームB、チームCに参画したからといって、両方のチームが同じようにうまくいくとは限らないことです。これは単にコミュニケーションやプロセスの問題ではないことが多いためです。

ある一人のメンバーが「チームAではスクラムでモブプログラミングがうまくいっていたのでやりましょう！」と暗黙知的な経験談で伝えても、その人の信頼度やほかに経験しているメンバーがいるかによって組織文化への適応度が変わってくることが現実です。

組織文化は多数決によって決まる傾向があります。5人で1チームだとして、1人だけスクラムを知っている状態の場合だと、導入しても成功するまでに時間がかかります。理想としては、5人のチームだったら、3人は実務レベルでスクラムを経験していないと素早く適応できないでしょう。
仮に多数決で負けていたとして、それでも上手くいったとすれば、それはアジャイルコーチといったスペシャリストがいるケースが多いでしょう。全員がスクラムにおいて初級者で、1から書籍を読みながら暗黙知まで落とし込むには時間がかかります。また、新しい取り組みの時間は事業環境の中ではないかもしれません。

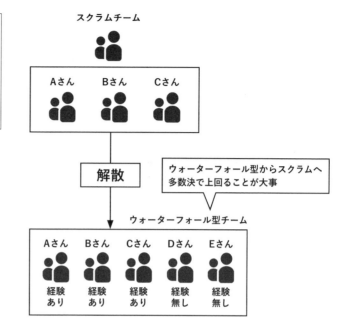

一方、そのスクラムを知っている3人が、さらに別のチームに散るケースを考えるときも気をつけましょう。チームA、B、Cに1人ずつ散ってしまうと、多数決に負ける場合があるので再現性という観点ではハードルは上がります。方法としては、3人全員を「チームA」に行かせて、チームメンバー全員（仮に5人）にスクラムを理解してもらうことで経験者を増やし、将来的に多数決で勝つしかないでしょう。

こういった、多数決的な考え方もありますが、それ以上に発言した個の影響力に依存していることも多くあります。組織ヒエラルキーの役職/役割によっても変化していきます。これが良い部分で働くケースもありますが、逆に働く場合もあるでしょう。

本来は、「成果が出るものであれば、誰が言おうと文化として導入されている世界」なのにも関わらず、組織文化の注入について「個」の影響度が依存しているのはあまり良くありません。
役員が言おうと、入社したての新卒が言おうと、良いものは良いと判断されなければいけません。

それを回避するためには、学習できる組織を素早くつくり上げ、自己組織化された状態で、できるだけ並列にそれぞれのチームが暗黙知的なノウハウとして形式知へと落とし込み、統治分割の方式で広げていく必要があります。

チームがスケール/スケールアウトする前に暗黙知がサイロ化（連携が取れていない）している事態を

防ぐように、できるだけ事例をつくったほうが良いでしょう。また、暗黙知から形式知へと変換していきましょう。

案件やプロジェクトを個の手腕で回しているだけでは二流で、それに再現性をもたせる部分までできれば一流です。個人に依存する形ではなく、個がもっている暗黙知をパターン化して、ある程度誰がやっても成功するパターンをつくれることこそが戦略的Unlearnで目指すべき部分です。

Chapter 5 まとめ

- 組織に継続的なゆらぎをつくるために型（プラクティス）を導入してみる
- 戦略的にUnlearnを促す「型」して、アジャイル型のスクラムとXPがおすすめ
- スクラムには継続的にゆらぎをつくり出す「場」が多くある
- XPの思想には、組織が継続的改善を進められるようにプラクティスが多く用意されているため、まずは導入してゆらぎをつくり出すのに良い
- 「知」の体系として、暗黙知と形式知がある
- 暗黙知と形式知の相互作用による変換プロセスによってゆらぎから学習できる組織の「知の流れ」をつくり出す
- 型をそのまま、カチッとはめ込むのではなく、独自のプロセスをつくる参考としてみる
- 型から見えた、チームや組織独自のプロセスをパターンとして言語化する
- そのパターンを広めることで、他チームや組織の課題解決にも繋がり、強い組織ができる
- パターンを広めるには、分割統治ではなく統治分割で行う

参考文献

- Kent Beck、Cynthia Andres 著、角 征典 翻訳「エクストリームプログラミング」（オーム社、2015）
- 江渡 浩一郎 著「パターン、Wiki、XP〜時を超えた創造の原則」（技術評論社、2018）
- スクラムガイド（https://www.scrumguides.org/docs/scrumguide/v2017/2017-Scrum-Guide- Japanese.pdf）
- 野中 郁次郎、山口 一郎 著「直観の経営「共感の哲学」で読み解く動態経営論」（KADOKAWA、2019）

Part **1**

事業を科学的アプローチで
捉え、定義する

Part **2**

**強固な組織体制が
データ駆動な戦略基盤を
支える**

Part **3**

データを駆動させ、
組織文化を作っていく

Chapter **6**

組織構造から発生する
力学を操作する

Chapter 6

組織構造から発生する力学を操作する

Chapter4とChapter5において、データ戦略の中で学習できる組織がなぜ必要なのか、そしてそれをどのようにつくっていくのかを見てきました。

Chapter6では、自己組織化されたチームやプロセスの型を使っているチームを集合体とみなして、組織としての構造を設計し、操作することによって、あらゆる行動を促進する方法や、逆に抑制する方法を考えていきます。

私たちは、組織における役職や役割、チーム構造によってあらゆる制約を受けています。
コミュニケーションを取るべき範囲やレポートライン、報告・連絡・相談をどこにするべきか、裁量や権限はどのくらいあるのかなど、組織で事業をつくるためには、人をどう動かすかを構造として設計していかないといけません。

今回は、DMM.comの開発組織構造を例に見ていきますが、決まった構造があるわけではなく、それぞれに最適化された動きをしているため良い意味で一枚岩ではありません。
そのためベースにある「考え方」を提供するイメージで見ていただければと思います。

6-1　DMM.comの開発体制

DMM.comは数多くの事業を自社サービスとして抱える事業会社です。まずは、その開発体制について見ていきます。
大きく分けると、3つのレイヤーが存在します。

事業サービス単位で存在する事業組織とプラットフォーム的な役割を果たしている横断組織、データ戦略には欠かせないデータ組織があります。

すべてのレイヤーはサービス規模やドメイン規模の単位で存在することが多く、規模として事業部な

のか、チームという単位なのかは異なるため、「プロダクトチーム」という呼び名で統一します。

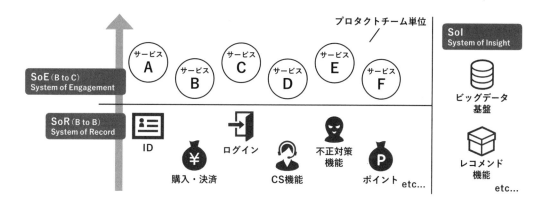

この2つは、SoE（System of Engagement）、SoR（System of Records）、SoI（System of Insight）という用語で整理することができます。

この3つはシステムを基準として整理する考え方で、Geoffrey Mooreが2011年に発表したホワイトペーパーで提唱されました。

組織構造とシステムの関連性を見ていく際にわかりやすく分類できるため、それぞれ見ていきましょう。

- **SoE（System of Engagement）**…… **ユーザーとの接点をもつシステム（サービス）**
- **SoR（System of Records）**…… **正確な記録をメインとした基盤システム**
- **SoI（System of Insight）**…… **ビッグデータ基盤やレコメンド機能のシステム群。ユーザーのインサイトを見つけて提供するシステム**

SoE（System of Engagement）

SoE（System of Engagement）とは、ユーザーのエンゲージメントを司るシステムです。つまりは、事業サービスです。

上図でいえば、サービスA〜F群で、ユーザーから直接売上や成果を受け取る部分です。ここはイメージがしやすいでしょう。

SoR（System of Records）

SoR（System of Records）とは、「記録するためのシステム」といえますが、サイトのプラットフォームを支えるシステムとイメージするとよいでしょう。

例えば、会員登録、ログイン機能、決済や購入基盤などがあります。サービスが複数あったとしても、

同一のIDで一度ログインすれば横断的に利用でき、欲しいコンテンツを見つけて購入しようとしたときには、どのサービスを使っていたとしても同じ決済手段が利用できるようになります。

SoRとは、このようにユーザーにはあまり見えない機能をSoEシステムに提供することで貢献していきます。

SoI(System of Insight)

データ駆動戦略において、データというのは一番重要な武器となります。

システムでいえば、ユーザーの行動ログを蓄積させるビッグデータ基盤があり、そのビッグデータ基盤のデータから機械学習モデルをつくり、それを基にレコメンドするシステムなどがあります。

それを主にSoEシステムに提供することで、商品レコメンド機能などを実現していきます。

6-1-1 自己組織化されたプロダクトチーム

前述した、SoE、SoR、SoEで構成されるシステム群を1つのドメインと捉えて、それぞれにプロダクトチームが存在します。

例えば、SoEでいえば、サービスAチーム、サービスBチーム、サービスCチームといった形で組織体が存在し、SoRでも購入・決済基盤を構築しているチーム、IDを中心に会員連携基盤などをつくるチーム、SoIでいえば、ビッグデータ基盤をつくるチームや、レコメンドエンジンをつくるチームなどが存在します。

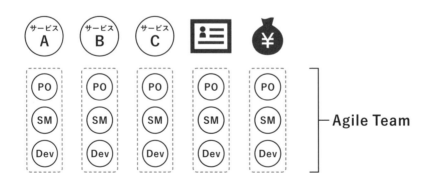

それぞれのチームは「スクラム」を導入していることが多い。

スクラムではなかったとしてもアジャイルプロセスを採用し、イテレーションの中で開発を進めています。

スクラムであれば、プロダクトオーナー（PO）やスクラムマスター（SM）、開発チーム（Dev）があります。

前述したとおり、スクラムは職能横断的なチームなので、サービス提供媒体がスマホアプリであれば、iOSアプリ、Androidアプリをつくるために必要な人的リソースが開発チームの中に存在するようにします。

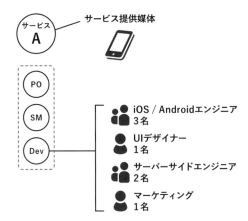

このプロダクトチームは、事業フェーズに関係なく在籍しています。

よくプロジェクト単位で人が集まり、新規構築が終わったら他のプロジェクトへ移動するといったプロジェクトチーム性ではなく、0→1のフェーズも1→100といったグロースするフェーズまで担当します。

そのため、事業を拡大させる部分まで責任があり、仮説検証プロセスを回しながら事業をグロースさせる必要があります。

一方、その中で新しいプロダクトが必要になれば、新規構築をそのメンバーで進めるなど、プロダクトと供にチームも成長させていきます。

6-1-2　組織構造と裁量 / 権限の相関性

それぞれのプロダクトチームが自己組織化する方法を解説します。

まずは自己組織化するために必要な権限や裁量をチームに与え、チームが自走しながら意思決定をできるようにします。

一方、データ戦略という観点では、チームのメンバーがSQLを書き事業に関するデータを分析する必要があります。少なくとも事業のKPIダッシュボードは、プロダクトチームで作成していきます。よりマクロなサービス同士を横断したデータなどは、後述する専門のデータアナリストチームが行いますが、業務に必要となる基本的なデータは自分たちで分析していきます。

プロダクトチームに権限が適切に降りていない状態だとバリューストリームが長くなります。

例えば、1つのA/Bテストを実施するにも、エスカレーションして承認が必要になり、リードタイムが長くなる傾向にあるためスピード感が出ません。

正しい権限と裁量がチームに対して渡っていないと、そもそもアジャイルチーム体制にしている意味が薄くなってしまいます。

変化の早い事業環境に対応する組織は、いかに権限と裁量をきちんとプロダクトチームに渡していけるかが重要なポイントになります。

目指すべき組織から組織構造を考える

どのように裁量と権限をチームに与えていくべきかについては目指したい組織から逆算して考えます。「今後は、市場やユーザーの変化に対してスピード感をもって対応しなければいけない。そのため、チームに意思決定をしてもらいたい。」といった目標となる組織方針があったとします。

ここでは目指したい組織に必要なことを以下の3つと仮定しました。

1. 意思決定の速さ …… 少人数であること
2. 意思決定のスムーズさ …… 外からの介入率が低いこと
3. 小さく失敗できる …… 失敗許容性を分析できる予算の可視化

この3つを満たすような組織構造を考えてみましょう。ぱっと思いつくのは、アジャイル型の組織でしょう。

アジャイル型でもスクラムを組織構造として導入すれば、スクラムのパターン自体が少人数の組織で

あるべきで、かつ自律的な動きを求め、自己組織化を促すフレームワークであるため、ある程度きれいに導入すれば意思決定の速さやスムーズさは担保できるでしょう。

一方、アジャイル型のプロセスを導入したのにも関わらず、小さい意思決定にも承認を求めるようなレポートラインが残ることや、スクラムチームのスプリントバックログにステークホルダーが介入することでリードタイムが長くなります。
そこは権限と裁量を適切な範囲で渡していくべきでしょう。
組織構造を変えるということは、そこに流れる人やモノ、情報の流れも最適化する必要があります。その流れがスムーズになるように、適切な裁量と権限を渡していきましょう。

3つ目の「小さく失敗できる」という点でも、プロダクトチームが事業の失敗による影響度を管理するために、プロダクトチームにある程度の予算が見える形でなければいけません。

このように目指すべき姿から逆算して組織構造をつくっていくことで、そこから発生する力学を意識しながら設計していきます。
この目指すべき姿からのアンチパターンとしては、このような組織構造があるでしょう。あくまでも例のため、この構造でもうまくいくケースはあります。

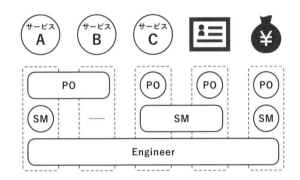

プロダクトチームで意思決定を速めていきたいのにも関わらず、POがサービスを跨いで兼務している状態では、人的リソースからしても意思決定は遅くなります。
また、エンジニアも複数サービスを横断して開発している場合には、その都度開発リソースの調整が必要になります。サービスAの施策とサービスCの施策では、どちらの優先度が高いかを調整しながら行うため、ここでもリードタイムがかかってしまいます。

できるだけ、そうした事態にならないように組織構造を設計してコントロールしていきましょう。

6-2 データアナリストとの事業改善プロセス

プロダクトチームが見るデータは、そのプロダクトに関する数値が多くなります。

毎日のKPI数値はどうなっているか、相関指標はどうなっているかを確認し、そこから次の仮説は何にするべきかなど、プロダクト戦略を考えていきます。

一方、全社的にマクロなデータを中心にサービス全体のインサイトを分析するデータアナリストという役割が存在します。

マクロなデータを中心に、1日のサービス全体でのDAU（1日の訪問ユーザー）や決済実績など、あらゆるデータを横断して分析をしていくことが主な役割です。

そうした役割とは別に、サービスの事業施策を考えるケースもあります。

その場合は、プロダクトチームと連携しながら事業改善を行っていく必要があります。

DMM.comでよく使われている事業改善プロセスの例を紹介します。

この図は、本書でも述べてきたようなプロセスを復習の意味も込めて見ていきます。

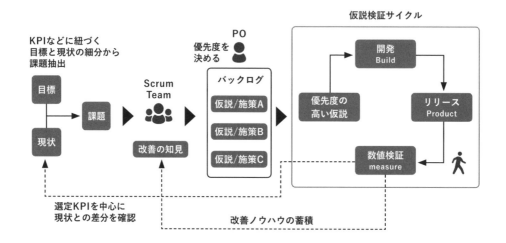

課題の抽出 → 仮説立案

まずは、課題の抽出です。

事業におけるKPIモデルから、スケールさせるために必要な目標値と現状の数値との差分を確認しながら、課題を抽出していきます。

プロダクトチームはその課題に対する改善策を「仮説」としてチーム全員で考え、落とし込んでいきます。

最終的には、プロダクトオーナー（PO）がプロダクトバックログの優先度を決めていき、施策実行へと移っていきます。

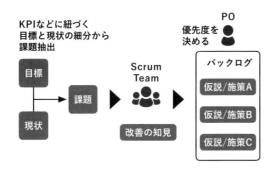

施策実施 → 計測

施策実施については、Chapter3で述べてきたBMLループを中心とした仮説検証サイクルを回していきます。プロセスの1つである数値検証や計測の部分で、その施策の成果を見ていきます。

この数値が満足いくものだったら成功とみなし、A/Bテストの比重を上げて検証を続けても良いですし、本格的に導入しても良いでしょう。そして、もう1つは改善ノウハウの蓄積です。

失敗許容性をコントロールして仮説検証サイクルを高速で回していくことで、組織に改善のノウハウを蓄積させていきます。この改善でどのようなことがわかったのか、次に活かせることは何かを振り返っていきます。

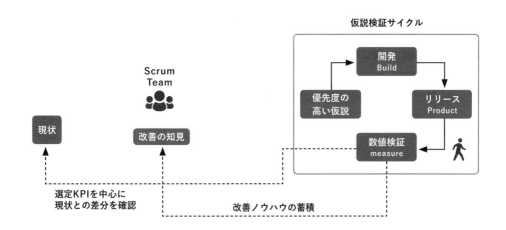

6-2-1　データアナリストとの連携

では、このサイクルの中でデータアナリストがどういったところで貢献できるのかを見ていきます。プロダクトチームはデータを扱う専門家ではありません。そのため、時にはデータアナリストに頼りながら事業改善プロセスをつくっていきます。

- 現状分析 …… 事業モデルの定義
- 課題分析 …… その数値が上がらない課題の掘り下げ
- 施策提案 …… データ分析から施策提案
- 効果検証 …… 施策の結果がどうなったか

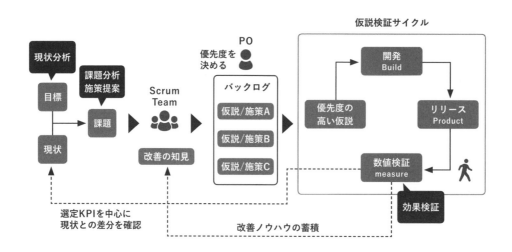

現状分析

現状分析は、事業モデルの正しい分解、KPIモデルの構築です。

ここが間違っていた場合、KPIの数値改善が成功したとしても要素分解がずれていればスケールしづらくなるので支援します。

そこからKPIモデルの数値化を行い、目標値を定めながら現状との差分を見ていきます。

例えば、課金UU（課金したユニークユーザー）があと何％上がれば、この事業の売上が好調になるかなどです。

課題分析

そこから、現在の課題となる部分を分析していきます。

例えば、課金するまでのファネルでボトルネックになっている部分はないかを見ていきます。

ファネルとは「漏斗（ろうと）」という意味で、ユーザーがゴールに至るまでにどこで一番離脱しているかの推移を見ていく分析方法です。

通常はユーザーがECサイトに訪問してから最終的な購入に至るまでにユーザー数は減っていきます。

核となるのは、どれだけユーザーを減らさずに購入してもらうかが重要となります。また、そのときにどこがボトルネックとなって大幅にユーザーを離脱させているかを見つけることが重要です。

実際にはもう少し細かく見ていきますがイメージは下図のような形です。

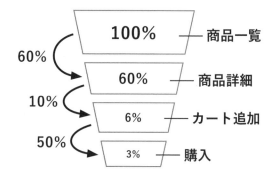

商品一覧ページを母数として、購入に至るまでのファネルです。

こうして見ると、特定コンテンツの商品詳細から、カートに追加までの遷移が60%→6%と低いことがわかります。

ここまでわかれば、課題分析としては商品詳細画面を改善してカート追加を増やせば、ある程度課金UUが増えるのではないか、と仮説が見えてきます。

施策提案

課題分析を行うことで、改善箇所に目星をつけることができます。

あとは、プロダクトチームに対する施策の提案や、プロダクトチームが出した施策に対するデータ分析によってエビデンスを付け加えていきます。

次は、ユーザーをクラスタリングしてみましょう。「購入に至ったユーザー」と「購入に至らなかったユーザー」に分けてみたところ、商品詳細ページの末端にある「商品レビュー」を見ているかどうかと

いう差でも、同じ商品で購買率に変化があることがわかりました。

このようなインサイトが判明すれば、「レビュー枠を商品詳細の上部周辺に配置する」といったUI改善を提案しても良いでしょう。

効果測定

施策を実装してリリースする部分についてはプロダクトチームが行う部分なので、データアナリストは関与しません。
しかし、その施策の結果を測定するBIツールのダッシュボードの作成など、効果検証に必要な準備はプロダクトチームが行います。

施策の例として、施策提案をした「商品レビュー枠」の位置を上にもっていきます。
もともとファーストビューに入っていなかった商品レビュー枠をファーストビューに乗るようにUI改善をします。ファーストビューとは、ユーザーがページにアクセスした際に最初に表示される部分、スクロールせずに画面に表示される部分のことです。

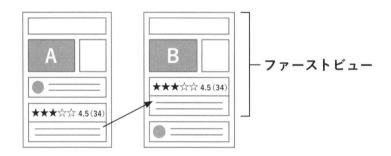

ファーストビュー

効果測定の目的は、施策の結果を定量的に示して現状の数値がどのぐらい改善したかを示すことにありますが、次の行動につなげることも大事なことです。改善の知見を蓄積させて、次の仮説に活かしていきましょう。失敗しても意味のある失敗になるようにします。

意味のある失敗とは、施策のA/Bテストは負けだったとしても、新しくユーザーからの発見があることです。
実際にユーザーから得られるフィードバックによって、こちらでは考えもしなかったデータを提供してくれることがあるため、それをもとに次の施策などへ進んでいくことが可能になります。

データ駆動とは、データドリブンともいい、データを見ることで次の行動に駆動してつなげることで

す。データを動かすことで、見えてくる新たなデータの価値を観察しながら、私たちは日々事業改善を行っています。

以上が、データアナリストを中心としたプロダクトチームの事業改善プロセスです。

データ分析についてはデータアナリストに丸投げするのではなくプロダクトチームもSQLを駆使しながら分析し、専門的な知識を持っているデータアナリストとともに連携することで、事業をスケールさせていくためのクリティカルパスを見分けていきます。

6-3 組織のサイロ化と向き合う

ドメイン単位で縦割りの組織がある中で、問題になるのは「サイロ化」です。

良くも悪くもプロダクトチームで完結するため、横との連携が少なくなる組織設計となってしまうことです。

組織文化も閉じられた状態になり、良い情報や有益な情報が横に伝わりにくい状態になります。

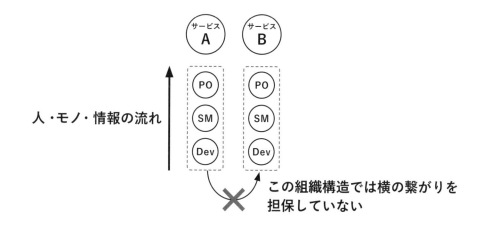

これも構造によって発生する問題です。改善ノウハウや組織文化に関することを横展開するラインが存在しないため、サイロ化を防ぐにはそのラインをつくる必要があります。

サイロ化という文脈では、以下の2つを防ぐように対策します。

- **事業改善ノウハウのサイロ化を防ぐ**
- **技術領域のサイロ化を防ぐ**

6-3-1 事業改善ノウハウのサイロ化を防ぐ

日々、事業を改善していく活動において知見ノウハウが蓄積されていきます。これをそのプロダクトチームだけでクローズドにすることは惜しいでしょう。

失敗や成功の知見ノウハウを共有することで、他チームの失敗を、自チームでも繰り返さないようにしましょう。

こうした、サイロ化を防ぐための1つのアプローチとして、他プロダクトチームの事業的な情報をキャッチアップする仕組みをつくります。

DMM.comでは、週次レポート / 月次レポートという形で各事業単位やチーム単位でレポートを書くことで、誰でも他事業の施策状況などを参照できるようにしています。

本書の監修者である松本 勇気が推奨しているレポーティング項目についてご紹介します。

サマリ

週次レポートでは、ここが一番大事です。

その週で行った取り組みや事業改善の状況などを記載していきます。通常は、このサマリの部分を中心に見ていきます。

KPI

事業の状態を把握できるKPIを確認できるようにしていきます。

すべてのKPIツリーを羅列してもよいですが、特に現状分析から課題となっている重要KPIを中心に数値状況を記載していきます。

主に先週比や昨年比といった比較軸を載せていきます。

トピック

主に施策や機能改善の状況をトピックとして記載していきます。記載する内容は以下の3つを軸とします。

- 目的
- 進捗
- 結果

OKR（もしくは組織目標）

短期的な施策や機能改善ではなく、中長期的な組織の目標を記載していきます。

そうすることで、「なぜ」この施策や機能改善を「いま」行っているのかという目的が見えてきます。

今後のマイルストーン

今後、クウォーター単位（1Q、2Q、3Q、4Q）でのマイルストーンを可視化していきます。主に月ごとに、この事業は何をしていくのかが見えることで、プロダクト戦略が見えてきます。

所感

所感については、記載者が今週中に思ったことや悩みなどを自由に書いていきます。

こうした週次レポートを事業やチーム数だけ、毎週上がってくることでかなりの情報が集まってきます。その中には事業として、上手くいっている事業もあれば、悩みがある事業もあり、あらゆる状態を観測できます。

本来、週次レポートはサイロ化という文脈よりも、正しく組織階層に沿ったレポーティングとして機能し、事業の健康状態を理解することに活かされていることが多いのですが、Wikiとして公開されているため、誰でも改善の知見ノウハウやその組織文化に触れられます。

ここに書かれている施策や改善について詳しく担当者にヒヤリングすることはよくある光景です。

6-3-2 技術領域のサイロ化を防ぐ

ドメイン単位でつくられたプロダクトチームは、その中で自己組織化を促すがゆえに専門性の高い技術領域においても、連携せずにサイロ化していきます。

特に技術領域は、常日頃新しい技術や情報がアップデートされるため、開発者同士が横のつながりによって情報を収集するケースが多くあります。

事業を改善するという目線では、ドメイン単位の組織構造でチームを構成し、スピード感をもって意思決定ができる構造であることによって、高速で仮説検証プロセスを繰り返すことが可能となります。そのため、ある程度サイロ化してしまうのも仕方ないですが、その事業を形作る技術システムのノウハウは、サイロ化すると逆にマイナスになるケースが多いため注意が必要です。

開発チームは、常日頃、どうやったら強固なシステム基盤をつくれるか、機能の変更に柔軟に対応するシステムをつくれるかを探求しています。

基本的に技術の進化は、私たちが事業システムをつくりやすくなるようにアップデートされています。そのアップデートをきちんとキャッチアップしながら、技術レイヤーとして活かしていくことでよりよいシステムをつくっていきます。

事業としてどんな機能をつくるか（What）、なぜつくるのか（Why）といった部分は縦軸ですが、どのようにつくるのか（How）という技術領域の部分や前述した改善ノウハウについては、横のつながりが必要でしょう。

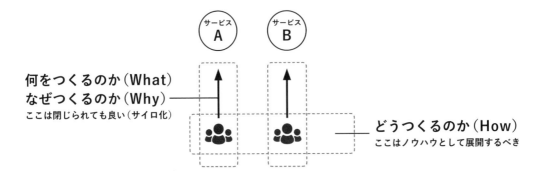

自主性を持って、「ゆるい」横のつながりをコミュニティとしてつくっていきましょう。例えば、モバイルアプリを開発するときには一般的に3つの専門レイヤーができます。

- iOS / Android（モバイル）領域
- UIデザイン（領域）
- バックエンド（領域）

この3つの領域は、サービスA、サービスBでは同じようなシステムであり、技術的な面で同じような課題があったとしても、違うチームであるためノウハウが展開されておらず、同じ失敗を踏んでしまうことは多々あります。

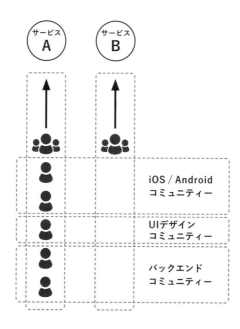

こうしたチームが数十 〜 数百チームある場合、サイロ化による影響範囲は想像よりもはるかに大きくなります。そこで、横のつながりを意識したコミュニティーをつくることでノウハウの共有を目指します。しかし、コミュニティーはトップダウンでつくってしまうと、業務感が出てきてしまい強制的にメンバーが「集められる」形になり、場合によってはレポートラインが必要になります。

あくまでもプロダクトチームが事業をスケールさせることが目的なので、情報の透明性を高め、技術領域の情報収集が誰でも自由にできる状態をつくりましょう。

DMM.comでは、各技術領域や言語単位でチャットツールのチャンネルがあります。普段の業務の中で、技術的に困った部分や相談したいことがあれば、気軽にチャットで相談しノウハウの展開をしていきます。そこで大事なことは、誰でもパブリックな情報にアクセスできる透明性を担保することです。

```
# team-go
# team-react
# team-ios
# team-android
# team-vue
# team-unity
# team-ddd
# team-font
    ⋮
```

また、このコミュニティーから派生して、それぞれの技術領域のイベントを開催するといった取り組みの流れもあり、チャットだけのやりとりだけでなく、まとまった知見の展開もイベントコミュニティーで行うことがしばしばあります。

これは事業をつくるという取り組みではなく専門技術領域の横のつながりをチャット上のコミュニケーションや、リアルなイベントを通じて知見を蓄積していくことでサイロ化を防ぐ取り組みです。

以上がプロダクトチームにおけるサイロ化に関する説明です。
組織構造としてサイロ化してしまう部分はどうしても存在します。そこを重要な部分としてレポートラインを引くのか、それともコミュニティというゆるいつながりで解決していくのかは、組織で学習しながら、改善してきましょう。

Chapter 6 まとめ

● 事業としてスピード感を保つためにドメイン単位でのプロダクトチーム性へ

● サイロ化する部分については、週次レポートやコミュニティによって新しい線をつくる

● データ駆動なプロダクト開発のためにデータアナリストと一緒に事業改善プロセスをつくる

Part 1

事業を科学的アプローチで
捉え、定義する

Part 2

強固な組織体制が
データ駆動な戦略基盤を支える

Part 3

データを駆動させ、
組織文化を作っていく

Chapter 7

データを集約して
民主化する

Chapter 7
データを集約して民主化する

Part3の概要

Part 1、Part 2で、事業を科学的な改善へ持ち込むための「土台」と仮説検証の「型」。そして、変化にすばやく対応できる組織について見ていきました。

Part 3では、本書で重要な要素である「データ」を集約する部分を説明します。
データがなければ何も始まりません。データの集約こそが一番難しい部分でもあり、もっとも時間がかかる部分でもあります。

特にDMM.comは数多くのサービスを運営していますが、データを一箇所に集約することは一苦労です。

Chapter7では、実際にデータを集めるために必要なデータのパイプライン（データの経路）の構築から、どのような観点でデータ戦略を組み立てていくかを見ていきます。
後半では、データ戦略の事例として、事業だけではなく人事や労務、カスタマーサポートのデータ活用事例を紹介していきます。

Chapter8では、今まで述べてきた総集編として、ECサイトの商品レビューというプロダクトを題材に事業構造を理解し、KPIモデルを構築していきます。
そこから、課題を見つけ、改善施策を提案して改善を回していく流れを見ていきましょう。

データ駆動戦略に最も必要なのは、データという資産です。そのデータを使い、組織の意思決定に役立てるには、データを整理整頓して管理しなければなりません。

第一歩目として膨大なデータを集約しなければいけません。そして、そのデータを組織の意思決定の材料とするには、私たちが見てわかりやすい形でデータが参照できる必要があります。また、データは資産なので盗まれてもいけません。

7-1 データパイプラインの構築

データパイプラインとは、膨大なデータの交通整理です。データの流れを設計して、「正しいデータ」が「正しい範囲」で「正しい場所」に到着するようにしていきます。この設計のうち、どこかが1つでも間違ってしまうと、正しいデータが確認できなくなります。

- ● 正しいデータ …… 事業モデルから導き出されたユーザー行動
- ● 正しい範囲 …… 正しい範囲で集計する
- ● 正しい場所 …… データの格納場所を統一する

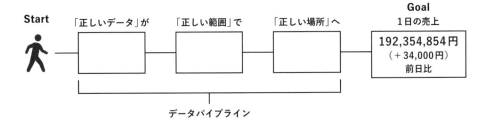

ユーザーの行動ログを中心にあらゆるデータが存在する中で、こちらが意図したデータがきちんと入っていることが重要です。逆に、入れなくて良いはずのデータが入っていては、無駄にデータ量が増えてコストもかさみます。正しいデータを、正しい範囲（前日分）で集計し、正しい場所でデータを見れることが重要です。ビッグデータ基盤のデータが断片的にバラバラの場所で見られていてはデータを集約している意味がありません。

この3つの流れを整理することで、例えば「1日の売上」を正確なデータとして私たちは確認できます。この3つの観点を満たすようなデータパイプラインをつくっていきましょう。

まずは、全体像を捉えていきましょう。一例ではありますが、データ基盤は図のような構成になっています。

基本的には、サービスやドメインごとのデータストア（データの格納）にサイロ化されていることが多い。このデータストア群をうまくつなぎ合わせて、データ活用できるような状態へもっていきます。

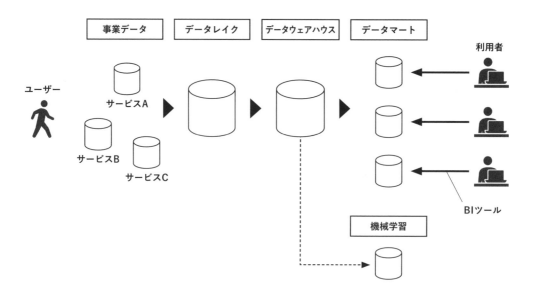

このようにデータパイプラインを要素分解して用語として落とし込むと、大きく分けて次の3つが必要となります。

- データレイク（Data Lake）…… データの湖
- データウェアハウス（Data Warehouse）…… データの管理倉庫
- データマート（Data Mart）…… 価値があるデータ

7-1-1 データレイク(Data Lake)

データ基盤に格納するべきデータというのは、基本的にドメインごと、プロダクトごとにバラバラに集約されています。サービスAのデータは、サービスAのデータストアにあり、ユーザーのログインなどの認証情報のデータは、認証基盤のデータストアにあります。

それを最終的に正しい場所に格納して利用者が横断的に確認するためには、まずは集約することが必要です。横断的に利用するとは、例えば、ユーザーAにおいて昨日21:00にサイトへログインして、サービスAとサービスBでそれぞれコンテンツを購入して3,000円の決済を行った、という情報はあらゆるデータストアから取得しなければいけません。

そこで、多種多様であらゆるデータストアに散らばっているデータを集約します。このように集約されたデータストアを「データレイク」といいます。レイク = 湖で、データを水の水源とするならば貯水池のように貯めていくことに由来します。

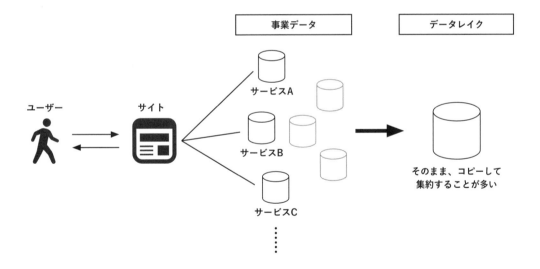

指標の統一性

データレイクではできるだけ、加工はせずにそのまま集約していきます。理由としては、指標の統一性の問題があります。サービスAとサービスBでは同じビジネスモデルでも売上や利益、ARPPUの集計方法が違うことは往々にしてあります。

- **サービスAの売上の考え方：単純に商品が売れた金額**
- **サービスBの売上の考え方：商品が売れた後のキャンセル料も考慮した金額**

ほかにも、消費税の有無、限界利益を考慮した状態にするかどうかなど、あらゆる違いがあります。

そのため、事業データから直接取り込むときに加工してデータレイクに入れてしまうと後戻りができないため、影響範囲の階層分けをする意味でもデータレイクにはできるだけそのままデータを蓄積して、後続のデータウェアハウスで本格的な加工をします。

もちろん、指標の統一性について事前に対策をして、元データである事業データを加工するシステムを構築して、データレイクを使わずに直接データウェアハウスに入れるケースもあります。データレイクは、データ量やデータ構造の複雑度によって使い分けていきましょう。

7-1-2 データウェアハウス（Data Warehouse）

次にデータウェアハウス（Data Warehouse）です。Warehouse = 倉庫という意味で、データを管理する母体基盤です。よくいわれるビッグデータ基盤というのは、このデータウェアハウス、通称DWHと呼ばれる基盤のことを指します。

ここには、ドメイン知識をもとに構造化して整理された状態のデータが格納されています。データレイクに入るデータの構造は、それぞれのサービスごとに異なるため、そのまま使おうとすると使いにくいケースが往々にしてあります。

例えば、サービスAとサービスBについて、同じ用途のデータでも名称やデータの入れ方が異なると、集計のときに複雑になります。そのため、DWHに格納するときには、きちんと加工してデータに基づく意思決定に役立てるように、分析しやすいデータ構造を担保していきます。

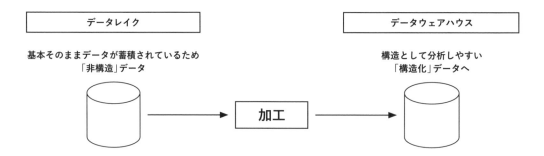

主題から外れますが、データウェアハウスにあるデータの使い道として、BIツールでのデータ分析だけではなく、ユーザーへのおすすめを提供するレコメンドエンジンや優れた検索体験を提供する検索エンジンといった機械学習（マシンラーニング）のデータとしても利用していきます。

7-1-3　データマート（Data Mart）

最後にデータマート（Data Mart）を解説します。DWHから、特定の利用用途、目的に応じて整理されたデータのことを指します。例えば、サービスすべてを横断した1日の収益という目的であれば、それぞれのサービスごとのテーブルから売上部分を結合したものを用意する、ユーザー属性（性別、年齢、地域）ごとのサービス利用率といった形で分析したいのあればユーザ情報のテーブルと各サービスのテーブルで必要な箇所を抜粋したテーブルを用意するなど、さまざまな用途があります。

データマートは、BIツールのダッシュボードの構成と対になるケースが多いため、データマートを用意するかどうかは、データレイク同様にデータ周辺の複雑度によって変えていきましょう。BIツールからデータ分析基盤をとおして、直接DWHへSQLを書いて集計する場合ももちろんあります。しかし、取得したいデータに対してデータ構造が複雑だと集計に時間がかかるため、データマートを検討しても良いかもしれません。

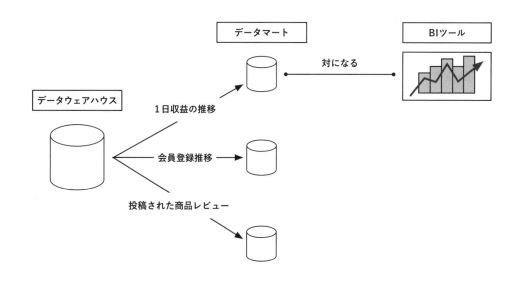

7-1-4 データパイプラインのサービスレベルを定義する

データパイプラインの構築という観点では、「どのぐらいの粒度、頻度でデータを更新して欲しいか」という品質の部分も考えないといけません。 1日の売上であれば、1日1回更新されれば良いと思うかもしれませんが、事業によっては数分単位でKPI数値をモニタリングして、その都度施策を変えていきたい、といった要望もあるでしょう。

データ構造の複雑度で、どこまで対応できるかは議論の余地がありますが、利用者に対してサービスレベルの認識合わせは必要でしょう。場合によっては、特定のデータのみニアリアルタイム（リアルタイムに近い頻度）で、ほとんど同期する形でデータを更新するケースもあるでしょう。

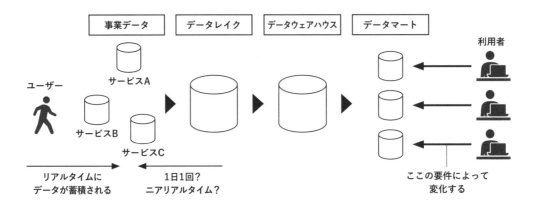

7-1-5 バッチ処理とストリーム処理

また、ニアリアルタイムか1日1回といった同期間隔の違いで、システムにも違いがあります。

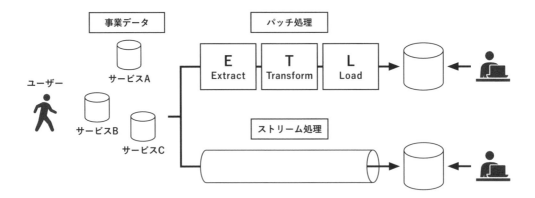

今まで述べてきた、事業データ（ユーザーの行動ログなど）をデータウェアハウスと呼ばれるデータ分析が可能な状態で格納する方法は基本的に「バッチ処理」と呼ばれる、1日1回や数回に分けてデータを格納する方法です。つまり、リアルタイムにユーザーの行動データが反映されるわけではありません。それらを構成しているシステムの多くは「ETL」と呼ばれる工程を経て、事業データからデータウェアハウスへと利用者が分析しやすい形へデータが格納されています。

事業が拡大するにつれて、データ量は大きくなり、データストアの所在もデータのフォーマットも多様化する傾向があります。ETLは、そういったデータをわかりやすい形で格納し、BIツールを経てシンプルに分析しやすいように加工するシステムです。

ETLとは、それぞれ「Extract / Transform / Load」の頭文字を取っています。

- **Extract** …… 抽出
- **Transform** …… 加工・変換
- **Load** …… ロード

はじめの工程は、Extract（抽出）です。データが各所に散らばったままではBIツールを通じた分析ができません。そのため、まずは取得元である事業データを抽出してまとめる作業から始めます。複数のデータストアに跨っているデータを抽出して、次の工程であるTransform（加工・変換）の部分で加工しやすいようにデータのフォーマットを整えていきます。さらにデータウェアハウスを構築する際に不要なデータを格納する必要はないため、ここで抽出条件を絞るといったこともします。

次にTransform（加工・変換）を行っていきます。Extract（抽出）の責務は、バラバラになったデータを集約し加工しやすくするのがメインの役割でしたが、Transform（加工・変換）では、実行する際に分析しやすくし、ビジネスに活かせるデータとなることを考えて加工していきます。

具体的な作業としては、データを分析用途として使うためのファイルフォーマットへの変換（カラムナフォーマットという列指向が代表的）、データの秘匿化（Hash化やマスク化）、データの型変換など、必要に応じてさまざまな加工をしていきます。

そして、最後に抽出して加工したデータを最終的なデータウェアハウスへのデータ取込（インポート）を行うことでデータが更新されます。

このETL処理を通じて、事業データから私たちが日々分析するデータが品質の高いものへ更新されていきます。

一方、一般的なETL処理を代表とする「バッチ処理」ではデータの更新にある程度時間がかかるため、利用に適さないケースがあります。そのため、リアルタイムでの情報が欲しい場合には「ストリーム処理」の技術を使っていきます。

バッチ処理は、データを一時的に格納した後に加工や変換をしてデータウェアハウスへと転送します。一方、ストリーム処理は流れてくるデータを即時に処理して転送していきます。データを一定量貯めてから処理するか、細かくリアルタイムで処理するかの違いが大きくなります。

バッチ処理かストリーム処理のどちらが良いかは、そのデータのリアルタイム性に価値があるかどうかによります。また、昨今の流れではストリーム処理でのリアルタイムなデータ更新が求められています。以前まではバッチ処理で1日1回しかデータが更新できない、ということも多かったのですが、ストリーム処理技術の発展によって、例えばユーザーの行動ログからレコメンドエンジンをつくる過程でも、よりリアルタイムでデータが使われているケースもあります。

そのページをスクロールしたり更新するたびにおすすめされる商品が変化したりするのは、そのユーザーがリアルタイムで取っている行動ログをすぐに処理をすることで推奨する商品を更新しているケースもあります。以前までは、1日1回のペースで、そのユーザーの行動ログを抽出して、ETL処理にかけてレコメンドエンジンに使うデータを更新していたものを、ストリーム処理によってリアルタイムでデータを更新するような形が実現できます。

また、KPIといった数値も、例えば仮説検証でA/Bテストを実施している中で1日に1回前日に結果がわかるよりも、リアルタイムで結果がわかったほうが良いでしょう。

7-1-6　データガバナンスを定める

データ基盤をつくる上で、データガバナンスに気を付けていきましょう。データを資産として扱う以上、プライバシーやセキュリティ、法的規制などのガバナンスが発生していきます。

特に私たちが意識するべきものは、権限や役割、個人情報の扱いでしょう。そもそもDWH自体には、個人情報は入れないほうが良いです。ユーザーの氏名や具体的な住所など、ユーザーと紐付けられるものはデータ管理のレベルを定め、適切なデータで、かつデータ戦略に活用できそうなものだけを入れていきます。

また、DWHやBIツールを中心として分析基盤についてもアクセスする人を承認してからアカウント

を発行するなど、誰でもサービスのデータ（特に売上まわり）に触れられるのではなく、データの民主化を進めつつも、権限まわりは注意しましょう。

社員のステータス（退職・休職）によって権限を更新し、データの改ざんができないようにデータ参照のみを認可し、不正なデータ改ざんや誤操作によるデータ更改を防止することも重要となります。

昨今では、GDPR（General Data Protection Regulation：一般データ保護規則）の策定によってもデータガバナンスは強化されています。GDPRとは、EUが定めた個人データの取り扱いに関する保護法です。簡単に言えば、インターネットの中でクラウドサービスの発展やグローバル化する中で、ビッグデータ基盤を中心に個人に紐づく情報が多く取得できる環境の中で、きちんとユーザーの同意を取った上で個人データを収集、処理していきましょう、という法律です。

個人データを扱う際にはデータガバナンスの観点からも気をつけていくべきでしょう。

7-2 データを集約するのが データ駆動戦略の第一歩目

データパイプライン構築について解説してきましたが、実際の組織でデータを集約しようと思うといくつもの壁があります。特に組織が大きくなればなるほど、乗り越えるべき壁、考えるべき部分が出てきます。

7-2-1 データ集約／統合は一筋縄ではいかない

単純なデータの集約に関していえば、データパイプラインをそのサービス単位もしくはもう少し大きな括りで構築しながら、事業データとつなぎ込みをして、日次かニアリアルタイムで、データレイク（Data Lake）もしくはデータウェアハウス（DWH）へとデータを流し込んでいきます。

これはこれで大変な作業ですが、もう1つデータの集約に関していうと「データ統合」があります。これは、企業のM&A（買収）を代表とした、既にシステムとして稼働している状態のものをDWHへ統合するケースです。社内から生まれる新規サービスであれば、初期設計の内からデータ構造について議論ができますが、既にシステムがある場合にはデータの統合が必要です。

同じ役割の「住所」というデータがあったとしても、どこまで詳しく入力させるかという点で差異が発生します。また、「性別」に関しても、同じ男性でも物理名が「male」なのか「man」なのかといっ

た名称の違いもあります。

一番大変なものは、ID体系が異なることが挙げられます。基本的に構造化データというものは、ID
をキーとしてさまざまなデータを取得できるように設計していきます。IDとは拡張子で、そのユー
ザーや商品を一意に特定するものです。

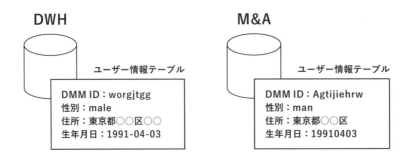

M&Aが頻繁に発生する中で、単純なデータパイプラインの整備とは別にこのようなデータのコンバー
ト作業（移行作業）なども必要になります。

また、新規サービス立ち上げについてもスピード感をもってサービスリリースへと開発を進めていく
中で、IDの連携やデータパイプラインを整備する側のリソースも必要があります。SoR、SoIの観点
でスピード感をもってSoEへ機能提供できるかが鍵となるため、機能が使いにくかったりすると事業
立ち上げのスピードを重視してしまう可能性もあります。

7-2-2　データ集約ができないと戦略の幅が狭まる

そもそも、データ集約ができていない状態だと、どのような機会損失があるか見ていきます。前提と
して、複数サービスが展開されている自社サービスを想定しています。

ミクロからマクロがつながらなくなる

データ集約ができないことの問題点として挙げられるものは、ユニットエコノミクスが柔軟に可視化
できなくなり、ミクロからマクロまでが一気通貫して見れなくなる点です。ユニットエコノミクスを
復習すると、ユーザーを獲得してから、そのユーザーがフェードアウト（解約）していくまでの収益
性をユーザー単位で可視化していく指標です。1あたりの経済性とも言われます。ユーザーを獲得す
るまでのコストをCustomer Acquisition Cost（CAC）といい、ユーザーを獲得してからフェードア
ウトするまでにユーザー1人あたりの収益をLife Time Value（LTV）といいます。いわゆるこのユニッ

トエコノミクスを健全な領域（プラス）にもっていければ、あとはユーザー数を掛け算するだけで全体の収益性の大枠が見えてきます。ミクロからマクロまでがきちんと繋がります。

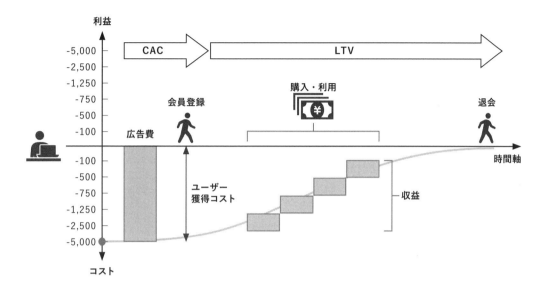

では、データが集約されていないケースではどうでしょう。例としてサービスA、B、Cを運営しているサイトがあったとします。

多くのユーザーは、会員登録してからサービスA 〜 Cをすべて利用した上で解約をしました。ユーザー獲得単価は、2,500円とします。特にサービスCはサイトの中でも、多くの収益をあげているサービスでした。

- **サービスAでは、商品Aを2,000円で購入**
- **サービスBでは、月額400円のサブスクリプション契約**
- **サービスCでは、商品B、Cをそれぞれ200円、900円で購入**

ここで、例えばサービスCのデータがDWHに集約されていないとすると、一気通貫したデータとしてユニットエコノミクスが健全かどうかはわかりません。サービスCを抜いた状態で考えた場合には、－100円で赤字となるため事業戦略にも大きな影響を与えてしまいます。

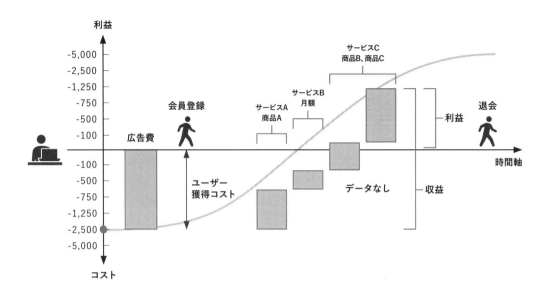

また、解約の理由がサービスCだった場合には原因分析にも影響がでてしまいます。もちろん、サービスCの個別データストアを確認し、別のルートでデータ同士を結合すれば一気通貫したデータとなりますが、かなりの手間がかかるためおすすめしません。

ID連携によるプラットフォーム戦略ができない

さらにユニットエコノミクスのような直接的な収益性の整合性による部分もありますが、データ活用の部分でも考えていかなければいけません。

複数サービスを運営しているサイトであれば、必ずプラットフォーム戦略というものを考えていかなければいけません。サービス単体の収益ではなく、それらの要素を組み合わせたプラットフォームビジネスでの収益を考えていくことが必要です。例えば、サービスAを利用したユーザーには、親和性が高いサービスBで利用できるクーポンを配布して併売するような導線をつくり、リテンション（継続利用）を促したりします。

そうすることで、ID・決済・ポイント・クーポンなどを代表としたアセットを活用しながら、サービスを横断した施策を回していけます。これらをクロスセルや回遊といった言い方もしますが、一度獲得したユーザーにサービスやコンテンツを提供しながら、サイト全体を長く使ってもらうか、ロイヤルユーザーになってもらうか考えることはとても重要になります。

特にID連携のような、複数サービスに跨っていたとしても1つのIDでユーザーを特定できることで、機械学習の文脈でもサービス間を横断した商品コンテンツのレコメンド機能などの施策がしやすくな

ります。DMM.comでは、数十種類のサービスを展開している中で、ほとんどのサービスを同じID
で利用できるようにすることでユーザービリティーを向上させると同時に、裏側のデータストアで
も、同じIDでユーザーの行動ログを取得しています。ユーザーAは、事業Aを訪問したあとに、事業B、
事業Cといったサービスを横断的に利用している、といった情報も同じIDから得ることができます。

また、上で述べたとおり、事業が増える際に買収などで既存システムがある状態だと既にIDが存在
しているため、同一IDでの指定が難しくなるケースももちろんあります。その場合によく使われる
方法として、ID連携用のマッピングデータをもつことで対応していくことが多くあります。

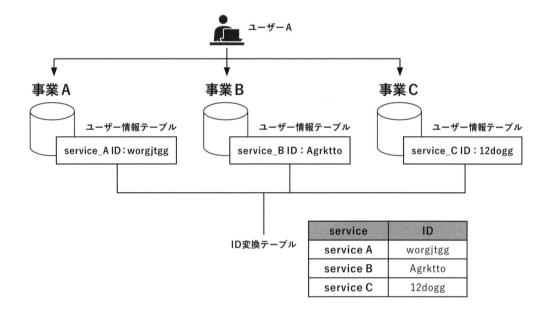

7-2-3 データ戦略は組織全体で行わなければ意味がない

述べてきたとおり、データ戦略は1つの事業やサービス、一部の組織だけが行っても活用が進みませ
ん。組織全体で、ある意味トップダウンで推し進めることでデータが集約する動きができ、ID連携
によるパーソナライズの幅も広がりデータ活用が進んでいきます。

7-3 デ一タの民主化

デ一タガバナンスの部分で述べましたが、基本的にきちんと権限管理を行えばデ一タ分析基盤に入り、誰でもデ一タにアクセスできます。そのため、デ一タ駆動戦略を進めるにあたって、デ一タの民主化という形で「デ一タに基づいて意思決定」をしていく組織文化をつくる必要があります。

まずは、ダッシュボ一ドをつくる必要があります。運用開始時に大事なことは、時間をかけてきれいなダッシュボ一ドをつくるのではなく、毎日、事業のデ一タを見る習慣をつくることです。ステップを分けて見ていきましょう。

7-3-1 ダッシュボ一ドをつくろう

BIツ一ルを使って、デ一タをビジュアライズすることでダッシュボ一ドをつくっていきます。主につくるべきダッシュボ一ドを2つ紹介します。

● KPIダッシュボ一ド（事業向け）
● 施策ベ一スのダッシュボ一ド（事業向け）
● 経営向けダッシュボ一ド（経営レイヤ一）

KPIダッシュボ一ド

まずは、KPIのダッシュボ一ドです。これは事業モデルの指標から導き出されたKPIツリ一をもとにつくっていきます。

これがベ一スとなるダッシュボ一ドとなります。このあとにさまざまな施策を実施するにしても、このKPIダッシュボ一ドにある数値の変動を中心に観測していきます。

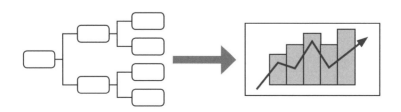

施策ベースのダッシュボード

これは、日々事業を伸ばすために実施している施策ごとのダッシュボードです。基本的にA/Bテストで進めるため、選定指標からAパターンの数値やBパターンの数値を比較できるようなダッシュボードが良いでしょう。

- 仮説は何か
- 指標は何か（改善したい指標）
- そこから学習したいことは何か
- A/Bテスト実施期間

上記の内容を記載しても良いでしょう。

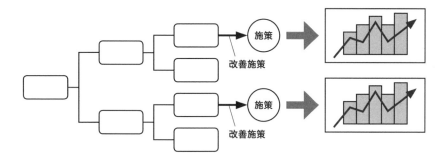

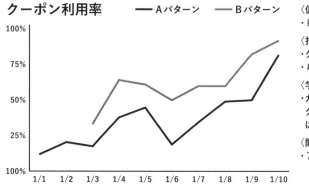

〈仮説〉
・新しいクーポン利用の発行

〈指標〉
・クーポン利用率（CVR）
・収益の増減（相関指標）

〈学習〉
・カゴ落ちの傾向が見られるユーザーに対してクーポン利用率を向上させることによって売上は向上するのか

〈開始時期〉
・7/27〜8/7

日付	1/1	1/2	1/3	1/4	1/5	1/6	1/7	1/8	1/9	1/10
a	10%	20%	15%	38%	40%	20%	30%	49%	50%	80%
b	—	—	30%	63%	60%	50%	60%	60%	80%	90%

経営向けダッシュボード

ほかにも経営レイヤー向けのダッシュボードなども必要でしょう。これは各事業単位のダッシュボードではなく、事業全体を俯瞰して見れるようなマクロの財務諸表ダッシュボードです。

7-3-2　毎日ダッシュボードを見る仕組みをつくる

KPIマネジメントと同じで、BIツールのダッシュボードも一度つくって終わりではなく運用が必要です。事業環境は刻一刻と変化していくため、できれば、毎日チーム全員で見る習慣をつけることが大事です。

- 前日のDAUはどうだったか
- 前日の売上はどうだったか
- UI改善施策のA/Bテストの結果はどうか
- 追加した機能は使われているか

こういった情報から、常にプロダクトの健康チェックをしながら、次の打ち手は何かを考えていくのが学習できる組織でしょう。一方、ただ見える化を行い、「毎日確認しましょう！」では形骸化して文化として浸透しないでしょう。必ず、どこかのプロセスに注入して行く必要があります。

主にこの2つでフローをつくっていきます。

- デイリースクラムで毎日確認する
- 毎朝、前日分のデータをチャットツールへ通知

デイリースクラムで毎日確認する

アジャイル型の組織であれば、毎日のスタンドアップミーティングがあるはずです。そのプロセスにダッシュボードの数値確認を盛り込むことで、全員で同時に確認できるようになります。
通常は、今日やったこと / これからやること / 困っていることなどを確認する会ですが、そこに前日の重要KPIの確認を入れていきましょう。

毎朝、前日分のデータをチャットツールへ通知

こちらも有効な手段です。勤務を開始する際、チャットツールへアクセスして通知を確認するケースも多いでしょう。そのときに、データの全量ではなくサマリーを投稿することで、昨日は「順調だったのか」「不調だったのか」という結果を瞬時に認識することができます。

細かい詳細については、ダッシュボードへのリンクを付与しておけば各々が気になりだしたタイミングでアクセスするのが良いでしょう。

少なくともこの2つの取組みを導入することで、ダッシュボードが形骸化され、誰も見なくなることはなくなるでしょう。一方、ダッシュボードを見ているだけでは物足りず、そこからチームで議論を行い、ユーザーが求めているものは何かを学習していきましょう。

7-3-3 SQL学習による民主化

とはいえ、すべてのチームがいきなりSQLを書いてダッシュボードをつくれるようになるわけではありません。一方、データアナリストに対してデータが必要なチームが依頼をするわけにはいかないため、DMM.comでは学習サポートが用意されています。基本的にはそのチームがエンジニアのレベル差に関わらずSQLを書きデータ抽出をできるような組織を目指しています。

SQL研修トレーニング

SQL研修のトレーニング教材があります。レベル感としては初級者用で「とりあえず、社内のデータ分析基盤に対してSQLが書けるようになる」という状態です。エンジニアではないメンバーを中心にまずはこのトレーニングを一通り行い、実際の分析に取り組みます。

```
▼ SQL研修
▶ 00章 | SQL研修について
▶ 01章 | 初級：データベース・SQLとは
▶ 02章 | 初級：SQLを書いてみよう
▶ 03章 | 初級：i3を始めてみよう
▶ 04章 | 初級：データを加工しよう
▶ 05章 | 中級：計算しよう
▶ 06章 | 中級：集計しよう
▶ 07章 | 中級：一時テーブルを活用しよう
▶ 08章 | 上級：抽出データを統合しよう
▶ 09章 | 上級：SQLを使いこなそう
```

それ以外では、チャットツールに専用の相談チャンネルなどがあるため、そこで質問・相談し、個別の事例に対応しています。

社内OSSによるデータ定義

また、社内DWHにはあらゆる事業データが集約されています。その際、一つひとつのテーブルの内容について、「これはこういう意味のデータです」という説明を加えるのは難しい問題です。
実際、データ分析をはじめたときにぶつかる壁として挙げられるものは「あの情報がどこのテーブルにあるかわからない」「この情報が何を示しているのかがわからない」といった情報の透明性です。

そこで、DMM.comではデータ定義が社内のOSS（オープンソース）と呼ばれるもので、誰でも変更申請ができる形のコミュニティで運用されています。例えば、特定データの意味を補足したい場合にはこのOSSに対してプルリクエストと呼ばれる変更内容のリクエストを担当部署に送ることができ、承認されればマージされドキュメント更新ができるような形で、ドキュメントがわかりやすく更新される運用になっています。

7-3-4　事業組織以外でのデータ活用事例

データの民主化は、もちろん事業組織だけではありません。人事採用や労務、カスタマーサポートといった部署にもデータ活用が広まっています。いくつか実際の事例を紹介します。

7-3-4-1　人事採用（リファラル採用）

人事採用の面でも、データ可視化の流れがあります。

最近は、採用経路としてリファラル採用と呼ばれる社内外の人のつながりを活用した採用を進めています。いわゆる社員とのつながりで紹介を受け採用する手法です。
リファラル採用を全体の採用経路の50%以上の割合にすることで組織風土へマッチした採用ができるのではないかという仮説から、KPI目標が設定されています。

> 引用：DMMの社員紹介制度「リファラル50」とは？　取り組み内容と2019年の結果公開！
> https://inside.dmm.com/entry/2020/01/22/referral50

この採用方法の進捗についても、ダッシュボードが社内に公開されています。このダッシュボードは、できるだけリアルタイムで更新されるように整備・可視化することで、社員全体に施策の効果を広く伝えられるように心掛けられています。

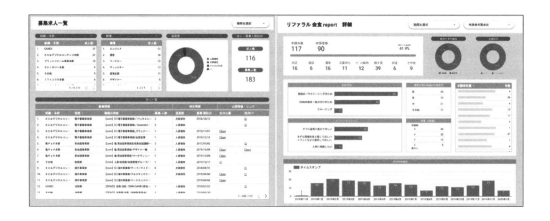

そして、人事施策の結果についても目標値（50%）に対してどうだったか、その差分はどのぐらいかをレポーティングして公開しています。

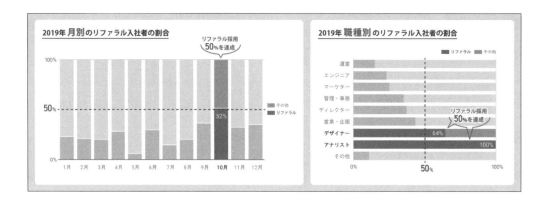

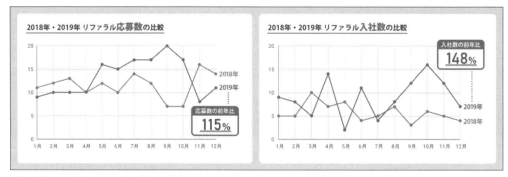

※2019年度の結果としては26%と未達

7-3-4-2 労務制度（フレックスタイム制度導入）

労務制度の事例でいうと、フレックスタイム制度やリモートワーク制度の導入などについてもデータの可視化を行っています。

データの取得元としては、企業で働く従業員がユーザーとなるため、リサーチデータ（アンケート）を駆使しながらデータの可視化を行っています。

今回は、フレックスタイム制度でどのようなデータを可視化しているのか見ていきます。

> 引用：働き方に変化はあったのか？　フレックスタイム制導入背景と効果検証結果！
> https://inside.dmm.com/entry/2019/08/28/flextime

仮説としては、以下の3つが制度によってどのように変動するかを考えていきます。リサーチデータのアンケート項目もこの仮説が検証できるように設計しています。

〈指標〉
- 出退勤時間の変化
- 総労働時間の変化
- 遅刻者数の変化

〈アンケート概要〉
- 対象者：約1000名
  - 回答率：88%

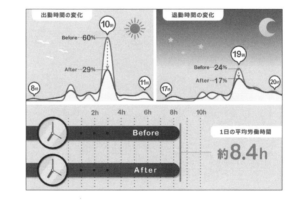

集計結果は以下のとおりです。

〈検証結果〉
- 出退勤時間に大きく変化あり
- 総労働時間にほとんど変化なし
- 遅刻者（指導対象相当の勤怠不良者を含む）は減少

こういった自分たちの働き方においても定量的なデータが従業員にフィードバックされることで、制度に対する納得度が高くなることです。

7-3-4-3 労務制度（リモートワーク制度導入）

もう1つ、労務関係にあたるリモートワーク制度も見ていきましょう。

こちらもデータ取得元は同じく、DMM.comで働く従業員が対象のリサーチデータです。

> 引用：DMMのリモートワークはどんな感じ？社員アンケートを公開！
> https://inside.dmm.com/entry/2020/7/31/remotewok-questionnaire

〈アンケート概要〉

● 対象者：約2,400名（※合同会社DMM.com、合同会社EXNOA所属 正社員・契約社員）

● 回答率：77.5%

● アンケート期間：2020/5/18-5/27

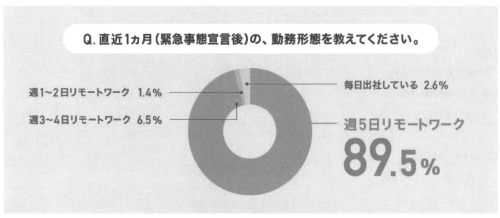

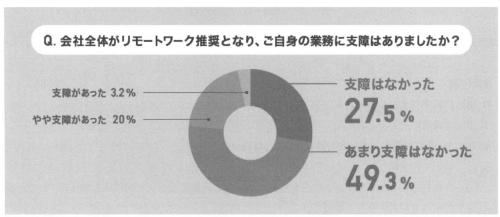

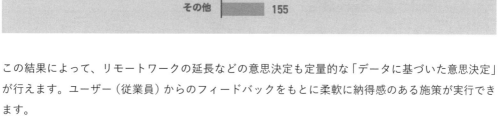

この結果によって、リモートワークの延長などの意思決定も定量的な「データに基づいた意思決定」が行えます。ユーザー（従業員）からのフィードバックをもとに柔軟に納得感のある施策が実行できます。

7-3-4-4 カスタマーサポート（VOC：Voice of Customer）

カスタマーサポートにおけるVOC = ユーザーの声についても可視化しています。どのサービスでユーザーの声が多いか、どのような問い合わせが多いのか、傾向の分析によってデータ駆動で次のアクションを打てるようにしていきます。

指標としては次のようなものがあります。

● チャネル別（メール・電話）対応件数や割合
● サポート対応状況（応答率・返信率や平均対応時間）

このようにユーザーとサポートする側の両方からデータを眺めていきます。

Chapter 7 まとめ

- データを集約することが第一歩目で、データパイプラインの構築も必要となる
- データ集約は組織全体で行わないと効果が限定的になる
- SQL学習のサポートによってデータの民主化を手助けする
- データの民主化によって、事業領域ではない人事や労務、カスタマーサポートの領域までデータ戦略の文化が進む

参考文献

- Mark Jeffery 著「データ・ドリブン・マーケティング――最低限知っておくべき15の指標」(佐藤純、矢倉純之介、内田彩香 翻訳 ダイヤモンド社、2017)
- ゆずたそ、はせりょ 著「データマネジメントが30分でわかる本 」(2020)
- DMMの社員紹介制度「リファラル50」とは？　取り組み内容と2019年の結果公開！(https://inside.dmm.com/entry/2020/01/22/referral50)
- 働き方に変化はあったのか？　フレックスタイム制導入背景と効果検証結果！(https://inside.dmm.com/entry/2019/08/28/flextime)
- DMMのリモートワークはどんな感じ？社員アンケートを公開！(https://inside.dmm.com/entry/2020/7/31/remotewok-questionnaire)

Part 1

事業を科学的アプローチで
捉え、定義する

Part 2

強固な組織体制が
データ駆動な戦略基盤を支える

Part 3

データを駆動させ、
組織文化を作っていく

Chapter

8

1
2
3
4
5
6
7
8

商品レビューを
データ駆動で
グロースさせてみよう！

Chapter 8

商品レビューをデータ駆動でグロースさせてみよう！

最後に、実践的な体験をしていきましょう。事業的なプロダクト理解からはじめて、チームを組織し、改善するまでの流れを体験してみましょう。

今回題材とするものは、事業というよりかはもう少しスモールでわかりやすいプロダクトとして、商品コンテンツへのレビューで考えてみましょう。商品レビューとは、何かの商品やコンテンツを利用する際につけられる「評価」のことです。この評価について、多くの高評価が付くと、「この商品は良さそうだ」という判断から購入、利用に至るケースが多く存在します。いわゆるユーザーの購買への後押しとして重要な要素になっており、さまざまな戦略がとられています。
当然、社内にもそれらを管轄するシステムがあり、保守運用しているチームがあります。
今回はそれらを題材に、「ECサイトにおける商品レビューを使って、コンバージョン率（経由売上）、サイトのUXを改善してくれ！」と依頼されたことを想定して、一緒に改善の道へと進んでいきましょう。
流れとしては次のような形です。

- 事業モデルの理解から始めよう …… まずはプロダクトの特性を理解していきます
- KPIモデルから勝ち筋を見つけよう …… KPIツリーを中心とした数値モデルから課題分析をします
- ユーザーの声を聞こう …… 定量的なデータだけではなく、ユーザーの声を聞いていきましょう
- 強い組織をつくろう …… 何事にも強いチームと開発プロセスが必要となります
- さぁ、改善を回していこう …… 実際にプロダクトをグロースさせるための施策を実行していきます

8-1　事業理解から始めよう

何ごとも対象を理解するところから始めていきます。主に次の2つのことを軸に理解を進めていきます。

- 事業的な価値
- システム特性の理解

事業的な価値

事業的な価値は、いわゆるサービスのアウトプットが売上/利益となるサービスであれば「稼げるかどうか」です。いくら良いシステムをつくったとしても稼げなければ、人件費やその他販促費のコストだけが垂れ流しになり、持続可能なプロダクトとして成り立ちません。

まずは、事業的な価値から改善を繰り返すことで、勝ち筋が見えてくるかを考えましょう。そのためには、事業モデルの理解が必要です。

システム特性の理解

サービスを展開している以上、そこにはプロダクトがあります。特に内製であれば大規模になればなるほど、大きなシステムが存在します。プロダクトを通じて事業を拡大させるには、システムの特徴や技術的負債がどのぐらいあるかで、イテレーティブな改善、スピード感をもったA/Bテストが実施できるか、などが決まってきます。
やりたい施策は沢山あるのにシステムがそのスピード感に追いついていないケースは往々にしてあります。そのため、現状のシステムの課題も見ていくと良いでしょう。

8-1-1 情報の流れを分解してみよう

では、ECサイトにおける商品レビューがどういったプロセスで行われているのかを見ていきます。

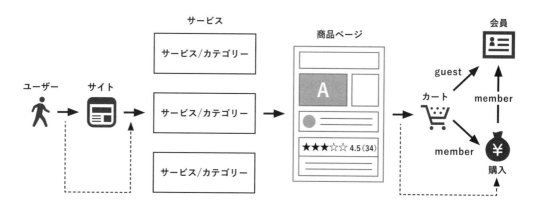

1. ユーザーは検索エンジンや広告などを経て、サイトにアクセスする
2. サービス動線を経由して、各コンテンツの商品ページを表示する
3. 商品ページの末端にある「レビューコメント」や「レビュー評価」を見る
4. 欲しいと思った商品をカートに入れる
5. または、カートには入れずに「今すぐ購入」の場合もある
6. カートに入れたものを購入する
7. 未会員（guest）の場合は会員登録へ
8. 会員の場合（member）はそのまま決済へ

こうして見ると商品レビューの前後には、入力値としてはサービスやその中にあるカテゴリーなどからのアクセスがあり、商品レビューを見て「この商品がほしい」といったユーザーがカートに追加することや、購入することをアウトプットします。

一方、忘れてはいけないのは「レビューを見る」という観点と、「レビューを書く」というフローを忘れてはいけません。そのため、購入した商品にレビューを書いてもらうというリテンションもセットで考えていかなければいけません。

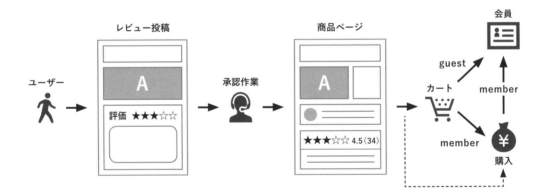

1. レビューを書く
2. 運営のメンバーなどが、公開しても問題ないレビューかどうかを確認する
3. 問題なければ承認。問題があれば非公開とする
4. 商品ページに商品レビューを追加する

見る→買う→書く、というサイクルをどれだけ回せられるかが大事になります。

8-1-2　数値モデルへと落とし込もう

これでレビューに関するフローがおおよそ理解できたので、次に数値モデルからKPIモデルへとつなげるために、商品レビューに特化した指標に落とし込みます。

つまり、トラッキングするべき部分の洗い出しです。

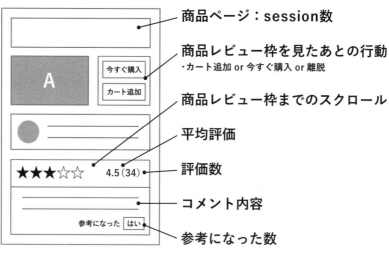

商品ページ

- 商品ページ：session数
- 商品レビュー枠を見たあとの行動
  ・カート追加 or 今すぐ購入 or 離脱
- 商品レビュー枠までのスクロール
- 平均評価
- 評価数
- コメント内容
- 参考になった数

基本的に商品レビューに関しては、このぐらいのトラッキングができていれば良いでしょう。

- 商品ページのsession数 …… 母数
- 商品レビュー枠までスクロールしたか …… レビューを「見た」という点でのコンバージョン
- レビューの平均評価 …… レビューの平均評価がその後のアクションに影響を与えるか
- レビューの評価数 …… レビューの評価数がその後のアクションに影響を与えるか
- レビューコメント …… レビューコメントの内容（文字数が多い / 少ない / 質）によっても変化するか
- 参考になった数 …… 参考になった、というレビュー数が購買に影響を与えるか、など
- 商品レビュー枠を見た後の行動 …… 購入したのか、カートに追加したのか、離脱したのか

また、商品レビューの投稿に関しては、次のような形です。基本的にどこで離脱したかを把握することと、その後の承認作業に関する部分の数値が取れれば良いでしょう。

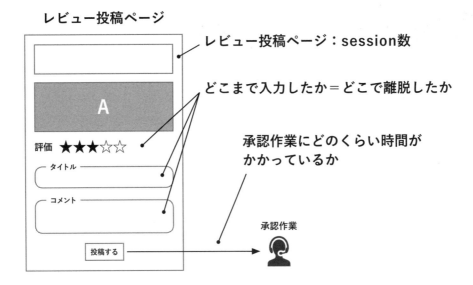

レビュー投稿ページ

レビュー投稿ページ：session数

どこまで入力したか＝どこで離脱したか

承認作業にどのくらい時間が
かかっているか

このような情報が取得できるようにトラッキングを仕込みながら、プロセス全体を数値モデルとして
定義し、社内のDWHへとデータを連携していくと良いでしょう。

8-2 KPIモデルから勝ち筋を見つけよう

事業理解の延長として、次はKPIツリーを作成していきましょう。そして、一つひとつのKPIを数値
化することで、現在の状態が定量的に見えるのと同時に、課題や勝ち筋が見えてきます。

8-2-1 KPIモデルをつくろう

まずは、KGIをどこに置くかを考えなければいけません。考えうる最終的なゴールは、「商品レビュー
を見て、購入してもらう」ことにしましょう。つまり、商品レビュー枠の閲覧経由での売上（経由売
上）となりますが、ユーザーの最終的なCVである購入までを商品レビューでコントロールするのは、
少しファネルが多い気がします。もちろん、相関指標としては監視する必要はあります。しかし、そ
の後のフローである決済処理やカート落ちなどの方が商品レビュー経由での売上に影響を与えそうで
す。そのため、ここは商品レビューを見て、「購入したい」と思ったユーザーが次に取る行動（カート
追加 or 今すぐ購入）をCVとして、KGIとしてはCVRとします。

次は構造を分解していきます。

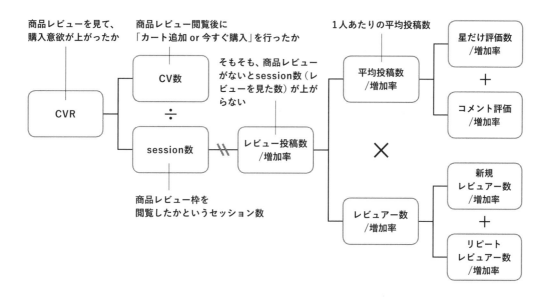

まずは、第一層目を分解してみます。ここでいうCVRは、商品レビューを見て、購入意欲が上がったか（カート追加 or 今すぐ購入）ということです。そして、CVRはコンバージョン率で割合にしていきます。計算式は次のようになります。

> CVR = CV数 / セッション数 × 100
> CVR = 商品レビュー枠を閲覧して、次のアクション（カート追加 or 今すぐ購入）数 / 商品レビュー枠の閲覧数 × 100

CVRをこのように定義すると分解は簡単になります。

- **CVR**
  - CV数
  - session数

そして、さらに分解していきます。厳密にいうと分解ではないのですが商品レビュー枠を閲覧したかどうかの「session数」について、そもそも商品レビューがないと閲覧すらできないため、これは指標としても重要になってきます。

- **レビュー投稿数**
  - 平均投稿数
    - 星だけ評価
    - コメントあり評価
  - レビュアー数
    - 新規レビュアー数
    - リピートレビュアー数

上記のように、平均投稿数とレビューを書くレビュアーに分けます。レビューは星だけでも評価できる仕様となっていますが、当然星評価にプラスしてコメントも含めることができます。ただし、コメントのみのでは評価できない仕様とします。

また、レビュアーについても、その日の投稿者数を考えると新規でレビューを投稿してくれたユーザーと継続して投稿してくれるユーザーに分解できます。

これで事業構造の分解はできたため、SQLを叩いて現状のKPIツリーの定量的な数値を見ていくと良いでしょう。仮のデータですが、このようなイメージです。

Date	CVR（B÷A）	A：CV数	B：session数	レビュー投稿数
2020/07/01	2.96%	14,915	442	5,030
2020/07/02	3.97%	14,148	562	6,000
2020/07/03	3.20%	12,869	412	4,900

8-2-2　A/Bテストで「価値」を測ろう

一方、このKPIツリーだけでは現状の数値が可視化されただけなので、商品レビューの「価値」を測るにはまだ弱い部分があります。このプロダクトに価値があるのか、今後も拡大させていくものなのか、稼げるプロダクトなのかについて、データ分析を通じて見ていきます。

アプローチの1つとして、商品ページにおいて商品レビューの有無で売上に影響があるかを探ります。

例えば、現状で1件以上のレビューがついている商品があったとして、Aパターン群が商品レビュー

枠に訪問した際には1件以上の商品レビューを通常通り表示します。

Bパターン群が商品レビュー枠に訪問した際には商品レビューを意図的に減らした状態（0件）で表示するA/Bテストを行い、当該商品のCVR（経由売上）を比較するというテストをしてみます。

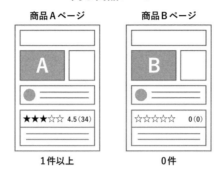

同じ商品ページ

サンプルの基準としては、評価が1件以上かつ高評価のもの（星4以上）とします。比重としては、サンプル数からの比重は20%で4日間行えば、必要なサンプル数が集まると計算しました。

まずは、実施前に効果測定用のダッシュボードを作成しましょう。A/Bテストの前には、きちんとAAテストをして、データに差異がないことを確認しましょう。

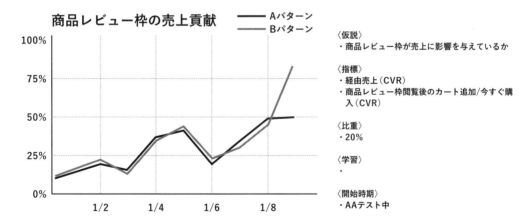

日付	1/1	1/2	1/3	1/4	1/5	1/6	1/7	1/8
a	10%	20%	15%	38%	40%	20%	30%	49%
b	11%	23%	13%	36%	42%	23%	27%	46%

AAテストで問題なければ、数日間かけてA/Bテストを実施していきます。A/Bテストの結果としてBパターン（商品レビュー枠を0件）にした場合、CVR（経由売上）が平均して45%（Aパターン）から20%（Bパターン）へ大幅に下がり、25%の差異が生まれたことがわかりました。

売上インパクトが1% ＝ 10万円であれば、4日間で250万円のマイナスになることがわかりました。1日にすれば約63万円です。比重を20%→100%のユーザーで単純計算すると1日で約315万円の影響があることがわかります。

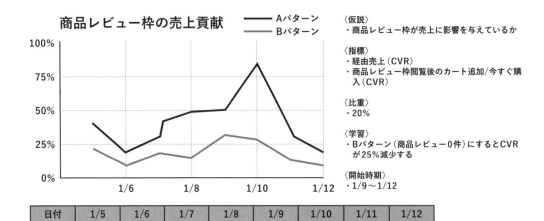

日付	1/5	1/6	1/7	1/8	1/9	1/10	1/11	1/12
a	40%	20%	30%	49%	50%	80%	30%	20%
b	23%	10%	18%	15%	30%	27%	13%	10%

これで商品レビューが存在し、ユーザーの目に触れることで売上に影響があるという、商品レビューの「価値」が定量的に見えてきました。あわせて商品レビュー数を増やしていければ、売上貢献も目指せるという相関指標も理解できます。

つまり、ユーザーの購買に影響与えるという「ファクト」がわかったわけです。事業を理解する上で、データとしてのファクトを明確にすることが何よりも大事です。その上で、このプロダクトをスケールさせるためにリソースを投入するべきかを判断していきます。

8-3 システム特性を理解しよう

事業プロダクトの理解ができたところで、次に大事なことはプロダクトを司っているシステムの特性を見抜くことです。一言でいえば、イテレーティブな改善ができるシステムになっているかを確認していきます。

ここで見るべき点としては、主にどういった構成になっているか、古いシステムでリファクタリングができず、改善や機能追加に時間がかかるようなシステムになっていないかを見ていきます。また、そのボリューム感から、このシステムを改善していくにはどのぐらいの人的リソースが必要かを考えていきます。

ここでは下図のような構成になっているとしましょう。システムとしては古くなっており、イテレーティブな改善がなかなか実現できないという問題があったとします。簡単に構成図を説明します。

● 複数サービスを提供している商品レビューのデータを「レビューシステム」で一元管理されている
● 各サービスの商品ページ下部にある商品レビュー枠は、そのレビューシステムからAPI（Application Programming Interface）と呼ばれるデータの受け渡しを行うインターフェースを提供することで組み込んでいる
● 商品レビューのデータについては、1日1回、DWHへ連携されている
● 商品レビューの投稿画面を経由してレビューデータが蓄積される

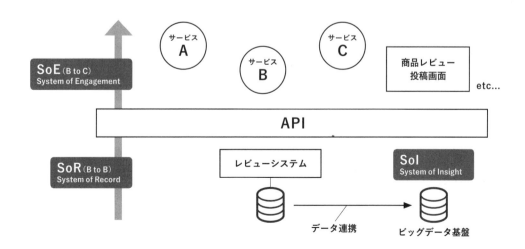

8-4 予算を確保しよう

事業的なプロダクト理解から、商品レビューがある程度の規模で売上に寄与することがわかりました。これに可能性を感じたことで、このプロダクトを特定の方向性でグロースさせれば、売上への貢献が見込めるのではないかと感じるでしょう。そこで、中長期的なプロダクト戦略の策定から、継続的改善を進めるためのチームの立ち上げを行うために予算を確保していきます。

トピックを分けると、施策の予算確保と人件費の確保です。

まずは、現状の分析をしていきましょう。

8-4-1 現状分析

A/Bテストの結果として、同じ商品でも商品レビューの有無で、その商品の売上に影響があることはわかりました。

数値としては、商品レビューが1件以上あるものと0件のものを比較すると、1日で約315万円の影響があります。一方、全体の商品数に対して商品に付いているレビューは全体の2割だとします。つまり、8割の商品には商品レビューは付いていない状態ということになります。

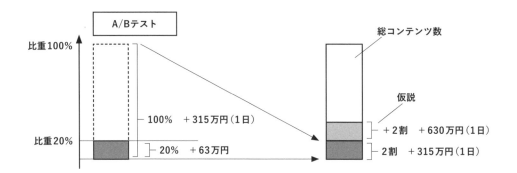

8-4-2 戦略と撤退ライン

被レビューの割合が2割から4割になれば売上貢献が約315万円→約630万円になるのではないかという仮説を立てました。そのため、まずは「商品レビューを増やす」という戦略を立てるべきではないかと考察します。

予算を確保していくにあたって、まずは「すべての商品に対する商品レビューがある割合を2割から4割に増やしたときに売上貢献が増加するかどうか」という仮説を検証していきましょう。

例えば、「商品レビューが0件の商品にレビューを投稿したら100ポイントゲット！」というキャンペーンを行いたいとします。

総商品数が10万コンテンツだったとして、+2割（計4割）となると最大20,000件のコンテンツに対して、商品レビューを書いてもらうことになります。キャンペーン内容としては商品レビューを投稿してくれたユーザーに対して100ポイントを配布するとします。

つまり、100pt × 20,000件 = 2,000,000円（200万円）の予算を確保する必要があります。

モニタリング指標としては、商品レビュー経由の売上（CVR）が仮説どおりに向上したか、そしてそれが配布ポイント額よりも上回っているかどうかになります。

KPIモニタリングと予測

では、具体的にその目標に到達するために必要なKPIを可視化していきます。どのKPIを現状からどのぐらい向上させれば良いのかを考え、可視化していきます。

まずは、現状の数値からです。例えば、とある一日の数値を見ていきます。現状のCVRは約45%で、経由売上としては約315万円です。そして、今回重要なKPIと考えているレビュー投稿数は現状だと20,000件で、その内訳は平均投稿数：2件 × レビュアー数：10,000人という結果になっています。

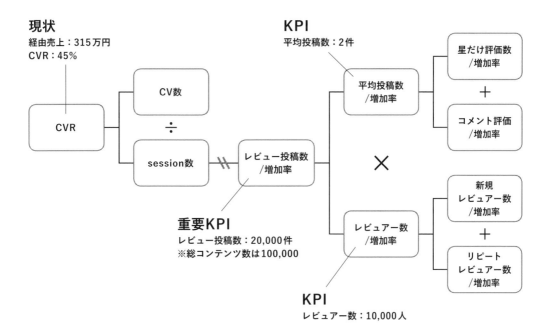

そして、現状の数値から仮説検証の目標である、総商品数に対して4割にすれば、商品レビュー経由の売上が約315万円から倍になるかを検証するために必要な各KPIの数値を見ていきます。

KGIは、現状の約315万円から目標である約630万円とします。そこからブレークダウンして見ていきます。

例えば、重要なKPIであるレビュー投稿数は、20,000件 → 40,000件にしなければいけません。そのためには平均投稿数を2件 → 2.5件、レビュアー数を10,000人 → 16,000人へ増加させれば予測としてKGIの目標が達成できるのではないかという仮説を立て、それをもとに戦略を練っていきます。

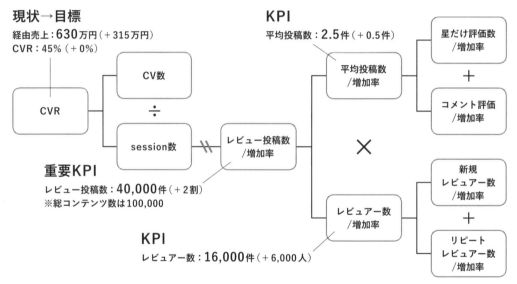

撤退ライン

施策の撤退ラインも同時に考えていきましょう。例えば、仮説どおりに4割になったときに売上貢献が約315万円→ 約630万円のように倍にならなかったとしても、少なくとも、配布ポイント額（20,000,000円）よりも商品レビュー経由の売上が向上していれば、施策としては成功となるため、継続的な改善を繰り返しながら進んでいく選択肢も取れます。

しかし、配布ポイント額よりも商品レビュー経由の売上が下回った場合には施策自体は撤退とします。なぜなら、この施策を継続すればするほど、赤字になるためです。その場合は一旦この施策をやめて別の戦略を立てていくのが良いでしょう。

逆に仮説通りにKGI（経由売上）が向上しているのであれば、追加予算を確保して、さらに発展させるという形で合意を得ます。

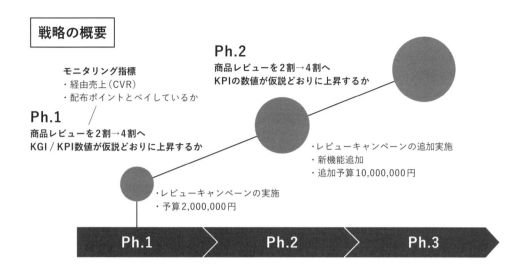

戦略の概要

人件費

プロダクトのシステム自体が古くなっている際には、継続的な施策を回すためにもリファクタリングが必要です。そのため、チームを組成してレビューシステムを開発・保守していくための人件費を確保する必要があります。

8-5 組織を駆動させる

予算の確保が完了したら組織をつくりましょう。

今回のメンバー構成としては、エンジニアが3人、デザイナーが1人、プロダクトマネージャーが1名の合計5人のチームです。施策を回しながら、イテレーティブな改善を生むためにシステムのリファクタリングやリプレイスを行っていきます。

改善を進めるために組織を駆動させるには「戦略」「組織体制」「開発プロセス」の3つが必要となります。

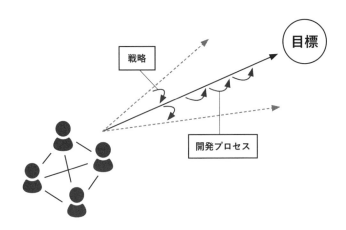

- 戦略とは、組織が進むべき方向を定めるものです。ここが間違っているといくら正しく進んでいったとしても、結果がついてきません。正しい方向で努力することで、はじめて成果に繋がります。そして、その戦略を透明性高くメンバーに共有するためにはKPIやOKRといったフォーマットに落とし込んでいきます。
- 開発プロセスとは、戦略で決めた方向に突き進んでいくための流れ（プロセス）です。どういった流れにすればスムーズに進んでいけるかを考えることで、より早く目標へたどり着くことができます。プラクティスとしては、BMLループを中心とした仮説検証プロセスを回していきます。
- 組織体制とは、目標に向かって突き進んでいくための体力です。チームメンバー同士がお互いに相乗効果を生み、自己組織化していけば長く改善が進められる体力がついてきます。個々の集団ではなく、チームで価値を出す意味を各々が見出していきます。

組織を駆動させる	プラクティス
戦略	KPI / OKR
開発プロセス	仮説検証プロセス
組織体制	アジャイル型

戦略の部分でいうKPIを見ていきましょう。これは、前述したKPIツリーがそのまま戦略の方向性となります。KGIである経由売上（CVR）を上げるためには、レビュー投稿数を20,000件 → 40,000件にすることでKGIが向上するかを検証していきます。

開発プロセスは、その仮説をどう進めていくかを決めていきます。これは、Chapter 3で紹介した
BMLループをベースに考えていけば良いでしょう。

1. **Learn → Idea = 仮説を考える**
2. **Build → Product = どのようにつくるか**
3. **Product → Measure = 計測する**
4. **Measure → Data = 計測してデータをつくる**
5. **Data → Learn = データから何を学ぶか**

この1つのサイクルを仮説検証する実験として捉え、ユーザーからのフィードバックを得ていくこと
で学習しながら適応していきます。今回の商品レビューの施策サイクルについては後述します。

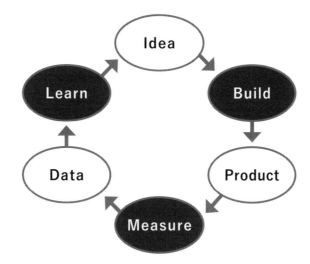

組織体制については、開発プロセスと相互作用する形でつくり込まなければいけません。仮説検証プ
ロセスで、仮説 → 実験 → 学習 → 意思決定を高速で繰り返す必要があるため、組織も身軽でなけれ
ばいけません。あまり大人数のチームでも、コミュニケーションルートが多くなり開発速度が遅くな
ります（ブルックスの法則）。
そのため、できるだけ少ない人数で、自己組織化できる規模感でアジャイル型の開発を進めていく必
要があります。

8-6 ユーザーの声を聞こう

一方、プロダクト改善には定量的なデータだけではなく定性的なデータも必要です。

定量的なデータ（ログデータ）は、ユーザーが行動した結果をデータとして蓄積することで得られます。一方、定性的なデータ（リサーチデータ）は、まだユーザーの中に眠っているニーズなどを探っていく必要があります。手段としてはユーザーインタビューやアンケート、ユーザー要望の問い合わせなどがあります。

今回は、既にデータとして蓄積されているVOC（Voice or Customer）のデータストアから、データを取得して過去数ヵ月のユーザーからの要望やクレームを分析していきましょう。

ダッシュボードのイメージは、このような形です。

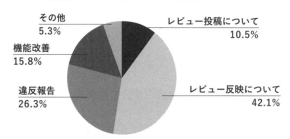

（商品レビュー）ユーザー要望

ID	Data	区分	件名	内容	サポート返信
AAA	2020/07/01	商品レビュー	レビュー反映について	レビューを投稿してから反映されるまで少し時間がかかっているため、いつ公開されるのか知りたい	お問い合わせいただきありがとうございます。〜
BBB	2020/07/02	商品レビュー	違反報告	〜	〜
CCC	2020/07/03	商品レビュー	機能改善	〜	〜

例えば、レビューの公開までに時間がかかっていることや、規約を違反しているレビューがあるため削除してほしいことなど、ユーザーの行動ログからは見えないインサイトが見えてきます。

このVOCのデータについて、常にモニタリングを行うことで改善の糧としていきます。

8-7 さぁ、改善を始めよう

予算も確保して継続的改善を行うチームもプロセスもできました。それでは、実際に改善を始めていきましょう。まずは、予算を確保したレビューキャンペーンの実施です。

購入した商品にレビューを書くだけ！

1レビュー **100** ポイントプレゼント！

8-7-1 アジャイル・マーケティング型のキャンペーン

キャンペーンの実施については「アジャイル・マーケティング」という考え方があります。用語のとおり、マーケティングの分野にもフォーマットで実施される施策においてはアジャイルのエッセンスを注入していきます。

例えば、従来のキャンペーン手法というのは、期間が決まっており、それに向けて準備を行い実施します。期間中は改善を加えずに結果を見るというプロセスが多くありました。

しかし、アジャイルマーケティングなキャンペーンでは、素早いフィードバックをもとに継続的に改善を適応してキャンペーンの仕方も変えていきます。

また、従来のキャンペーンの多くは、結果の集計に関してもキャンペーン期間が終わったタイミングで集計 & 効果測定をするのに対して、アジャイル・マーケティング型のキャンペーンはデータ駆動によりその都度、ニアリアルタイムで結果が見れるように集計 & 効果測定をしていきます。その結果から、キャンペーンの改善点を期間中に適応していきます。

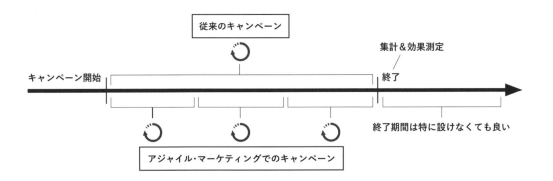

大きく設計して、大きくキャンペーンをはじめるというよりは、まずは小さくはじめて、その都度フィードバックをもとに改善を適応していくことで、よりユーザーにフィットしたキャンペーンをつくっていきます。

8-7-2　アジャイル・マーケティングで可視化するべき指標

アジャイル・マーケティング型でのキャンペーンにおける可視化しておくとよい指標について見ていきます。

- 想定される効果は何か
- キャンペーンを終了させる基準は何か
- 成功した場合、どこにリソースを再分配するか

▼ 想定される効果は何か

1つ目の「想定される効果は何か」に関するKPIの指標になります。予測した仮説どおりに数値が伸びているかを見ていきましょう。

▼ キャンペーンを終了させる基準は何か

そして、2つ目の「キャンペーンを終了させる基準は何か」を見ていきましょう。

今回の商品レビュー増加キャンペーンにおいては、商品レビューの増加に対する売上増加の数値と、配布したポイントがペイしなくなったら終了するという想定で良いでしょう。逆に配布ポイントよりも、

商品レビュー経由の売上が上回っている状態であればキャンペーンを継続し続けても良いでしょう。

▼ 成功した場合、どこにリソースを再分配するか

3つ目として、仮にキャンペーンが成功した場合、さらなる拡大を目指して、どこにリソースを再分配するかもある程度決めておくと良いでしょう。

例えば、現状だと100ポイント付与している部分を、200ポイントに増加させることで、さらにレビューを投稿するようになるかもしれません。ほかの案だと、レビューが1件もついていない商品コンテンツにレビューを投稿したら、さらに100ポイントを付与しても良いでしょう。

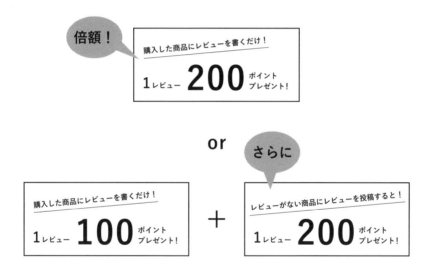

意思決定を行うイテレーションを組む

ここで大事なことは、アジャイルのようにキャンペーン中でも一定のイテレーションで意思決定する場を設けることです。例えば、イテレーションが1週間だとすると初回のイテレーションはデータ収集になり、2回目のイテレーションから徐々に結果が表れてきます。その都度、意思決定を行い、リソースを再配分するのか、何か改善を加えるのかを決めていきます。

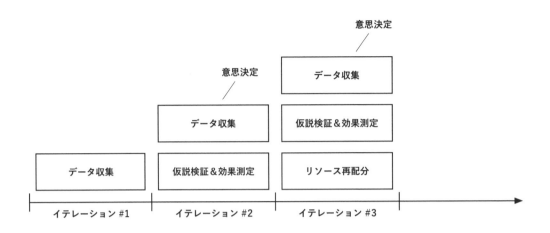

8-7-3　仮説検証プロセスを回していこう

では、キャンペーンを実施するために必要な作業を考えていきましょう。

仮説検証プロセスについては、BMLループで考えていきます。復習ですが、BMLループは、まずは逆回転で考えていきます。そのあとにプロダクトバックログをつくりながら実行ループへと移していきます。

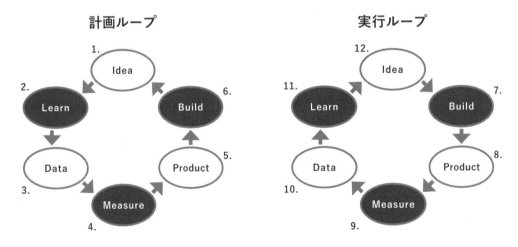

計画ループ

1. 学習からの仮説がつくられる（Idea）
2. 仮説から何を学びたいか、確証を得たいか（→Learn）
3. そのために必要なデータの形は何か（→Data）

4. どのような指標をどのように計測するか（→Measure）

5. プロダクトの形は何か（→Product）

6. どのようにつくるか（→Build）

実行ループ

7. 構築する（Build→）

8. MVPができる（Product→）

9. 指標に基づいたログデータが出力される（Measure→）

10. データが可視化される（Data→）

11. データから学習する（Learn→）

12. 次の仮説を考える（Idea→）

では、計画ループを一つひとつ簡単に見ていきましょう。今回は、学習からではなく仮説から始めたため「2. 仮説から何を学びたいか、確証を得たいか（→Learn）」からはじめます。

2.仮説から何を学びたいか、確証を得たいか（→Learn）
- レビューが増加すれば、経由売上（CVR）も比例して増加する

3.そのために必要なデータの形は何か（→Data）
- 商品レビュー枠を閲覧した後にどのぐらい購入に至ったか

4.どんな指標をどのように計測するか（→Measure）
- 経由売上（CVR）
- CVR = CV数 ÷ 商品レビュー枠閲覧のsession数

5.プロダクトの形は何か（→Product）
- キャンペーン施策

6.どのようにつくるか（→Build）
- キャンペーンバナー作成
- キャンペーンページ作成

以上が計画ループです。あとは、実際にプロダクトバックログをつくりながら、キャンペーンバナーやページを作成することや、効果測定用のダッシュボードを作成すること、ポイント付与のシステムを実装していくことで、キャンペーンが実施可能になるでしょう。

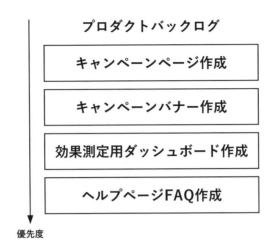

以上が、商品レビューをデータ駆動戦略に沿って改善する流れとなります。実際の組織や開発現場に落とし込んだときには複雑になりますが、おおよその流れは、このようにデータというファクトをもとに意思決定を進めていきます。

読者の皆さんも、自分が担当しているプロダクトについてファクトを集めながら、それにあった組織をつくり、イテレーティブな改善を回していきましょう！

Chapter 8 まとめ

- 事業モデルは図を描くことで理解しましょう
- そこから、KPIツリーを作成して構造を理解しましょう
- A/Bテストで、事業の価値を分析によって把握しましょう
- システムの構成などからイテレーティブな改善ができるか見ていきましょう
- プロダクト戦略を実現するのに必要な予算を確保するために計画を立てましょう
- 組織を駆動させるには「戦略」「開発プロセス」「組織体制」が必要となります
- 定量的なデータだけではなく、定性的データも確認しましょう
- キャンペーンもアジャイル型で継続的に改善を進めていきましょう

参考資料

- Mark Jeffery 著「データ・ドリブン・マーケティング──最低限知っておくべき15の指標」（佐藤純、矢倉純之介、内田彩香 翻訳、ダイヤモンド社、2017）

監修者あとがき

本書をお手にとっていただきありがとうございます。監修を担当させていただきました松本です。

この数年、DMMは大きく体制を変えながらテックカンパニーへの変革を目指し、そして現在もその最中にあります。総売上2000億を超え創業から20年を超えていこうとする企業であっても、外部環境の変化、とりわけソフトウェアやデータの活用、それを支えるエンジニアリングチームの常識の変化に危機を感じ取り、変革を迫られていたのです。外から見れば技術の強い組織のように見られがちですが、まだまだ改善を要する部分が多く、私自身も改革のため招聘されました。

この改革の中で「当たり前を作り続ける」というDMM Tech Visionを掲げ、重要な組織のバリューとして「Agility」「Scientific」「Attractive」「Motivative」の4つを掲げてきました。これは立案時点でのDMMの課題を分析し、その課題を解決した先の姿を見据えて制定したものです。ソフトウェア活用に悩む多くの組織では、例えば情報のサイロ化や開発と事業の受発注状態、外部ベンダーへの開発の丸投げ、非常に遅いソフトウェアの改善サイクル、巨大なソフトウェア負債、活用されないデータなどに悩まされているのではないでしょうか。DMMも例外なくこうした課題に直面していたのです。私が制定したこのDMM Tech Visionはこの状態を打破するための指針でもありました。

さて、その中にScientific、つまり科学的、という単語が含まれていますね。これはまさに本書でフォーカスしていた事業とデータの関係性について語ったものとなります。事業から生まれる多くのデータ資産をソフトウェアの改善サイクルと密接に関連させることで取り組みの一つひとつを科学的、つまり測定ができ、定量的で再現性があり、統計的にも十分証明され論理的矛盾がない、そんな態度で進めていこう、ということを社内に示した、そんな一語です。そのために本書で語ってきたようなデータレイクやデータウェアハウスなどのソフトウェアの整備、ダッシュボードの整備などを進めてきました。

改革の取り組みのスタートから本書執筆時点で約2年が立ちますが、DMMの中でもまだまだ実践出来ていない領域も残っています。そうした中で石垣さんが推進する部署はまさにScientific（科学的）といえるプロダクト改善の推進を進めているチームの一つでした。

本書執筆の半年ほど前に、彼は弊社のプラットフォームを率いる本部内にて顧客が触れるUI部分の多くを管轄する部の部長に抜擢されました。弊社内でも彼と同等の若手で同様のポジションに就く事例はとても稀なことになります。なぜ彼だったのか、一つには彼のチームの活躍がありました。

もともと、プラットフォームの中で一機能を担当するチームのリーダーをしていたのですが、彼のチー

ムで特徴的だったのが、①メンバーのモチベーションの高さ、②素早いプロダクト改善の推進、③デー
タに基づいた意思決定、④これらのノウハウの体系化、という点で明らかに目立っていました。彼は
何か1つの方法論のみで突き進むというよりも、さまざまな知識を取り入れながら事業に向き合い、
考え続けることで成果を残してきました。

特に彼のチームではScientificな組織文化づくりに向けて、アジャイル開発のさまざまなプロジェク
トマネジメント、組織運営に関わるプラクティスを導入した改善だけでなく、ソフトウェア・アーキ
テクチャの改革やその先にあるデータ活用まで一貫して推進しており、着実に改善が積み重ねられて
います。例えば弊社のとあるプロダクトではそのソフトウェアアーキテクチャの刷新後、ABテスト
を容易に行うための仕組みを導入し、その活用が可能な組織運営のスタイルを確立し、少しずつ少し
ずつ改善を積み重ねています。こうした積み重ねは1年、2年と経つにつれ複利で大きな差を生み出
します。

今回、彼がこれまでに発信してきた内容を踏まえ、一度体系化し書籍として残すことがデータやそれ
を活用する組織のあり方に悩む多くの会社にその解決の糸口を見つける手引きになるだろう、と感じ
たことが本書の執筆に賛同し監修するきっかけとなっています。私の知見も提供しながら、データと
組織運営を一体化し実験手技的なチームを組み立てる知見はまだまだ世の中にも不足しています。本
書がデータ駆動な組織運営に対する地図となれば幸いです。

ところで、DMMではデジタルに完結した事業だけでなく、IoT機器や消防車・救急車といったハー
ドウェア製造、農業、果ては水族館やアート・ミュージアムまで多岐に渡る事業を進めています。私
はその経営管理を行う立場でもあるのですが、その活動の中でも、多くの事業でソフトウェアとデー
タの活用が重要な位置を占めるツールとなってきました。データはソフトウェアの世界に限らず、ス
マートフォンやセンサー含むIoT機器の組み合わせからさまざまに収集可能になってきました。それ
故に多くの活動が計測可能で科学的に行える時代に差し掛かっています。事業推進や経営の未来も、
全ての領域がソフトウェアとデータの活用という方向に向かっていることは確実であり、どんな取り
組みであれこの事実と向き合う必要があります。

本書が示してきたように、データ駆動な事業推進はその不確実性を最小化する重要なツールです。我々
の世界は激しく不透明で、ともすればCOVID-19のような世界的変化をもたらす疫病など想定の外
の事態に度々さらされ続けていくことでしょう。こうした中で事業の競争優位性を保ち、多くのユー
ザーにより良い価値を継続して提供するためにはデータと向き合わざるを得ません。全ての取り組み
を数値で意味づけし学んでいくことで、未知の事象に立ち向かい組織力を高め、環境にいち早く適用
していく必要があるのです。科学とは、人類がこれまで環境に適応する過程で活用してきた重要な取
り組みの姿勢であり、事業でもこれを活用しない手はありません。本書で紹介してきた手法はあくま

で一例に過ぎませんが、データを用い科学的に物事に取り組むことが必ずや事業の継続的な運営の支えとなるのではないでしょうか。

また、こうしたデータの活用とソフトウェアの組み合わせは、さまざまなルーティンや事務的な作業を減らし、人々がより事業を成長させる領域、Service of Engagementな領域に集中させることに繋がります。ソフトウェアもAI・機械学習も、人々の仕事を奪うのではなく、こうしたリソースの選択と集中を生み出し仕事の質の変化を促すものです。データと日々向き合い、自分の意思で仮説を生み出し、よりよいプロダクトに変化させていくこと、そうしたノウハウを持ち、事業を率いるリーダーシップを持とうとしていくことがこれからの時代に求められていると私は考えています。

これからも、不確実性の高い時代は続くでしょう。情報や資本はさまざまな変化を遂げながらさらに流速を増し、市場環境を大きく変化させ続けていきます。今はスマートフォン全盛で、そしてデジタルトランスフォーメーションという単語に代表されるtoBな事業のデジタル化の流れの先にはさらに全く違うパラダイムの市場が待ち構えているでしょう。どんな時でも、その環境に適応し生存していくことが求められています。そのためにはデータを中心に事実を明らかにし、向き合い、Agility高く施策を打ち込んでいかねばなりません。今手元にない資源ではなく、自分と属する組織の持てる今の資源で不確実性と付き合っていくためにもこうしたデータを中心にした学ぶ組織であり続ける事が必要なのではないでしょうか。

本書を通じて得たさまざまな知識の地図が、皆さんの不確実性に立ち向かうための武器、ないしそれらを獲得するきっかけとなれば幸いです。

松本 勇気

索引

プロフィール

石垣 雅人 （いしがき まさと）

合同会社DMM.com 総合トップ開発部 部長

2015年度 エンジニアとして新卒入社。

2017年よりDMM.comのアカウント・認証におけるバックエンド基盤のプロダクトオーナーを経て、2018年7月にリードナーチャリング領域を強化するチームの立ち上げを行う。2020年より、DMMの総合トップなどを管轄する総合トップ開発部の部長を務める。現在はアプリプラットフォーム基盤のプロダクトオーナーにも従事。

松本 勇気 （まつもと ゆうき）

合同会社DMM.com CTO

東京大学工学部在学中より複数のベンチャーを経て13年1月、Gunosyに入社。複数のニュース配信サービスの立ち上げから規模拡大、機械学習アルゴリズムやアーキテクチャ設計を担当する。

また新規事業開発室担当として、BlockchainやVR／AR技術のR&Dに従事ののちLayerX社を立ち上げ。2018年10月、DMM.comのCTOに就任しグループの技術戦略や経営管理を推進。日本CTO協会理事として日本全体のDXやソフトウェア活用推進を目指す。

DMM.comを支える
データ駆動戦略

2020年9月26日　初版第1刷発行

監修者：松本 勇気
著　者：石垣 雅人
発行者：滝口 直樹
発行所：株式会社 マイナビ出版
　　　　〒101-0003　東京都千代田区一ツ橋2-6-3　一ツ橋ビル 2F
　　　　TEL：0480-38-6872（注文専用ダイヤル）
　　　　TEL：03-3556-2731（販売部）
　　　　TEL：03-3556-2736（編集部）
　　　　編集部問い合わせ先：pc-books@mynavi.jp
　　　　URL：https://book.mynavi.jp

ブックデザイン：深澤 充子（Concent, Inc.）
DTP：富 宗治
担 当：畠山 龍次

印刷・製本：シナノ印刷株式会社

©2020 石垣 雅人, 松本 勇気, Printed in Japan.
ISBN：978-4-8399- 7016-1

- 定価はカバーに記載してあります。
- 乱丁・落丁についてのお問い合わせは、
  TEL：0480-38-6872（注文専用ダイヤル）、電子メール：sas@mynavi.jpまでお願いいたします。
- 本書掲載内容の無断転載を禁じます。
- 本書は著作権法上の保護を受けています。本書の無断複写・複製（コピー、スキャン、デジタル化など）は、
  著作権法上の例外を除き、禁じられています。
- 本書についてご質問などございましたら、マイナビ出版の下記URLよりお問い合わせください。
  お電話でのご質問は受け付けておりません。また、本書の内容以外のご質問についてもご対応できません。
  https://book.mynavi.jp/inquiry_list/